福建省高等学校计算机规划教材

大学信息技术基础
——以 Python 为舟

【第五版】

福建省高等学校计算机教材编写委员会　组织编写

主　编：鄂大伟　陈　琼

副主编：范慧琳　贾红伟　傅　为　崔建峰

U0216576

厦门大学出版社
XIAMEN UNIVERSITY PRESS
国家一级出版社
全国百佳图书出版单位

图书在版编目（CIP）数据

大学信息技术基础：以 Python 为舟 / 鄂大伟，陈琼
主编. -- 5 版. -- 厦门：厦门大学出版社，2019.8（2023.7 重印）
（福建省高等学校计算机规划教材）
ISBN 978-7-5615-7527-7

Ⅰ．①大… Ⅱ．①鄂… ②陈… Ⅲ．①软件工具—程
序设计—高等学校—水平考试—教材 Ⅳ．①TP311.561

中国版本图书馆CIP数据核字(2019)第148807号

出 版 人　郑文礼
责任编辑　宋文艳
文字编辑　胡　佩
责任印务　许克华
封面设计　李夏凌

出版发行　厦门大学出版社
社　　址　厦门市软件园二期望海路 39 号
邮政编码　361008
总　　机　0592-2181111　　0592-2181406(传真)
营销中心　0592-2184458　　0592-2181365
网　　址　http://www.xmupress.com
邮　　箱　xmup@xmupress.com
印　　刷　厦门市明亮彩印有限公司

开本　　787 mm×1 092 mm　1/16
印张　　20
字数　　512 千字
印数　　87 001～108 000 册
版次　　2005 年 7 月第 1 版　2019 年 8 月第 5 版
印次　　2023 年 7 月第 5 次印刷
定价　　39.00 元

厦门大学出版社
微信二维码

厦门大学出版社
微博二维码

第五版前言

《大学信息技术基础——以 Python 为舟》(第五版)经过各方面的努力,终于与读者见面了。从 2005 年本教材的第一版面世,到今天的第五版出版,已经度过了 15 个年头,平均每隔三四年就要更新一次版本。一本教材之所以有如此长的生命周期,是因为广大读者的支持和鼓励给了我们持续建设的动力。在这里,要特别感谢福建省各个高校的老师以及厦门大学出版社对本教材建设所给予的支持。

当今世界,信息革命的浪潮推动着信息技术创新日益加快,信息化、网络化、智能化是新一轮科技革命的突出特征,也是新一代信息技术的聚焦点。二十大报告将教育、科技、人才统合在"实施科教兴国战略,强化现代化建设人才支撑"部分,体现了党和国家对于新时代实施科教兴国战略的高度重视,对教育、科技、人才的高度重视。随着云计算、大数据、物联网、移动互联网、人工智能等新一代信息技术的发展,大学计算机基础教育也面临着新的机遇与挑战,信息技术课程的教学内容必须与时俱进,充分体现信息时代的特征和需求。所以,本课程的教学目标不仅是向学生传授信息技术的新知识和新应用,更重要的是提升大学生的信息素养,运用科学的计算思维方式,提高分析问题与解决问题的能力,进而增强创新能力。

本书冠以"大学信息技术"之名,信息化、网络化、智能化是贯穿本书的主题,所含内容极其广泛,这也是本教材的主要特色。信息化本身指的是信息表示方式与处理方式,本书相关章节较为深入地介绍了信息与信息技术的概念、计算机软硬件系统、媒体数字化、问题解决与程序设计等内容。作为信息化的公共基础设施,互联网已经成为人们获取信息、利用信息的主要方式,本书相关章节介绍了数据科学、计算机通信与网络技术、"互联网+"、物联网、云计算、大数据、信息安全等基于互联网的应用技术;智能化是信息技术发展的永恒追求,本书相关章节重点介绍了媒体信息的智能化处理,以及人工智能与机器学习的内容。

"以 Python 为舟"是本书的另一特点。"为舟"之意是将 Python 作为工具,结合本书信息技术理论与知识的介绍,通过 Python 程序的演示或示例,将理论学习和实际应用紧密结合起来,使得教与学都变得有趣和高效。学生不必了解 Python 程序设计语言本身,而只须知道 Python 程序如何利用其强大的功能简捷、有效地解决复杂问题的过程,从而使思维和兴趣受到激发,并在后续的课程(例如 Python 程序设计)中结合自身专业需求,解决本领域与信息处理相关的问题。另外,本书还提供数据科学、大数据、机器学习等三个完整的综合案例,可以让学生切实体会到如何借助于 Python 的计算生态和软件技术解决复杂问题,并体验Python语言的简洁之美。在教学资源方面，本教材的所有行文代码、各个案例的完整代码以及相关数据文件，都发布在开源代码托管平台 GitHub 平台上，并以项目形式分享，帮助老师和同学们方便地获得本课程资源。

值得欣慰的是，"大学信息技术基础"的 MOOC 课程被认定为"2018 年国家精品在线开放课程"。荣誉来之不易，要感谢以福建农林大学为主的 MOOC 团队为此付出的辛勤努力。在线开放课程为本课程教学提供了有力的支撑平台和丰富的学习资源，可以使学生实现在任何时间、任何地点进行学习，实现课堂教学与 MOOC 资源之间的互动，师生在此基础上可进行自主学习或开展混合式教学。

参加本书编写的教师有福建农林大学的陈琼副教授、华侨大学的范慧琳副教授、集美大学的贾红伟副教授、闽南师范大学的傅为副教授、厦门理工学院的崔建峰副教授，全书由鄂大伟教授负责策划和统稿。另外，在各章内容或"思考与练习"中，标记有"＊"号的部分为选学内容，不作为教学的基本要求，教师可根据各专业实际情况进行安排。

本书在各版次的策划与编写过程中，得到各有关方面的大力支持，许多高校的教师一直参与着本教材的建设，厦门大学出版社的编辑们为本教材的顺利出版付出了辛勤努力。恭疏短语，难竭鄙诚，在此一并深致谢忱。

信息技术的发展一日千里，涉及领域繁多，技术变化的迅速，每个相关的学科都变得越来越精微和深奥，这也使得大学信息技术教育充满探索的魅力。我们真诚期望本书能够展现大学信息技术教育的博厚内涵，成为大学生掌握信息技术理论与技能、培养创新思维的有力载体；同时也期望各高校对本课程教学和教材提出宝贵的改进意见，以期冀收博见，嘉惠来学。

编　者

2023 年 7 月

大学信息技术基础 MOOC 资源

（中国大学 MOOC）

Office 高级应用 MOOC 资源

（中国大学 MOOC）

《大学信息技术基础》各章 Python 源代码：

https://github.com/David-Github-Project/Information-Technology-Course-Resources

目 录

第 1 章

信息与信息技术

当我第一次听说"信息时代"这个词儿时，就感到心痒难熬。之后，我读到有关学术界预言各国将为控制信息，而不是控制资源而战。这听起来挺玄乎，但他们所说的信息究竟是什么意思呢？

——比尔·盖茨:《未来之路》

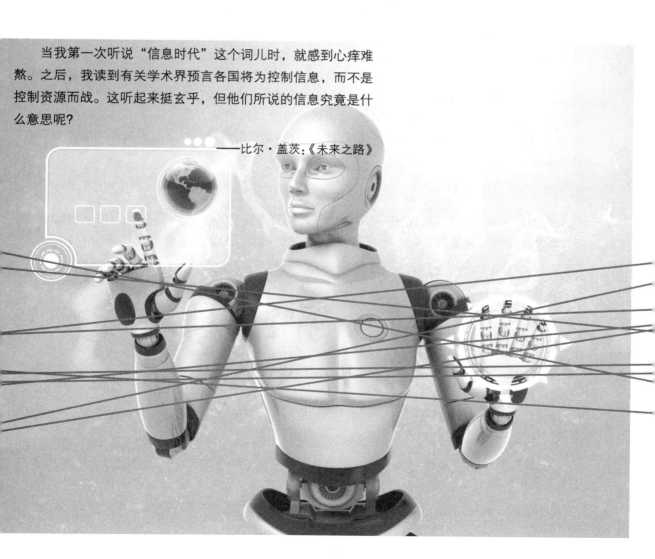

我们正身处一个信息时代开启的时刻,人类未知的远远多于已知,无论如何信息时代已经来临,我们每个人都身在其中。

信息犹如空气一样普遍存在于人类社会时空之中。也许正是因为我们整天都被淹没在信息的海洋中,所以对信息并没有给予太多的关注。什么是信息? 它的实质是什么? 它有什么特征? 它怎样度量? 对这些问题的透彻理解,是收集、处理和利用信息的前提。让我们就从这里开始探索信息资源的宝库,迈向信息科学的大门。

1.1 探索信息的真谛

1.1.1 能量、质量和信息

1905 年,爱因斯坦用三页纸论文得出了著名的质能公式 $E = mc^2$,光速的平方将能量与质量紧紧地联系了起来,能量和质量开始合为一个整体——"质能"。

爱因斯坦的质能公式展示了宇宙中存在物质、能量以及物质和能量之间的转换关系。这个等式意味着,能量和质量其实是相互联系、不可分割的,这是一个史无前例的创新。

宇宙中除物质和能量外,尚有第三个"要素",即信息。对信息的认识,正是人类对大自然最重要的认识。信息、物质和能量是现代社会主要依赖的三种资源,三者都极为重要:如果没有物质,宇宙就会变成虚无;如果没有能量,宇宙就会失去演化的动力;而如果没有信息,宇宙就会变得杂乱无章,无法理解。可见,信息的重要性绝不亚于物质和能量。

"我们确实进入了一个史无前例的阶段,我们从以物质为基础的社会,以黄金为基础的社会,进入了以能源为基础的社会,进入了以信息为基础的社会。"[①]信息作为一种客观存在,从远古到如今,一直都在积极发挥着人类意识到或没意识到的重大作用。今天人类所享受的一切现代文明,无一不直接或间接地与信息技术相关,当代的经济与社会发展在很大程度上都取决于信息产业的发展。

1.1.2 什么是信息

究竟什么是信息? 信息的本质是什么? 人类自有思考以来就始终在不断追问自己。今天,人类已经跨入信息时代。对于信息的本质,我们对此能做出什么样的诠释呢?

图 1-1 人类自有思考以来就始终在探究信息的本质

---

① 卢恰诺·弗洛里迪,英国牛津大学互联网研究所教授。摘自中央电视台大型电视纪录片《互联网时代》,2014 年 8 月。

就一般意义而言,信息可以理解成消息、情报、知识、见闻、通知、报告、事实、数据等等。但真正被作为一个科学概念探讨,则是 20 世纪 30 年代的事;而被作为科学为人们所普遍认识和利用,则是近几十年的事情。

对于什么叫信息,迄今说法不一,"信息"使用的广泛性使得我们难以给它下一个确切的定义。专家、学者从不同的角度为"信息"下的定义达十几种。下面所叙述的几种定义是人们从不同角度对"信息"的理解:

(1)最早对信息进行科学定义的是哈特莱(Ralph V. L. Hartley)。他在 1928 年发表的《信息传输》[①]一文中,首先提出"信息"这一概念。他指出消息是代码、符号,而不是信息内容本身,使信息与消息区分开来。他认为,发信者所发出的信息,就是他在通信符号表中选择符号的具体方式,并主张用所选择的自由度来度量信息。哈特莱的思想和研究成果,为信息论的创立奠定了基础。

(2)1948 年,信息论创始人、美国科学家香农(C. E. Shannon)从研究通信理论出发,第一次用数学方法定义"信息就是不确定性的消除量",认为信息具有使不确定性减小的能力,信息量就是不确定性减小的程度。所谓不确定性,就是对客观事物的不了解、不肯定。因此,信息被看作是用以消除信宿(信息的接收者)对于信源(信息的发出者)发出消息的不确定性。他还用概率统计的数学方法,系统地讨论了通信的基本问题,得出了几个重要而带有普遍意义的结论。

(3)控制论创始人之一、美国科学家维纳(N. Wiener)(图 1-2)在 1948 年发表的名著《控制论:或关于在动物和机器中的控制和通信的科学》[②]中指出:"信息就是信息,不是物质,也不是能量。"这句话起初受到批评和嘲笑。但正是这句话揭示了信息的特质,即信息是独立于物质和能量之外存在于客观世界的第三要素。

图 1-2　维纳

维纳在该书的导言中明确地指出:"必须发展一个关于信息量的统计理论,在这个理论中,单位信息就是对二中择一的事物作单一选择时所传递出去的信息。"后来,维纳在《人有人的用处:控制论与社会》[③]一书中写道:"信息是在人们适应外部世界,并且使这种适应反作用于外部世界的过程中,同外部世界进行互相交换的内容的名称。""要有效地生活,就必须有足够的信息。"在这里,维纳把人们与外界环境交换信息的过程看成一种广义的通信过程,试图从信息自身具有的内容属性给信息下定义。这两本著作标志着控制论这门新兴学科的兴起。

(4)关于"信息"的定义,有人提出用变异量来度量,认为"信息就是差异"。持这种观点的典型代表是意大利学者朗格(G.Longe)。他提出:"信息是反映事物的形式、关系和差别的东西。信息包含于客体间的差别中,而不是在客体本身中。"按照这种观点,自然界和人类社会普遍存在着可传递的差异性。差异越大,信息量就越大,没有差异就没有信息,不可传递的东西也不是信息。所谓信息量就是对事物差异度的量度或测度。

① HARTLEY R V L. Transmission of information[J]. The Bell system teachnical Journal,1928:7.

② 维纳.控制论:或关于在动物和机器中的控制和通信的科学[M].郝季仁,译.北京:北京大学出版社,2007.

③ 维纳.人有人的用处:控制论与社会[M].陈步,译.北京:商务印书馆,1978.

(5)信息是"事物运动状态和方式,也就是事物内部结构和外部联系的状态和方式"。[①]

(6)权威性工具书《辞源》将"信息"定义为:"信息就是收信者事先所不知道的报道。"[②]

(7)"信息是指对诸如事实、数据或观点之类的知识的传递或描述,这些知识可以存在于任何媒体或形式之中,包括文本形式、数字形式、图表形式、图形形式、叙述形式或视听形式。"[③]

现代"信息"的概念,已经与半导体技术、微电子技术、计算机技术、通信技术、网络技术、信息服务业、信息产业、信息经济、信息化社会、信息管理、信息论等含义紧密地联系在一起。但信息的本质是什么,这仍然是需要进一步探讨的问题。

1.1.3 从信息论到信息科学

20 世纪初以来,特别是 20 世纪 40 年代,通信技术迅速发展,迫切需要解决一系列信息理论问题,例如如何从接收的信号中滤除各种噪声、怎样解决火炮自动控制系统跟踪目标问题等。这就促使科学家在各自研究领域对信息问题进行认真的研究,以便揭示通信过程的规律和重要概念的本质。

信息论作为一门严密的科学,主要应归功于美国应用数学家香农(图 1-3)。1948 年,香农在《贝尔系统技术学报》(*The Bell System Technical Journal*)上发表重要论文《通信的数学理论》,认为:信息是有秩序的量度,是人们对事物了解的不确定性的消除或减小。信息是对组织程度的一种测度,信息能使物质系统有序性增强,减少破坏、混乱和噪声。

图 1-3 香农

1949 年,香农又发表另一重要论文——《在噪声中的通信》,提出信息的传播过程是"信源"(信息的发送者)把要提供的信息经过"信道"传递给"信宿"(信息的接收者)、信宿接收这些经过"译码"(即解释符号)的信息符号的过程,并由此建立了通信系统模型。香农提出了通信系统模型、度量信息的数学公式以及编码定理和其他一些技术性问题的解决方案。

香农推出了信道受噪声(所谓噪声是指外加于信号之上而非信息源本身的信号)干扰的信道情况下传输速率与信噪比(信号功率与噪声功率之比)之间的关系,指出了用降低传输速率来换取高保真通信的可能性。该公式已广泛用于有噪声情况下的信道最大传输速率的计算。

一个系统的熵就是它的无组织程度的度量。而一个系统中的信息量是它的组织化程度的度量,这说明信息与熵恰好是相反的量,信息是负熵。所以在信息熵的公式中有负号,它表示系统无序状态的减少或消除,即消除不确定性的大小。熵的意义不仅在于此,由于熵表达了事物所含的信息量,我们不可能用少于熵的比特数来确切表达这一事物。所以这一概念已成为所有无损压缩的标准和极限。同时,它也是导出无损压缩算法达到或接近"熵"的编码的源泉。

---

① 钟义信.信息科学原理[M].北京:北京邮电大学出版社,1996.

② 辞源:修订版[M].北京:商务印书馆,1996.

③ 美国政府管理与预算局 2000 年修订的 A130 号通报《联邦信息资源管理》中的定义,这一定义属于认识论层次的信息定义,因为它将信息和知识联系在一起,同时由于定义中对知识的媒体或形式不加限定,因而它是广义的信息定义。

香农的研究成果标志着信息论(Information Theory)的诞生。由于香农提出的信息论是关于通信技术的理论,它是以数学方法研究通信技术中关于信息的传输和变换规律的一门科学,所以人们又将其称为狭义信息论,或经典信息论。

信息论发展的第二个阶段是一般信息论。这种信息论虽然主要还是研究通信问题,但是新增加了噪声理论,信号的滤波、检测,信号的编码与译码,信号的调制与解调,以及信息的处理等问题。通信的目的是要使接收者获得可靠的信息,以便做出正确的判断与决策。为此,一般信息论特别关心信号在通信过程中被噪声干扰时的处理问题。

信息论发展的第三个阶段是广义信息论。它是随着现代科学技术的纵横交叉发展而逐渐形成的。一般地说,在对信息的研究中,仅考虑其形式的方面而不考虑其内容和用途,就是狭义信息;如果考虑信息的语义和有效性问题,则是广义信息。广义信息论远远超出了通信技术的范围,它以各种系统、各门科学中的信息为对象,广泛地研究信息的本质和特点,以及信息的获取、计量、传输、储存、处理、控制和利用的一般规律。广义信息论的研究与很多学科密切相关,例如数学、物理学、控制论、计算机科学、逻辑学、心理学、语言学、生物学、仿生学、管理科学等(图1-4、图1-5)。信息论在各个方面得到了广泛的应用,主要研究以计算机处理为中心的信息处理的基本理论,包括语言、文字的处理,图像识别,学习理论及其各种应用。

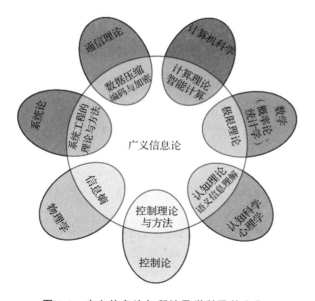

图1-4　广义信息论与所涉及学科及其交集

图1-5　香农设计的能穿越迷宫的机器鼠

显然,广义信息论包括狭义信息论和一般信息论的内容,但其研究范围比通信领域广泛得多,从而拓宽了信息论的研究方向,使得人类对信息现象的认识与揭示不断丰富和完善。广义信息论是狭义信息论和一般信息论在各个领域的应用和推广,因此,它的规律也更一般化,适用于各个领域。

1.1.4　信息的主要特征

1. 载体依附性

该特性表现为以下三点:(1)信息不能独立存在,需要依附于一定的载体;(2)同一个信息可以依附于不同的载体;(3)载体的依附性具有可存储、可传递、可转换的特点。

信息依附的载体有多种多样的形式。例如,古代将士点燃的烽火本身不是信息,它里面所包含的意义是有外敌入侵,这才是信息,而烽火只是表达和传递信息的载体;文字既可以印刷在书本上,也可以存储到计算机中;信息可以转换成不同的载体形式而被存储下来和传播出去,供更多的人分享,而分享的同时也说明信息可传递、可存储。

2. 价值性

信息的价值体现在两方面:(1)能满足人们精神生活的需要;(2)可以促进物质、能量的生产和使用,信息可以增值,信息只有被人们利用才有价值。人们在加工信息的过程中,经过选择、重组、分析等方式处理,可以获得更多的信息,使原有信息增值。

3. 时效性

信息的时效性会随着时间的推移而变化。信息的时效性必须与价值性联系在一起。因为信息如果不被人们利用就不会体现出它的价值,也就谈不上所谓的时效性。也就是说,信息的时效性是通过价值性来体现的。例如,天气预报、市场信息都会随时间的推移而变化。

4. 共享性

萧伯纳[①]对信息的共享性有一个形象的比喻:你有一个苹果,我有一个苹果,彼此交换一下,我们仍然是各有一个苹果。如果你有一种思想,我也有一种思想,我们相互交流,我们就都有了两种思想,甚至更多。

信息资源共享是现代信息社会的主要特征。上面的例子说明信息不会像物质一样因为共享而减少,反而可以因为共享而衍生出更多。信息可以被一次、多次或同时利用。

5. 可度量性

信息论的发展是以信息可以度量为基础的,度量信息的量称为信息量。可度量性是本章的一个重要知识点。

除了上面列举的信息的主要特征外,信息还有真伪性、可传递性、可存储性、可处理性等其他多种特征,这些特征请读者自行理解。如果仔细观察和思考,可能还会发现信息的更多性质。

1.1.5 数据、消息、信号与信息的区别

在日常生活中,人们并不刻意区分数据、消息、信号之间的区别,因为它们本身与信息有着非常天然和紧密的联系。但是,从信息科学的角度来看,信息的含义则更为深刻和广泛,它是不能等同于数据、消息、信号的。

1. 数据

数据是对客观实体的一种描述形式,是信息的载体。就数据与信息的关系而言,斯太尔等

---

① 萧伯纳(George Bernard Shaw,1856—1950),英国现代杰出现实主义剧作家,诺贝尔文学奖获得者。

所著《信息系统原理》①一书给出了一个绝好的比喻：我们可以将数据比作一块块木头，作为一个单独的物体而言，木头本身没有什么价值。但如果在各个木头之间定义了相互的关系，按一定的规则将它们组织在一起，它们就具有了价值(图 1-6)。

图 1-6　数据(原材料木头)与信息(加工形成的结构)的关系

在这个意义上，信息和数据的区别可以理解为：数据是未加工的信息，而信息是经过加工、能为某个目的使用的数据，信息是数据的内容或诠释。将数据加工为信息的过程称为信息加工或处理。

数据可分为模拟数据和数字数据两种形式。模拟数据是在某个区间内连续的值。例如，声音和视频，其强度是连续改变的波形；温度和压力，也都是连续值。数字数据是离散值。例如，大多数用传感器收集的数据是非连续的值。

2. 消息

人们常常错误地把消息等同于信息，认为得到了消息，就是得到了信息。

"消息"是英文 message 的中译。信息论的先驱哈特莱 1928 年在《信息传输》这篇论文中阐述过消息和信息的关系。他认为信息是包含在消息中的抽象量，消息是具体的，其中蕴含着信息。

按照香农理论，在通信过程中，信息总是经过编码(符号化)成为消息后，才能经由媒介传播的，而信息的接收者收到信息后，总是要经过译码(解读)才获取其中的信息。在这一过程中，不管接收者的解读能力如何，不管他是否确实理解了其中的内容，不管其中的内涵是否确实消除了受传者的不确定性，消息依然是消息，消息的内涵依然是信息，这种客观存在是不会因接收者而改变的。

3. 信号

信息不同于消息，当然也不同于信号。

在各种实际通信系统中，为了克服时间或空间的限制而进行通信，必须对消息进行加工处理。把消息变换成适合信道传输的物理量，这种物理量称为信号。信号携带着消息，它是消息的运载工具。

在实际应用中，需要采集、传输、分析、处理各种各样的信号，如脉冲信号、语音信号、视频信号等。信号可以分为模拟信号和数字信号。模拟信号是一种随时间连续变化的信号，数字信号则是在时间上的一种离散信号。数字信号处理是指用数字序列或符号序列表示信号，并

---

① 斯太尔，雷诺兹.信息系统原理[M].张靖，蒋传海，等译.北京：机械工业出版社，2000.

用数值计算方法对这些序列进行处理的理论、技术和方法。

1.2 信息的度量

1.2.1 万物速朽,唯公式永恒

爱因斯坦曾说过:人类的知识再往前推进,牛顿力学可能不对,量子力学可能不对,相对论可能也不对,但信息熵的公式是永恒的。[①]

1854 年,一位叫克劳修斯(Clausius)的德国物理学家首次提出了"熵"的概念。克劳修斯认为"在孤立的系统内,分子的热运动总是会从原来集中、有序的排列状态逐渐趋向分散、混乱的无序状态,系统从有序向无序的自发过程中,熵总是增加的"。

所以也有人说:熵是最绝望的公式。因为熵增的存在,宇宙的目的就像一场精心策划的自杀。无论你是谁,就算庞大如宇宙,最终都会走向"寂灭"。

香农在确定信息量名称时,将热力学中的"熵"的概念应用到信息领域,提出了信息熵的度量公式。

根据香农信息熵的定义,信息源所发出的消息带有不确定性。用数学的语言来讲,不确定性就是随机性。那么信息如何测度呢? 显然,信息量与不确定性消除程度有关。消除多少不确定性,就获得多少信息量。不确定性可以直观地看成事先猜测某随机事件发生的可能程度。

1.2.2 自信息量

信息源发出的消息是随机的,可以用随机变量来表示。设 X 为一离散随机变量,在集合 $\{x_1, x_2, \cdots, x_n\}$ 中取值,且每一个等可能值的概率为:

$$P(X = x_i) = p(i = 1, 2, \cdots, n)$$

那么定义一个随机事件 x 所含的信息量称为 x 的自信息量,即:

$$I(x) = \log_2 \frac{1}{P(x)} = -\log_2 P(x) \tag{1-1}$$

式中,$I(x)$ 代表 x 的自信息量,$P(x)$ 为事件 x 出现的概率。

在公式(1-1)中,对数的底数从理论上来说可以取任何数。通常取对数的底为 2,此时信息的计量单位为比特(bit)。在本书中,有时为书写方便,将底数 2 省略,如 $\log_2 P(x)$ 写成 $\log P(x)$ 的形式。

自信息量的含义可以从不同的角度来理解:

(1)自信息量表示一个事件是否发生的不确定性的大小,一旦该事件发生,就消除了这种不确定性,带来了信息量。

(2)自信息量表示一个事件的发生带给我们信息量的大小。事件发生的概率越大,它发生后提供的信息量越小。事件发生的概率越小,一旦事件发生,它带来的信息量就越大。所以有些文献又将其称为"惊讶值"(surprise)。

【例 1-1】"Alice 今天吃饭了"这个事件发生的概率是 99.99%,"某沿海地区发生海啸"这

---

① 张首晟.5 个公式的人生[EB/OL].(2018-12-06)[2019-03-01]. https://tech.sina.cn/d/i/2018-12-06/doc-ihprknvt4692215.shtml.

个事件发生的概率是 0.01％,试分别求这两个事件的自信息量。

［解］设"Alice 今天吃饭了"这个事件为 x,"某沿海地区发生海啸"这个事件为 y,则 $P(x)=0.999\,9$,$P(y)=0.000\,1$,因此：

$$I(x)=-\log_2 P(x)=-\log_2 0.999\,9\approx 0.000\,142\text{(bit)}$$

$$I(y)=-\log_2 P(y)=-\log_2 0.000\,1\approx 13.287\text{(bit)}$$

显然,y 事件的发生带给我们的信息量远大于 x 事件发生带给我们的信息量,这也就印证了为什么我们看到 y 事件发生会吃惊,而对 x 事件几乎不会留下什么印象。

【例 1-2】箱中有 90 个红球,10 个白球。现从箱中随机地取出一个球。求：

(1)事件"取出一个红球"的不确定性;

(2)事件"取出一个白球"所提供的信息量;

(3)事件"取出一个红球"与"取出一个白球"的发生,哪个更难猜测?

［解］(1)设 a_1 表示"取出一个红球",则 $P(a_1)=0.9$,故事件 a_1 的自信息量为：

$$I(a_1)=-\log_2 0.9=0.152\text{(bit)}$$

(2)设 a_2 表示"取出一个白球",则 $P(a_2)=0.1$,故事件 a_2 的自信息量为：

$$I(a_2)=-\log_2 0.1=3.323\text{(bit)}$$

(3)由于 $I(a_2)>I(a_1)$,所以事件"取出一个白球"的发生的不确定性更大,更难猜测。

用 Python 对数函数计算

使用 Python 数学函数前,首先要导入内置的数学运算库 math。

In[1]:	import math －math.log2(0.1)　　♯求以 2 为底的对数 math.log10(100)　　♯求以 10 为底的对数 math.log(10)　　♯求以 e 为底的对数
Out[1]:	3.321928094887362 2.0 2.302585092994046

1.2.3　平均自信息量——信息熵

自信息量 $I(x)$ 是针对某一个具体事件而言的,如果信源是由多个事件组成的离散事件集合,$I(x)$ 不能作为整个信息源的平均自信息量的度量。在一般情况下,对于由很多事件组成的离散事件集合,集合中每个事件都有自己发生的概率,由此,概率空间(又称信源空间)可表示为：

$$\binom{X}{P}=\begin{pmatrix} x_1 & x_2 & x_3 & \cdots & x_n \\ P(x_1) & P(x_2) & P(x_3) & \cdots & P(x_n) \end{pmatrix}$$

其中：$P(x_i)\geqslant 0(i=1,2,\cdots,n)$,且 $\sum\limits_{i=1}^{n} P(x_i)=1$。

定义：

$$H(X)=\sum_{i=1}^{n} P(x_i)\log_2 \frac{1}{P(x_i)}=-\sum_{i=1}^{n} P(x_i)\log_2 P(x_i) \tag{1-2}$$

称 $H(X)$ 为离散事件集合 X 的平均自信息量，或称信息熵。

为简便起见，有时把概率 $P(x_i)$ 简记为 p_i，这时信息熵 $H(X)$ 又可记作：

$$H(X) = H(p_1, p_2, \cdots, p_n) = -\sum_{i=1}^{n} p_i \log p_i$$

信息熵是从整个信息源事件集合 X 的统计特性来考虑的，它从平均的意义上来表示信息源的总体信息测度，表示信息源的事件集合 X 在没有发出消息前信宿对信源 X 存在着平均不确定性。熵值表示集合中事件发生带给人们平均信息量的大小。根据上述公式，同一事件对任何一个收信者来说，所得到的信息量都是一样的。

【例1-3】计算机系统通常配有多种外部接口，其中串行通信接口为异步传输模式，即每次传输一个二进制位，设某串行接口的概率空间为：

$$\binom{X}{P} = \begin{pmatrix} 0 & 1 \\ 1/2 & 1/2 \end{pmatrix}$$

求串口的信息熵。

[解] $H(X) = -\sum_{i=1}^{n} p_i \log_2 p_i = -\left(\frac{1}{2}\log_2\frac{1}{2} + \frac{1}{2}\log_2\frac{1}{2}\right) = 1(\text{bit})$

【例1-4】设有4个符号，其中前3个符号出现的概率分别为 1/4、1/8、1/8，且各符号的出现概率是相对独立的，试计算该符号集的平均信息量。

[解]第4个符号出现的概率 $p_4 = 1 - (1/4 + 1/8 + 1/8) = 1/2$，则由信息熵公式可知，该信源的平均信息量为：

$$H(X) = -\sum_{i=1}^{n} p_i \log_2 p_i = -\left(\frac{1}{4}\log_2\frac{1}{4} + \frac{1}{8}\log_2\frac{1}{8} + \frac{1}{2}\log_2\frac{1}{2}\right) = 1.375(\text{bit})$$

【例1-5】假设 A、B 两城市天气情况概率分布如下表，试分析哪个城市的天气具有更大的不确定性。

城市	天气		
	晴	阴	雨
A 城市	0.80	0.15	0.05
B 城市	0.40	0.30	0.30

[解]由题意得：

$H(A) = H(0.80, 0.15, 0.05) = -(0.80 \times \log_2 0.80 + 0.15 \times \log_2 0.15 + 0.05 \times \log_2 0.05)$
$\qquad = 0.884(\text{bit})$

$H(B) = H(0.40, 0.30, 0.30) = -(0.40 \times \log_2 0.40 + 0.30 \times \log_2 0.30 + 0.30 \times \log_2 0.30)$
$\qquad = 1.571(\text{bit})$

由于 $H(B)$ 信息量更大，所以城市 B 的天气具有更大的不确定性。

*1.2.4　条件自信息量

先简单回顾一下条件概率的概念。在许多场合下我们需要知道的是事件 A 在事件 B 已经发生的条件下的概率，这样的概率称为条件概率，记作 $P(A|B)$。

由此，条件自信息量可定义为事件 x_i 在事件 y_i 已发生的条件下的自信息量，记为：

$$I(x_i|y_i) = -\log_2(x_i|y_i)$$

条件自信息量与自信息量的单位相同,它的含义是:知道事件 y_i 之后,仍然保留的关于事件 x_i 的不确定性;或者事件 y_i 发生后事件 x_i 再发生能够带来的信息量。

【例 1-6】已知事件 x 为"某沿海地区发生海啸",事件 y 为"海底发生了地震",且 $P(x)=0.01\%$,海底发生地震之后某沿海地区发生海啸的概率上升为 $P(x|y)=1\%$,求事件 x 的自信息量和条件自信息量。

[解]由题意,事件 x 的自信息量为:

$$I(x)=-\log_2 P(x)=-\log_2(0.01\%)=13.287(\text{bit})$$

事件 x 在事件 y 发生的情况下的条件概率 $P(x|y)=1\%$。条件自信息量为:

$$I(x|y)=-\log_2 P(x|y)=-\log_2(1\%)=6.644(\text{bit})$$

由计算结果可看出,$I(x|y)<I(x)$,事件 y(海底发生了地震)发生之后,事件 x(某沿海地区发生海啸)发生的不确定性降低了。

【例 1-7】现有一个棋子要落入 8×8 的棋盘方格内,试计算:

(1)若将一个棋子等概率地落入棋盘任一方格内,求其自信息量。

(2)如果限定棋子要落入棋盘方格的某一行(或列),求棋子落入该行(列)任一方格的条件自信息量。

[解](1)8×8 的棋盘方格共有 64 格,设事件 x 为棋子落入任一方格内,则:$P(x)=1/64$。

棋子落入棋盘任一方格内的自信息量为:

$$I(x)=-\log_2 P(x)=-\log_2(1/64)=6(\text{bit})$$

(2)设事件 y 为已知棋子落入棋盘方格的某一行(或列),事件 x 为棋子落入该行(列)其他任一方格,这时棋子只能落在该行 8 个方格内的任一位置,即:$P(x|y)=1/8$。

事件 x 在事件 y 发生的情况下的条件自信息量为:

$$I(x|y)=-\log_2 P(x|y)=-\log_2(1/8)=3(\text{bit})$$

【例 1-8】箱中有 90 个红球,10 个白球。现从箱中先拿出一球,再拿出一球,求:

(1)事件"在第一个球是红球的条件下,第二个球是白球"的不确定性;

(2)事件"在第一个球是红球的条件下,第二个球是红球"所提供的信息量。

[解]这两种情况都是求条件自信息量,设 r 表示红球,w 表示白球。

由题意可得:

$(1)P(y=w|x=r)=10/99$

$\quad I(y=w|x=r)=-\log_2(10/99)=3.307(\text{bit})$

$(2)P(y=r|x=r)=89/99$

$\quad I(y=r|x=r)=-\log_2(89/99)=0.154(\text{bit})$

1.3 信息技术

1.3.1 信息技术的革命

信息作为一种社会资源自古就有,人类自文明出现以来就在利用信息资源,只是利用的能力和水平很低而已。在信息技术发展的历史长河中,指南针、烽火台、风标、号角、语言、文字、纸张、印刷术等作为古代传播或记载信息的手段,曾经发挥过重要作用;望远镜、放大镜、显微镜、算盘、手摇机械计算机等则是近代信息技术的产物。它们都是现代信息技术的早期形式。

古生物学家斯蒂芬·古尔德(Stephen J. Gould)曾经写道:我所读到的生命史,是一连串稳定状态,其间有少数迅速发生的重大事件所界定的间隔,并借此建立了一个稳定状态。[①] 信息技术的革命莫不如此,也是由重大事件所引发的。

迄今为止,人类社会已经发生过四次信息技术革命。

第一次革命是人类创造了语言和文字,接着出现了文献。语言、文献是当时信息存在的形式,也是信息交流的工具。

第二次革命是造纸和印刷术的出现。这次革命结束了人们单纯依靠手抄、篆刻文献的时代,使得知识大量生产、存储和流通,进一步扩大了信息交流的范围。

第三次革命是电报、电话、电视及其他通信技术的发明和应用。这次革命是信息传递手段的历史性变革,它结束了人们单纯依靠烽火和驿站传递信息的历史,大大加快了信息传递速度。

第四次革命是电子计算机和现代通信技术在信息工作中的应用。电子计算机和现代通信技术的有效结合,使信息的处理速度、传递速度得到了惊人的提高;人类处理信息、利用信息的能力达到了空前的高度。

1.3.2　"信息技术"的定义

人们对"信息技术"的定义,因其使用的目的、范围、层次不同而有不同的表述。

定义 1:信息技术涵盖了获取、表示、存储和加工信息在内的各种技术。[②]

定义 2:现代信息技术"以计算机技术、微电子技术和通信技术为特征"。[③]

定义 3:信息技术指"应用在信息加工和处理中的科学,技术与工程的训练方法和管理技巧;上述方法和技巧的应用;计算机及其与人、机的相互作用,与人相应的社会、经济和文化等诸种事物"[④]。

定义 4:从技术的本质意义上讲,信息技术就是能够扩展人的信息器官功能的一类技术。[⑤]

前 3 个定义是围绕信息技术(或运动)的某些方面而叙述的;而更广义的叙述是定义 4,该定义指出了信息技术的实质不会因信息技术的发展或技术的变化而过时。

1.3.3　扩展人类信息器官功能的信息技术

1. 人类的信息器官与功能

人类在认识环境、适应环境与改造环境的过程中,为了应付日趋复杂的环境变化,需要不断地增强自己的信息能力,即扩展信息器官的功能,主要包括感觉器官、传导神经网络、思维器官和效应器官的功能。由于人类的信息活动愈来愈走向更高级、更广泛、更复杂,人类信息器官的天然功能已愈来愈难以满足需要。

---

① GOULD S J.The panda's thumb:more reflections on natural history [M]. New York:W.W.Norton,1980.

② 中华人民共和国教育部.普通高中信息技术课程标准:2017 年版[M].北京:人民教育出版社,2017.

③ 教育部基础教育司.关于加快中小学信息技术课程建设的指导意见(草案)[Z].2000.

④ 大卫·霍克里奇.教育中的新信息技术[M].王晓明,译.北京:中央民族学院出版社,1986.

⑤ 钟义信.信息科学原理[M].北京:北京邮电大学出版社,1996.

人类创立和发展起来的信息技术，从某种意义上来说，就是为了不断地扩展人类信息器官功能的一类技术的总称。那么，人有哪些信息器官？它们又各有哪些重要的功能？扩展这些器官功能的主要技术内容是什么？稍加分析就可以知道，人的信息器官主要包括以下四类(图1-7)：

(1)感觉器官，包括视觉器官、听觉器官、嗅觉器官、味觉器官、触觉器官和平衡感觉器官等；

(2)传导神经网络，它又可以分为导入神经网络、导出神经网络等；

(3)思维器官，包括记忆系统、联想系统、分析推理和决策系统等；

(4)效应器官，包括操作器官(手)、行走器官(脚)和语言器官(口)等。

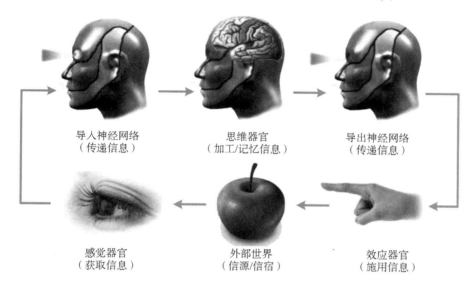

导入神经网络　　　　　思维器官　　　　　导出神经网络
（传递信息）　　　　　（加工/记忆信息）　　　（传递信息）

感觉器官　　　　　　　外部世界　　　　　　效应器官
（获取信息）　　　　　（信源/信宿）　　　　（施用信息）

图 1-7　信息器官及其功能系统

从图 1-7 中可以看出，人们同外部世界打交道的过程首先是通过自己的感觉器官从外部世界获得有关的信息，导入神经网络把这些信息由感觉器官传送到思维器官；思维器官对外来信息进行加工处理，并在此基础上再生出主体与世界打交道的策略信息；再经由导出神经网络把策略信息传递给效应器官，后者把策略信息转化为行动，作用于外部世界，使外部世界的事物按照策略信息所规定的方式来改变自己的状态。这就是人们认识世界和改造世界的基本过程或循环过程。

人类的这四类信息器官和它们的信息功能是有机地联系在一起的。这种有机的联系使它们能够执行一种整体性的高级功能——认识世界和改造世界过程所需要的智力功能，这种高级的整体性功能不是个别器官功能的简单相加，它体现了一个著名的系统学原理：整体大于部分之和。

2. 信息技术的"四基元"

国务院发布的《中国制造 2025》明确提出新一代信息技术产业包括四个方向，分别是集成电路及专用设备、信息通信设备、操作系统与工业软件、智能制造核心信息设备。

根据"信息技术"的定义和新一代信息技术产业的需求，可以明确信息技术所依赖的四个要素,这就是信息技术的"四基元",即：

(1)传感技术——感觉器官功能的延长。传感(感测)技术包括传感技术和测量技术,也包括遥感、遥测技术等。它使人们能更好地从外部世界获得各种有用的信息。

(2)通信技术——传导神经网络功能的延长。它的作用是传递、交换和分配信息,消除或克服空间上的限制,使人们能更有效地利用信息资源。

(3)计算机与智能技术——思维器官功能的延长。计算机技术(包括硬件和软件技术)和人工智能技术使人们能更好地加工和再生信息。

(4)控制技术——效应器官功能的延长。控制技术的作用是根据输入的指令(决策信息)对外部事物的运动状态实施干预,即信息施效。

既然信息技术是人的信息器官功能的延长,信息技术四基元的关系也应当视作一个有机的整体,它们和谐有机地合作,共同完成扩展人的智力功能的任务。图 1-8 显示了它们之间的这种联系。

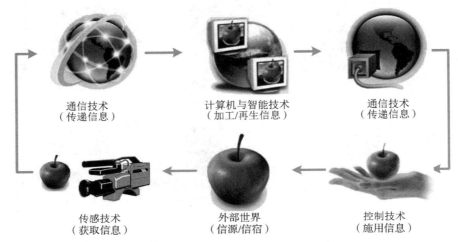

图 1-8　信息技术四基元及其功能系统

由图 1-8 可见,信息技术四基元及其功能系统与人的信息器官及其功能系统完全相对应。信息技术的功能和人的信息器官的功能是一致的,只是在功能水平或性能上各有千秋。通信技术和计算机与智能技术处在整个信息技术的核心位置,传感技术和控制技术则是核心与外部世界之间的接口。没有通信、计算机与智能技术,信息技术就失去了基本的意义;而没有传感技术和控制技术,信息技术就失去了基本的作用——没有信息的来源,也就失去了信息的归宿。可见,信息技术的"四基元"是一个完整的体系。这便是信息技术的核心结构。

1.3.4　信息技术的核心技术

信息技术的核心技术就是它的"四基元":传感技术、通信技术、计算机与智能技术,以及控制技术。

1. 传感技术

根据仿生学观点,如果把计算机看成处理和识别信息的"大脑",把通信系统看成传递信息的"神经系统"的话,那么传感器就是"感觉器官"。目前,传感技术已广泛应用于航天、航空、国防科研、信息产业、机械、电力、能源、机器人、家电等诸多领域,可以说几乎渗透到每个领域。

传感技术是关于从自然信源获取信息,并对之进行处理(变换)和识别的多学科交叉的现代科学与工程技术。获取信息靠各类传感器,包括各种物理、化学或生物传感器。例如,人们常用的数码相机能够收集可见光的信息;手机的麦克风能够收集和录制声波信息。此外,红外、紫外等光波波段的敏感元件,可以帮助人们提取那些人眼所见不到的重要信息;还有超声和次声传感器,可以帮助人们获得那些人耳听不到的信息。不仅如此,人们还制造了各种嗅敏、味敏、光敏、热敏、磁敏、湿敏以及一些综合敏感元件,以将那些人类感觉器官收集不到的各种有用信息提取出来,从而扩展人类收集信息的功能。

如果把互联网比作一张无形的网,那么物联网就是一个触手可及的世界。物联网不是互联网与万物的简单结合,而是万事万物的相融相通,是从数据信息互联到一切物质形态互联的质的飞跃。在物联网系统中,传感器属于物联网中的传感网络层。作为物联网的最基本一层,传感器是对各种参量进行信息采集和简单加工处理的设备,具有十分重要的作用。物联网是数字世界与物理世界交互的网络,主要功能是监视和控制。传感器可以独立存在,也可以与其他设备以一体方式呈现,但无论哪种方式,它都是物联网中的感知和输入部分。

2. 通信技术

通信技术研究的是以电磁波、声波或光波的形式把信息通过电脉冲从发送端(信源)传输到一个或多个接收端(信宿)。信号处理是通信技术中一个重要环节,其包括过滤、编码和解码等。

现代通信技术主要包括数字通信、卫星通信、微波通信、光纤通信、量子通信等。通信技术的普及应用,是现代社会的一个显著标志。通信技术的迅速发展大大加快了信息传递的速度,使地球上任何地点之间的信息传递速度大大提高,通信能力大大增强,各种信息媒体(数字、声音、图形、图像)能以综合业务的方式传输。通信技术深入每个人的日常生活中,使社会生活发生了极其深刻的变化。从传统的电报、电话、收音机、电视到如今无处不在的移动通信,这些新的、人人可用的现代通信方式使数据和信息的传递效率得到很大的提高。

3. 计算机与人工智能

计算机技术是指在计算领域中所运用的技术方法和技术手段。计算机技术具有明显的综合特性,它与微电子技术、现代通信技术、网络技术和数学等学科紧密结合。

目前,计算机技术研究领域和应用领域已经产生一系列新的变革。计算机将由信息处理、数据处理过渡到知识处理,知识库将取代数据库。自然语言理解、图像识别、手写输入等人机对话方式逐渐成为输入输出的主要形式,使人机交互达到更加智能的高级程度。

人工智能(artificial intelligence,AI)是研究、开发用于模拟、延伸和扩展人的智能的理论、方法、技术及应用系统的一门新的技术。人工智能是计算机科学的一个分支,是研究使计算机来模拟人的某些思维过程和智能行为(如学习、推理、思考、规划等)的学科。它企图了解智能的实质,制造类似于人脑智能的计算机,使计算机能实现更高层次的应用。

人工智能不是人的智能,但可以帮助人们更深入地理解人类自己的智能,最终揭示智能的本质与奥秘。人工智能始终处于不断向前推进的计算机技术的前沿。近年来,实现人工智能所应用的技术,无论是深度学习,还是大数据分析,或是神经网络,都呈现突飞猛进的进展。人工智能在计算机领域内得到了愈加广泛的重视,并在机器人、决策系统、控制系统和仿真系统中得到应用。目前,人工智能已经在许多领域替代人类,在某些领域甚至可以超过人类的智能。

如今,人工智能无处不在。例如,IBM 沃森(Watson)人工智能系统开拓了多个行业应用,目前已经在时尚、金融、医疗、旅游、法律、教育、交通等领域进行了很多商业融合,其中最著名的是在医疗领域上的应用。

有关人工智能技术的概念和应用,后续章节中均有涉及。

4. 控制技术

所调控制,直观地说,就是指施控主体对受控客体的一种能动作用,这种作用能够使受控客体根据施控主体的预定目标而动作,并最终达到目标。控制作为一种作用,至少要有作用者(即施控主体)与受作用者(即受控客体),以及将作用由作用者传递到受作用者的传递者这三个必要的元素。

在《中国制造 2025》纲领中,智能制造核心信息设备与控制技术密不可分。计算机控制技术是计算机技术与控制理论、自动化技术、智能技术相结合的产物。智能控制是一种无须人的干预就能够自主地驱动智能机器实现其目标的过程,是用机器模拟人类智能的一个重要领域。其中,智能机器人的研制和应用水平是一个国家科学技术和工业技术发展水平的重要指标。

计算机的应用促进了控制理论的发展,先进的控制理论和计算机技术的发展推动了工业机器人的智能化、网络化。人工智能的出现和发展,促进了自动控制系统向更高层次即智能控制的发展。

目前,大量的智能机器人已经进入工业或商业化的领域。在工业生产方面,工业机器人是面向工业领域的多关节机械手或多自由度的机器装置,它能自动执行工作,是靠自身动力和控制能力来实现各种功能的一种机器。智能机器人进入家庭,为人们提供各种服务,也将指日可待。

1.3.5 信息技术的主要支撑技术——微电子技术与芯片

无论是信息的获取(传感系统)、信息的传递(通信系统)、信息的处理与再生(计算机与智能系统),还是信息的施用(控制系统),都要通过机械的、电子或微电子的、激光的、生物的技术手段来具体地实现,因为一切信息技术都要通过某种(某些)支撑技术来实现。信息技术(特别是现代信息技术)的支撑技术主要是指微电子技术和光电子技术。

微电子技术与芯片制造密不可分。芯片,又称微电路(microcircuit)、微芯片(microchip)、集成电路,是指内含集成电路的硅片。现代微电子技术与芯片技术已经渗透到现代高科技的各个领域。今天一切技术领域的发展都离不开它们,其对于电子计算机技术更是基础和核心。人们通常所接触的电子产品,包括智能手机、计算机与网络设备和数字家电等,都是在微电子和芯片技术的基础上发展起来的。微电子和芯片技术的每一次重大突破都会给电子信息技术带来一次重大革命。

微电子技术是高科技和信息产业的核心与主要支撑技术,是信息领域的重要基础学科和基础性产业,其研究核心是集成电路或集成系统的设计和制造。2018 年全社会普遍关注的"中兴事件",暴露出我国在智能芯片制造技术方面能力的不足,同时也提醒人们在信息产业链中必须掌握芯片设计与制造的关键技术,加速"中国芯"技术研发,推动市场化应用。

1.4 计算机的信息表示与编码

1.4.1 信息在计算机中的表示

计算机存储处理信息的基础是信息的数字化,各种类型的信息(数值、文字、声音、图像)必须转换成数字量,即数字编码的形式,才能在计算机中进行处理。信息的数字形式也称为信息的编码。图灵理论的一个基本点是所有信息可以用符号编码,包括图灵机本身。为此,要用计算机处理信息,必须完成从外部信息到计算机内部信息的转换,还须确定信息在计算机内部的表示方式,进而就可以用计算机处理。

1. 计算机为什么采用二进制

信息应以怎样的形式与计算机的电子元件状态相对应,并被识别和处理呢? 1940 年,现代著名的数学家、控制论学者维纳首先提出采用二进制编码形式,以解决数据在计算机中的表示问题,确保计算机的可靠性、稳定性及高速性。

计算机采用二进制数的方式表示信息,主要原因有:

(1)容易表示

二进制的特点是每一位上只能出现数字 0 或 1,逢 2 就向高数位进 1。1 和 0 这两个数字用来表示两种状态,用 1、0 表示电磁状态的对立两面,在技术实现上是最恰当的。如晶体管的导通与截止、磁心磁化的两个方向、电容器的充电和放电、开关的启闭、脉冲(电流或电压的瞬间起伏)的有无以及电位的高低等,一切具有两种稳定状态的器件都可以用于表示二进制的"0"和"1"状态(图 1-9)。而十进制数有 10 个基本符号(0,1,2,…,9),要用 10 种状态才能表示,如果用某种器件实现 10 种状态在技术上就很复杂。

图 1-9 具有两种状态的二进制设备

二进位设备(如开关)的 ON 状态用"1"来表示,OFF 状态可用"0"来表示。多个二进位设备的组合可产生 1 与 0 的特殊次序和模式,能表示字母、数字、颜色和图形。

(2)运算简单

算术运算和逻辑运算是计算机的基本运算,采用二进制可以简单方便地进行这两类运算。二进制数的算术特别简单,加法和乘法仅各有 3 条运算规则($0+0=0,0+1=1,1+1=10$ 和 $0×0=0,0×1=0,1×1=1$),运算时不易出错。

此外,二进制数的"1"和"0"正好可与逻辑值"真"和"假"相对应,这样就为计算机进行逻辑运算提供了方便。

在具体使用中,为使数的表示更精练、更直观,数的书写更方便,还经常用到八进制和十六进制数,它们实质上是二进制数的两种变形形式。

2. 存在即数:0 和 1 表示一切

数在计算机内的表示,要涉及数的长度和符号如何确定、小数点如何表示等问题。由于二进制数的每一位数(0 或 1)是用电子器件的两种稳定状态来表示的,因此,二进制位(bit)是最小信息单位,一个数的长度按二进制位数来计算。计算机内最常用的信息单位是字节(byte,简称 B),字节是计算机存储容量的基本单位(图 1-10)。

图 1-10 1 字节由 8 个二进制位组成

在一台计算机中,一次所能传送及处理的二进制数的长度(最大位数)是固定的(这由所用双稳态器件的数目来确定),这个长度称为计算机的字长,随不同的计算机而异。另外,一个数在使用时是有符号的,而计算机对正负数不能直接识别,因此,数的符号在机内要做变换,用专门的符号位表示。符号位放在字节的最高位,用"0"表示正,用"1"表示负。这种把数本身(指数值部分)及符号一起数字化了的数称为机器数,机器数是二进制数在计算机内的表示形式。机器数又分为定点数和浮点数。

1.4.2　信息的编码

用二进制方式构造的存储程序式计算机是不认识英文字母、数字和中文字符的。要对这些信息进行处理,首先必须对它们进行编码。所谓编码,是指采用约定的基本符号,按照一定的组合规则,表示出复杂多样的信息,从而建立起信息与编码之间的对应关系。信息送入计算机后以编码的形式进行处理,从计算机输出后又还原成原来的形式。一切信息编码都包括基本符号和组合规则这两大要素。采用数字(如二进制数)作为基本符号按照一定的组合规则得到的编码,称为数字化信息编码。

1. ASCII 码

由于美国是早期发展计算机的国家之一,美国国家标准局最先公布了美国国家标准信息交换码(American Standard Code for Information Interchange),简称 ASCII 码。ASCII 码本来是一个信息交换编码的国家标准,后来被国际标准化组织接受,成为国际标准 ISO 646,又称为国际 5 号码。ASCII 码采用 7 位二进制比特编码,可以表示 128 个字符。字符分为图形字符与控制字符两类。图形字符包括数字、字母、运算符号、商用符号等。表 1-1 给出了 8 位 ASCII 编码表。例如,二进制数 01001000　01100101　01101100　01101100　01101111　00101110 表示英文字符 Hello。控制字符用于数据通信收发双方动作的协调与信息格式的表示,如控制字符 EOT(表示发送结束)的 ASCII 编码为 0000100。

表 1-1　ASCII 编码表

	0000	0001	0010	0011	0100	0101	0110	0111
0000	NUL	DLE	SP	0	@	P	`	p
0001	SOH	DC1	!	1	A	Q	a	q
0010	STX	DC2	”	2	B	R	b	r
0011	ETX	DC3	♯	3	C	S	c	s
0100	EOT	DC4	$	4	D	T	d	t
0101	ENQ	NAK	%	5	E	U	e	u
0110	ACK	SYN	&.	6	F	V	f	v
0111	BEL	ETB	'	7	G	W	g	w
1000	BS	CAN	(	8	H	X	h	x
1001	HT	EM	)	9	I	Y	i	y
1010	LF	SUB	*	:	J	Z	j	z
1011	VT	ESC	+	;	K	[	k	{
1100	FF	FS	,	<	L	\	l	|
1101	CR	GS	—	=	M	]	m	}
1110	SO	RS	.	>	N	ˆ	n	~
1111	SI	US	/	?	O	_	o	DEL

【例 1-9】用 Python 函数显示 ASCII 字符的编码。

在 Python 语言中,函数 ord()和 chr()可以分别在字符和对应的 ASCII 码数值之间进行转换。

例如,根据 ASCII 码的数值显示大写 A～Z 字符,程序如下:

In[2]:	```for i in range(65,91):\n print("{}→{}".format(i,chr(i)),end=",")```
Out[2]:	65:→A,66:→B,67:→C,68:→D,69:→E,70:→F,71:→G,72:→H,73:→I,74:→J,75:→K,76:→L,77:→M,78:→N,79:→O,80:→P,81:→Q,82:→R,83:→S,84:→T,85:→U,86:→V,87:→W,88:→X,89:→Y,90:→Z

1.4.3　数制的基及其表示

关于数基的概念,即把任何数表示为某一特定数字(数基)的幂的和的想法,人们在 16 世纪就知道了,并且已能使用不同于 10 的基。我们通常使用的基为 10 的数系叫作十进制数系,基为 2 就叫作二进制数系。

中国古代的《易经》中就写道:"易有太极,始生两仪,两仪生四象,四象生八卦。"就逻辑来说,这本身就是基为 2 的一种推演法。人们曾经试图从这一古语中探寻二进制的发明与起源。

通常认为,西方第一篇关于二进位制的文章是莱布尼茨(G.W Leibniz,1646—1716,德国数学家)[①]于 1703 年在法国《皇家科学院纪录》上发表的《二进制算术的解说:只用 0 和 1 的二进制算术的阐释》。莱布尼茨认为二进制是最简单、最有效的数系。他在一篇发表于 1679 年的文章中讨论了二进制数学,并构造了一个二进制数字计算器。莱布尼茨不仅发明了二进制,而且赋予了它宗教的内涵。他在一份手稿中写道:"1 与 0,一切数字的神奇渊源。这是造物的秘密美妙的典范,因为,一切无非都来自上帝。"

二进制算术对于当时的莱布尼茨而言无非是个数学游戏,就像数论等纯数学理论一样,看不出有什么实用价值。他可能没有料到二进制在几百年之后会成为现代计算机技术的基础。由于二进制运算的重要作用,莱布尼茨也成为"事后追认先驱"的典范。

二进制和我们在日常生活中使用的十进制,是两种不同的进位计数的方法即数制。二进制是"逢二进一"的,只有 0 和 1 两个计数的符号即数码,而十进制是"逢十进一"的,有 0、1、2、3、4、5、6、7、8 和 9 这 10 个数码。

推广开来,在采用进位计数的数字系统中,如果只用 r 个数码,则称其为基 r 数制(radix number system)或 r 进制,r 便称为该数制的基数(radix),如十进制的基数就是 10,而数制中每一固定位置对应的单位值称为权,如十进制的各位的权分别为 1,10,100,…,二进制各位的权分别为 1,2,4,8,…,均为基数的幂。

依上所述,不难定义八进制和十六进制,它们分别是"逢八进一"和"逢十六进一",基数分别为 8 和 16,各位的权分别是 8 和 16 的 $0,1,2,…,n$ 次幂。只是十六进制的数码有 16 个,小于 16 的数仅能用 1 位数码表示,因此大于 9 的数码就重新规定。这样八进制的数码就是 0,1,2,…,7 这 8 个数码,而 16 进制的数码是 0,1,2,…,9,A,B,C,D,E,F 这 16 个数码。

由于各数制的数码有重叠,为了不产生混淆,各数制的数分别加不同的角标以示区别:

二进制:B(Binary),如 $(11101)_B$;

八进制:O(Octal),如 $(35)_O$;

十六进制:H(Hexadecimal),如 $(1D)_H$。

有关各种数制转换的方法,请参考有关教材,这里不再赘述。

【例 1-10】对于 2^n 进制的数字序列,假设每一符号的出现完全随机且概率相等,求任一符号的自信息量。

[解]设 2^n 进制数字序列任一符号 x_i 的出现概率为 $P(x_i)$,根据题意有:

$$P(x_i)=1/2^n, I(x)=-\log_2 P(x_i)=-\log_2(1/2^n)=n(bit)$$

由本例可以看出:信源输出 x_i 所包含的信息量仅依赖于它的概率,而与它的取值无关。请理解这句话的含义。

1.4.4 不同进制间的转换

由于不同的数制只是计数方式的不同,同样的数目在不同的数制下的表示是不同的。但它们应该是等价的,如 $(11101)_B$、$(35)_O$、$(29)_D$ 和 $(1D)_H$ 实际上表示的都是十进制的 29,各数制之间的数是可以相互转换的。

1. 二进制与十进制的转换

人们使用计算机时输入的是十进制,而计算机内部使用二进制,因此二进制和十进制之间

---

① 莱布尼茨是西方思想家中对中国文化抱有宽容态度的少数几个人中最著名的一个。他和牛顿各自独立地发明了微积分这一犀利的数学工具。

的转换最为常用。下面通过示例来讲解。

【例 1-11】将十进制数 $(29.625)_D$ 转换成二进制数。

带小数位的十进制数转换成二进制数,可以将整数部分和小数部分分别进行转换,然后将整数部分和小数部分相加就可以了。

对整数部分,采用"除 2 取余法",即将十进制整数不断除以 2 取余数,如此进行,直到商小于 1 时为止,其过程如下所示:

$29/2 = 14 \longrightarrow$ 余 1

$14/2 = 7 \longrightarrow$ 余 0

$7/2 = 3 \longrightarrow$ 余 1

$3/2 = 1 \longrightarrow$ 余 1

$1/2 = 1 \longrightarrow$ 余 1

然后把先得到的余数作为二进制数的低位有效位,最后得到的余数作为二进制数的高位有效位,依次排列起来。这样,整数部分转换后的结果是:$(29)_D = (11101)_B$。

十进制小数转换成二进制小数采用"乘 2 取整法"。具体做法是:用 2 乘十进制小数,可以得到积,将积的整数部分取出,再用 2 乘余下的小数部分,又得到一个积,再将积的整数部分取出,如此进行,直到积中的小数部分为零,此时 0 或 1 为二进制的最后一位,或者达到所要求的精度为止。然后把取出的整数部分按顺序排列起来,先取的整数作为二进制小数的高位有效位,后取的整数作为低位有效位。

$0.625 \times 2 = 1.25 \longrightarrow$ 取出整数部分 1

$0.25 \times 2 = 0.5 \longrightarrow$ 取出整数部分 0

$0.5 \times 2 = 1 \longrightarrow$ 取出整数部分 1

最后将整数部分和小数部分相加,转换结果为:

$(29.625)_D = (11101.101)_B$

【例 1-12】将二进制数 $(11101.101)_B$ 转换成十进制数。

二进制转换为十进制就简单得多了。先将二进制数写成加权系数展开式,然后按十进制加法规则求和,小数点后的权分别为 2 的 $-1, -2, -3, \cdots, -n$ 次幂,这种做法称为"按权相加法"。

转换过程如下:

$$(11101.101)_B = (1 \times 2^4 + 1 \times 2^3 + 1 \times 2^2 + 0 \times 2^1 + 1 \times 2^0) + (1 \times 2^{-1} + 0 \times 2^{-2} + 1 \times 2^{-3})$$
$$= 29 + 0.625 = (29.625)_D$$

2. 二进制与十六进制的转换

二进制由于基数小,表示的数往往很长,读写很不方便,而且容易出错。鉴于十六进制与二进制的基数间的自然关系,这两种数制之间的转化非常简单,所以引入十六进制以简化二进制数的书写和记忆。

十六进制的基数 16 正好是二进制基数的 4 次幂($16^1 = 2^4$),4 位二进制数刚好可以表示 0~F 这 16 个数码,也就是说二进制的 4 位数正好可以用 1 位十六进制数表示,如表 1-2 所示。

表 1-2 十六进制与二进制的关系

十六进制	对应二进制	十六进制	对应二进制
0	0000	8	1000
1	0001	9	1001
2	0010	A	1010
3	0011	B	1011
4	0100	C	1100
5	0101	D	1101
6	0110	E	1110
7	0111	F	1111

所以二进制数转换为十六进制时转换规则很简单：以小数点为中心向左右两边分组，每 4 位一组，每组可以转换为十六进制的 1 位，两头不足 4 位的补 0 即可。

【例 1-13】将二进制数 10110101111011.011101 转换为十六进制数。

［解］(0010 1101 0111 1011.0111 0100)$_B$＝(2D7B.74)$_H$

【例 1-14】将十六进制数 2C1D.A1 转换为二进制数。

［解］(2C1D.A1)$_H$＝(0010 1100 0001 1101.1010 0001)$_B$

3. 二进制与八进制的转换

二进制和八进制的转换关系与十六进制类似，只是以 3 位分组。八进制与二进制的对应关系如表 1-3 所示，这里不再赘述。

表 1-3 八进制与二进制的关系

八进制	对应二进制	八进制	对应二进制
0	000	4	100
1	001	5	101
2	010	6	110
3	011	7	111

 用 Python 内置函数实现不同进制转换

使用 Python 内置函数 bin()、oct()、int()、hex() 可以方便地实现进制之间的转换，其返回值均为字符串，且分别带有 0b、0o、0x 前缀，分别表示二进制、八进制和十六进制。

在 Python 交互环境中，应用示例如下：

In[3]:	int('1101',2)　＃二进制转十进制
	bin(13)　＃十进制转二进制
	int('0xa0',16)　＃十六进制转十进制
	hex(160)　＃十进制转十六进制
	bin(0x33)　＃十六进制转二进制
	hex(0b110011)　＃二进制转十六进制

Out[3]:	13
	'0b1101'
	160
	'0xa0'
	'0b110011'
	'0x33'

1.4.5 计算机的逻辑运算与逻辑门电路

人们在日常生活和工作中处理任何事件的过程,不仅需要计算,还需要所谓的"是"或"不是"等方式的推断。那么,在数字电路中,输入信号是"条件",输出信号是"结果",因此输入、输出之间存在一定的因果关系,称其为逻辑关系。

逻辑量只有两种取值,逻辑"真"和逻辑"假"。一般把条件或事件为真记为逻辑 1,把条件或事件为假记为逻辑 0。在这里的逻辑 1、逻辑 0 是表示事物矛盾双方的一种符号,它们可以表示电位的高、低,信号的有、无,事件的真、伪或是、否等。逻辑 1 和逻辑 0 没有数值的意义,相互间也不能比较大小。

逻辑门是集成电路上的基本组件,又称数字逻辑电路基本单元。常见的逻辑门包括与门、或门、非门、异或门等等,用来执行与、或、非、异或等逻辑运算操作。逻辑门可以组合使用以实现更为复杂的逻辑运算,广泛用于计算机、通信、控制等智能化电子设备中。

常用逻辑门电路符号如图 1-11 所示。图中 A、B 表示门电路的输入端逻辑量,Q 表示门电路的输出端逻辑量。

与门电路符号　　或门电路符号　　非门电路符号　　异或门电路符号

图 1-11　常用逻辑门电路符号

1. 逻辑或运算

或运算表示这样一种逻辑关系:决定一事物的各种条件中,有一个条件或一个以上条件满足(即条件为真),这一事件就会发生(或者说事件为真)。

实现逻辑或的电路称为或门(OR gate)。对于或门来讲,只要有一个输入为 1(或者说输入为 1 的个数等于或大于 1 时),输出便是 1;只有所有的输入皆为 0,输出才是 0。其逻辑表示式为:Q=A+B。逻辑或真值表见表 1-4。

表 1-4　逻辑或真值表

输入	A	0	1	0	1
	B	0	0	1	1
输出	Q	0	1	1	1

2. 逻辑与运算

逻辑与运算表示这样一种逻辑关系：只有决定一事件的全部条件为真时，该事件才为真；否则为假。

实现逻辑与的电路称为与门（AND gate）。对于与门来说，仅当所有的输入都为1时，输出才为1；而只要有一个输入为0，输出便是0。其逻辑表达式：$Q = A \cdot B$。逻辑与真值表见表1-5。

表1-5 逻辑与真值表

输入	A	0	1	0	1
	B	0	0	1	1
输出	Q	0	0	0	1

3. 逻辑非运算

逻辑非是逻辑的否定，当一条件不成立时，与其相关的一事件却为真。

实现逻辑非的电路称为非门（NOT gate）。非门的输入端与输出端永远具有相反的值。其逻辑表达式：$Q = \overline{A}$。逻辑非真值表见表1-6。

表1-6 逻辑非真值表

输入	A	0	1
输出	Q	1	0

4. 异或运算

异或门（exclusive-OR gate）对两路信号进行比较，判断它们是否不同，当两种输入信号不同时，输出为1；当两种输入信号相同时，输出为0。其逻辑表达式：$Q = A \oplus B$。异或逻辑真值表见表1-7。

表1-7 异或逻辑真值表

输入	A	0	1	0	1
	B	0	0	1	1
输出	Q	0	1	1	0

 用 Python 实现逻辑运算

Python 逻辑运算符包括 and、or、not。

设 a＝True，b＝False，则逻辑运算示例如下：

运算符	功能	表达式	计算结果	说明
and	逻辑与	a and b	False	当所有条件都为 True 时返回 True
or	逻辑或	a or b	True	其中一个条件为 True 时返回 True

续表

运算符	功能	表达式	计算结果	说明
not	逻辑非	not a	False	当条件为 True 时返回 False,条件为 False 时返回 True
ˆ	异或	a ˆ b	True	当两个条件不同时返回 True

思考与练习

一、思考题

1.“宇宙中除物质和能量外,尚有第三个‘要素’,即信息。”你对这句话是如何理解的?

2. 信息的主要特征有哪些?

3. 信息与消息、数据、信号有什么联系与区别?

4. 相对于物质和能量,哪些特征是信息独有的?

5. 什么是事物的不确定性? 不确定性如何与信息的度量发生关系?

6. 信息是如何度量的? 如何理解信息熵?

7. 狭义信息论的适用范围是什么? 它有哪些局限性? 如何理解广义信息论?

8. 人类社会已经发生过四次信息技术革命,请说明它们分别是以什么技术为标志的?

9. 信息技术的“四基元”是指哪些技术?

10. 信息技术在哪些方面扩展了人类的信息器官?

11. 信息技术的主要领域当前有哪些进展? 请举例说明。

12. 计算机为何采用二进制表示信息?

13. 试总结二进制向其他进制转换的规则。

14. 写出单词 Information 的 ASCII 编码。

15. 中文信息编码的特殊性表现在哪些方面?

16. 什么是逻辑运算? 逻辑运算包括哪几种基本运算?

17. 观察你在一天中使用了哪些信息设备,获得了哪些信息,体验信息技术对我们生活和学习的影响。

18. 你从何处得到信息以做出日常生活决定? 你最主要的决定又是什么样的? 你对得到的信息的准确性有无信心? 该信息能用香农公式度量吗? 为什么?

19. 大部分人都认为信息技术深刻地改变了我们的社会与生活方式,虽然人文主义者并不完全赞同。举个例子说明,如果没有信息技术,我们的生存状况会在多大程度上变好或是变差。

二、计算题

1. 设英文字母 e 出现的概率为 1/16,x 出现的概率为 1/64,试求 e 及 x 的信息量。

2. 在一个箱子中,有属性相同的红、黄、蓝三种颜色的彩球,共 36 个,其中红球 18 个,黄球 12 个,蓝球 6 个,任取一球作为试验结果。如果事件 A、B、C 分别表示摸出的是红球、黄球、蓝球,试计算事件 A、B、C 发生后所提供的信息量。

3. 甲袋中有 $n(n+1)/2$ 个不同阻值的电阻,其中 1 Ω 的 1 个,2 Ω 的 2 个,……,n Ω 的 n

个,从中随机取出一个,求"取出阻值为$i(0 \leqslant i \leqslant n)\Omega$的电阻"所获得的信息量。

4. 同时扔一对均匀的骰子,当得知"两骰子面朝上点数之和为2",或"两骰子面朝上点数之和为8",或"两骰子面朝上点数是3和4"时,试问这三种情况分别获得多少信息量?

5. 一个信源X的符号集为{0,1},其中"0"符号出现的概率为p,求信源的熵。

6. 某地2月份天气构成的信源表示如下,试计算各种天气的自信息量与平均信息量。

$$\begin{pmatrix} X \\ P(X) \end{pmatrix} = \begin{pmatrix} x_1(晴) & x_2(阴) & x_3(雨) & x_4(雪) \\ \dfrac{1}{2} & \dfrac{1}{4} & \dfrac{1}{8} & \dfrac{1}{8} \end{pmatrix}$$

7. 某信息源的符号集由A、B、C、D和E组成,设每一符号独立出现,其出现概率分别为1/4、1/8、1/8、3/16和5/16,试求该信息源符号的平均信息量。

8. 一信息源由4个符号a、b、c、d组成,它们出现的概率为3/8、1/4、1/4、1/8,且每个符号的出现都是独立的。试求信息源输出为"cabacabdacbdaabcadcbabaadcbabaacdbacaacabadbcadcbaab cacba"的信息量。

9. 在试验甲和乙中,两种结果A和B出现的概率如下:

试验名称	出现A的概率	出现B的概率
试验甲	0.50	0.50
试验乙	0.99	0.01

求两个试验的信息熵。哪个试验的不确定性更大?

10. 有甲、乙两箱球,甲箱中有红球50个、白球20个、黑球30个;乙箱中有红球90个、白球10个。现从两箱中分别随机取一球,问从哪箱中取球的结果随机性更大?

第2章

计算与计算机系统

21世纪是创造的伟大时代。那时，机器将最终取代人去完成所有单调的任务。电子计算机将保障世界的运转。而人类则最终得以自由地做非他莫属的事情——创造。

——科学科幻小说作家艾萨克·阿西莫夫

社会的进步往往是以时代来划分和体现的,而一个新时代来临的充分条件是这个时代标志物的诞生。正如图灵奖得主雷伊·雷蒂(Raj Reddy)博士所说:"技术革命的特点是当这个技术第一次被展示出来的时候,人们很难想象到它在一百年之后会产生什么影响。"①在过去的半个世纪里,从来没有一种工具像计算机那样,以前所未有的速度促进着人类社会的进步,其应用已经无处不在!

如果说蒸汽机的发明导致了工业革命,使人类社会进入了工业社会,那么计算机的发明则导致了信息革命,使人类社会进入了信息社会。计算机不但像蒸汽机那样推动了经济领域的变革,还推动了文化、科技和生活等领域的变革。人类历史上的其他发明,远到古代给人类文化带来重大变革的纸和印刷术,近到现代给人类生活带来重大变革的汽车和电视等,都不能和计算机相提并论。可以说,计算机对人类社会影响的深度和广度为其他任何发明所不及。

虚拟化打破了传统计算机系统中软硬件的紧耦合架构,实现了软件和硬件的分离,从而为软件定义方案的实施打下基础。本章专门设计了一些 Python 程序,利用 WMI(Windows Management Instrumentation,Windows 管理规范)第三方库获取计算机的各种系统信息,通过示例的输出体会所有的硬件是以软件定义的虚拟化技术为支撑的。

2.1　探索计算之源

随着计算机日益广泛而深刻的运用,"计算"这个原本专门的数学概念已经泛化到了人类的整个知识领域,并上升为一种极为普适的科学概念和哲学概念,成为人们认识事物、研究问题的一种新视角、新观念和新方法,且正在试图成为一种全新的世界观。今天,计算(computing)技术作为现代技术的标志,已成为世界各国经济增长的主要动力;计算领域也已成为一个极其活跃的领域。计算学科正以令人惊异的速度发展,并大大延伸到传统的计算机科学的边界之外,成为一门范围极为宽广的学科。

文明源于计算,而当今科技发展的最前沿研究证明:科学最后仍然是终于计算的。

2.1.1　探索计算之源

计算科学领域的不断突破和创新有赖于对其本源的深入探索。那么究竟什么是计算之源呢?

人类文明的进化历史,从某种意义上讲,最早是始于计算的。早在远古时期,人们就碰到了必须计算的问题。已经考证的远在旧石器时代刻在骨制品和石头上的符号就是对某种计算的记录。最早悟出万事万物背后都有数的法则在起作用的,是生活在 2 500 年前的古希腊数学家、哲学家毕达哥拉斯(Pythagoras)。他有这样一句名言:"凡物皆数。"意思是万物的本原是数,数的规律统治万物。不过在那个年代,他相信一切数字皆可以表达为整数或整数之比——分数,简单而言,他所认识的只是有理数。

很早以前我国的学者就认为:对于一个数学问题,只有当确定了其可用算盘解算它的规则时,这个问题才算可解。这就是古代中国的算法化思想。它蕴含着中国古代学者对计算的根本问题——能行性问题的理解,这种理解对现代计算学科的研究仍具有重要的意义。然而在

---

① 《二十一世纪的计算——探索计算之源》,图灵奖获得者雷伊·雷蒂在 2003 年北京国际学术研讨会上的演讲。

20 世纪 30 年代以前,人们并没有真正认识计算的本质,尽管如此,在漫长的岁月中人类一直没有停止过对计算本质的探索。

在大众的意识里,"计算"(computing)是一个简单的数学概念。然而,正如爱因斯坦所说,一个概念愈是普遍,愈是频繁地进入人们的视野,我们要想理解其意义也愈困难。因此,虽然人类很早就学会了加、减、乘、除等的运算,但直到 20 世纪 20 年代,还没有什么人能真正说清楚计算的本质是什么。从 20 世纪 30 年代开始,由于哥德尔(Kurt Godel)、邱奇(Alonzo Church)和图灵(Alan Turing)等人的工作(当然,这些计算理论都是非常晦涩难懂的),人们终于对计算的本质有了清楚的理解,由此形成了一个专门的数学分支——递归论和可计算理论,并因此导致计算机科学的诞生。

那么,什么是计算呢? 在计算科学的视域内,人们对计算的本质已经有了一个基本的、清晰的认识:计算就是依据一定的法则对有关符号串进行变换的过程。简单地说,从一个已知的符号串开始,按照一定的规则,一步一步地改变符号串,经过有限步骤,最后得到一个满足预先规定的符号串,这种变换过程就是计算。比如,从"1+2"变换成 3,就是一个加法计算;从 $3x^2$ 变换为 $6x\mathrm{d}x$,就是微分计算。按这个定义,定理证明、机器翻译、图像处理等也都是计算,因为它们都是一种符号串的变换过程。数学家们已经证明:凡是可以从某些初始符号串开始、在有限步骤内得到计算结果的函数都是一般递归函数,或者说,凡是可计算的函数都是一般递归函数。[①] 至此,人们才弄清楚计算的本质,以及什么是可计算的、什么是不可计算的等根本问题。

计算科学是对描述和变换信息的算法过程,包括其理论、分析、设计、效率、实现和应用等进行的系统研究。[②] 尽管计算科学已成为一个极为宽广的学科,但其根本问题仍然是:什么能有效地自动进行(即能行问题),什么不能有效地自动进行。能行问题贯穿在整个学科包括硬件和软件在内的理论、方法、技术的研究,以及应用各方向的研究与开发之中。凡是与能行性有关的讨论,都是处理离散对象的。因为非离散对象,即所谓的连续对象,是很难进行能行处理的。因此,能行性这个计算科学的根本问题决定了计算机本身的结构和它处理的对象都是离散型的,甚至许多连续型的问题也必须转化为离散型问题后才能被计算机处理。例如,计算定积分就是把它变成离散量,再用分段求和的方法来处理的。所以说,离散数学是计算科学极其重要的数学基础课程。

与计算紧密联系的一个概念是"算法"。算法是求解某类问题的通用法则或方法,即符号串变换的规则。人们常常把算法看成是用某种精确的语言写成的程序。算法或程序的执行和操作就是计算。从算法的角度讲,一个问题是不是可计算的,与该问题是不是具有相应的算法是完全一致的。

2.1.2 计算模型与图灵机

长久以来,人类的计算都是依靠自己来完成的。但如果仔细考虑一下,就会发现计算的实质是把一个经过清楚的分析、明确了求解的方法的问题,分解为明确、能行、有限的步骤。显然

---

① 一个函数在它的函数体内调用它自身称为递归调用,这种函数称为递归函数。递归函数是一类从自然数到自然数的函数,它在某种意义上是"可计算的"。一个众所周知的事实是:直到 1935 年著名的邱奇论题——"算法可计算函数都是递归函数"提出,"算法可计算性"这个概念才有了精确的数学描述。

② 董荣胜,古天龙.计算机科学与技术方法论[M].北京:人民邮电出版社,2002.

这种工作本质上是机械性的,如果把已经得到求解方法的问题还交给人脑来计算,显然有浪费人力之嫌;另外,一个需要专门加以计算的问题,往往也是需要进行庞大计算的问题,庞大到人力已经难以胜任的程度。因此,这两个方面都要求人类发明能够进行计算的机器。

创造和设计一个自动计算工具,是人类千百年的梦想。这个梦想中的自动计算模型是什么模样,一直没有人给出确切的答案。这里所指的计算模型,并不是指建立在数学描述基础上用来求解某一(类)问题计算机方法的数学模型,而是指具有状态转换特征,能够对所处理的对象的数据或信息进行表示、加工、变换、接收、输出的数学机器。

"科学的终极目的在于提供一个简单的理论去描述整个宇宙。"[①]20 世纪 30 年代,计算模型研究取得突破性进展。英国数学家图灵于 1937 年发表《论可计算数在判定问题中的应用》的论文[②],提出了"通用机"的概念。这是一个描述计算步骤的数学模型。使用这种抽象计算机,可以把复杂的计算过程还原为十分简单的操作。

图灵模型是一个典型的思想实验[③]。图灵机是一种抽象计算模型,用来精确定义可计算函数。图灵机由一个控制器、一条可以无限延伸的带子和一个在带子上左右移动的读写头组成。这个在概念上如此简单的机器,理论上却可以计算任何直观可计算的函数。图灵在设计了上述模型后提出凡可计算的函数都可用这样的机器来实现,这就是著名的图灵论题。现在图灵论题已被当成公理一样在使用着,半个世纪以来,数学家提出的各种各样的计算模型都被证明是和图灵机等价的。

2012 年 6 月 23 日,在阿兰·图灵 100 周年诞辰之际,Google(谷歌)在搜索引擎首页用游戏动画的形式,演示了图灵机的工作原理(图 2-1),向这位计算机和人工智能的开拓者表示敬意。

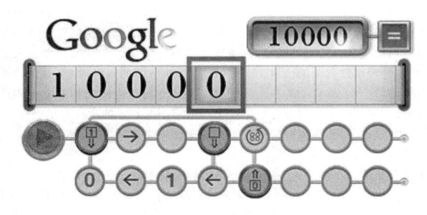

图 2-1　图灵机计算模型

图灵机是一种数学自动机器,就其思想和原理而言,包含存储程序的重要思想,为现代计算机的出现提供了重要的依据。图灵机模型由以下几部分构成:

(1)带子——存储设备;

(2)命令——相当于一组预先设计、存储好的程序;

①　史蒂芬·霍金.时间简史[M].许明贤,吴忠超,译.长沙:湖南科学技术出版社,1995.

②　TURING A. On computable numbers,with an application to the Entscheidungsproblem[J], Proceedings of the London Mathematical Society,1937,2(42):230-265.

③　思想实验是指使用想象力去进行的实验,所做的都是在现实中无法做到(或现时未做到)的实验。

（3）控制器——决定读写头的每一步操作。

表面看来，图灵机的计算功能似乎很弱。但只要提供足够的时间、允许计算到足够多的步数、有足够多的空间以及允许使用足够长的磁带，则其力量是非常强的，足以代替目前的任何计算机。图灵在设计了他的单带模型后提出：凡是可计算的函数都可以用一台图灵机来计算。这就是著名的图灵论题。

图灵机是"软件定义"计算的一个很好的例子。它把计算从具体的机器中抽象出来，从而可以在抽象意义上回答什么是可计算的，什么是不可计算的。可以证明，如果是图灵机不能解决的问题，那么实际计算机也不可能解决；只有图灵机能够解决的计算问题，实际计算机才有可能解决。当然，还有些问题是图灵机可以计算而实际计算机还不能实现的，基于此发展了可计算理论（Theory of Computability）。可计算理论研究的基本问题是：什么是计算，什么是可计算，什么是不可计算。

由图灵机与可计算理论可知，实际上，一种抽象的计算机只需要很少几条基本运算指令就可以有强大的计算能力。至于这种计算能力用什么技术来实现，则完全取决于当时社会的工业技术发展水平。存储程序式计算机可以用机械技术制造，也可以用电子技术制造，将来甚至可能使用其他新技术制造。一个计算过程，既可以用程序来实现，也可以用电路来实现。这就是说，电子技术和程序技术只是计算科学的两种基本的技术形式。真正构成计算科学基本的、核心的内容是围绕计算而展开的大量具有基础性的知识，而不是具体的实现技术。

图灵机为现代计算机硬件和软件做了理论上的准备，对数字计算机的一般结构、可实现性和局限性研究产生了深远的影响。图灵论题的意义在于：它深入细致地研究了计算机的能力和极限。更精确地说，图灵机建立了一个标准，其他计算机可以与这个标准进行比较。如果一个计算体系可以计算所有图灵机可计算的函数，那么它拥有的计算能力等同于任何一个计算系统。直到今天，人们还在研究各种形式的图灵机，以便解决理论计算机科学中的许多所谓基本极限的问题。

2.1.3 图灵测试与人工智能

"如果我有大脑，那该多好！"《绿野仙踪》故事中的稻草人说。

"图灵测试"（Turing test）是由图灵提出的一个关于机器智能的著名判断原则，是一种测试机器是否具备人类智能的方法。图灵测试会在测试人与被测试者（一个人和一台机器）隔开的情况下，通过一些装置（如键盘）向被测试者随意提问（图 2-2）。问过一些问题后，如果被测试者超过 30% 的答复不能使测试人确认出哪个是人、哪个是机器的回答，那么这台机器就通过了测试，并被认为具有人工智能。

所谓人工智能（AI），是研究、开发用于模拟、延伸和扩展人的智能的理论、方法、技术及应用系统的一门新的技术科学。人工智能是对人的意识、思维的信息过程的模拟。[①]

2016 年是人工智能技术提出并发展 60 周年。在这个有纪念意义的时候，英国雷丁大学发出一份公告，宣布一台超级计算机的人工智能软件《尤金·古斯特曼》（*Eugene Goostman*）首次通过了图灵测试，成功地让人类相信它是一个 13 岁的男孩（图 2-3）。这台计算机成为有史以来第一个具有人类思考能力的人工智能设备，被看作人工智能发展的里程碑。这也是对图灵的最好的纪念形式。

---

① 百度百科词条，由"科普中国"百科科学词条编写与应用工作项目审核。

图 2-2　图灵测试的场景　　　　　图 2-3　人工智能软件《尤金·古斯特曼》的人机界面

　　棋类游戏一直被视为顶级人类智力的试金石。人工智能与人类棋手的对抗一直在上演，此前在跳棋和国际象棋等棋类上，计算机程序都曾打败过人类：20 世纪 90 年代中期，Chinook程序战胜全世界跳棋顶尖高手；1997 年，IBM 公司研发的超级计算机"深蓝"第一次战胜国际象棋冠军卡斯帕罗夫。而 2016 年 3 月，谷歌公司 DeepMind 团队研制的"阿尔法"（AlphaGo）围棋程序以 4∶1 完胜韩国职业九段选手李世石，又一次让人工智引起了人们的极大关注（图2-4）。

　　事实上，"阿尔法"并不是普通意义上的智能机器人，而是一个拥有自我学习和进化能力的智能系统。"阿尔法"拥有像人类一样的学习和进化能力。阿尔法围棋的主要工作原理是深度学习。深度学习是指多层的人工神经网络和训练它的方法。阿尔法围棋是通过两个不同神经网络"大脑"合作来改进下棋。第一个神经网络大脑是"监督学习的策略网络（policy network）"，用于观察棋盘布局以找到最佳的下一步。第二大脑是棋局评估器（position evaluator），它利用"价值网络（value network）"策略，通过整体局面判断

图 2-4　阿尔法（AlphaGo）对战李世石

来进行分类和逻辑推理，并决定落子选择。这两个大脑配合工作，于是将围棋巨大无比的搜索空间压缩到可以控制的范围之内。

　　阿尔法围棋大战之后，人类智力"最后的堡垒"也轰然倒塌，我们似乎已经无法阻挡人工智能超越人类的步伐，由此引发的关于人工智能开始挑战人类智商的讨论沸沸扬扬。人们惊叹人工智能的发展速度，同时也担忧人工智能的潜在风险。2015 年 1 月，美国创业家埃隆·马斯克（Elon Musk）和物理学家史蒂芬·霍金（Stephen Hawking）等签署了一封公开信，主张研究、监管道德框架以确保人工智能对人类有益，并且保证"我们的人工智能系统必须做我们想让它们做的事情，如果智能机器缺乏监管，人类将迎来一个黑暗的未来"。

　　当然也有许多不同的观点。微软（Microsoft）联合创始人比尔·盖茨就表示，人工智能软件变得太过聪明的风险还"远得很"。在未来 10 到 20 年时间里，人工智能对于管理人们的生活来说将是"非常有用的"。苹果公司执行长蒂姆·库克（Tim Cook）也有一句很经典的话："不担心机器人会像人一样思考，担心人像机器一样思考。"

　　目前，人工智能实现的基本方式还是通过深度学习技术来实现，深度学习的概念源于人工

神经网络。深度学习通过组合低层特征形成更加抽象的高层表示属性类别或特征,以发现数据的分布式特征表示。人工智能通过深度学习进行训练,把人类的知识教给机器,神经元网络负责进一步提升深度学习的能力。

随着围棋这颗"人类智力运动皇冠上的明珠"被机器摘下,机器自学习的强大能力得到确认。人工智能与机器人技术、云计算和精准制造逐渐融合,未来重大技术变革极有可能迅速发生。至关重要的是,机器人视觉和听觉的发展,加上人工智能,使得机器人能更好地感知周围的环境。但是在目前,人类智能的总结、想象、深度思考和知识迁移能力是智能机器无法企及的。或许不久的将来,我们将面临被我们的造物全面超越的现实。

 阿兰·图灵

英国现代计算机的起步是从德国的密码电报机——Enigma(谜)开始的,而解开这个谜的,正是阿兰·图灵。电影《模仿游戏》(*The Imitation Game*)生动地讲述了图灵的传奇人生,故事主要聚焦于图灵协助盟军破译德国密码系统"恩尼格玛",从而扭转二战战局的经历。

在短暂的生涯中,图灵在量子力学、数理逻辑、生物学、化学方面都有深入的研究,在晚年还开创了一门新学科——非线性力学。

图灵被人们推崇为"人工智能之父",在计算机发展的历史画卷中永远占有一席之地。他的惊世才华和盛年夭折,也给他的个人生活涂上了谜一样的传奇色彩。国际计算机协会(ACM)从1966年起设立图灵奖,这枚奖章就像诺贝尔奖一样,为计算科学的获奖者带来至高无上的荣誉。

阿兰·图灵

*2.1.4　计算思维

思维方式是人类认识论研究的重要内容,已有无数的哲学家、思想家和科学家对人类思维方式进行过各具特色的研究,并提出过不少深刻的见解。1972年图灵奖获得者狄杰斯特拉(Dijkstra)就曾说过:"我们所使用的工具影响着我们的思维方式和思维习惯,从而也将深刻地影响着我们的思维能力。"

"计算思维"是近年来国际计算机界广为关注的一个重要概念。这里所指的计算思维,主要是指美国卡内基·梅隆大学计算机科学系主任周以真(Jeannette M. Wing)教授在美国计算机权威期刊——《ACM会刊》(*Communications of the ACM*)上给出并定义的"计算思维"(computational thinking)[①]。他的这篇文章可以帮助我们对计算及计算思维进行深入理解。

思维是对某个问题或事物的思考过程以及产生的想法或见解[②],是在知识层次结构中处于较高层次的概念,往往属于哲学范畴。周以真教授总结了计算思维的六大特征:(1)概念化,不是程序化;(2)根本的,不是刻板的技能;(3)是人的,不是计算机的思维方式;(4)数学和工程

---

① WING J M. Computational thinking[J]. Communications of the ACM,2006,49(3).
② 霍恩比.牛津高级英汉双解词典[M].6版.北京:商务印书馆,2005.

思维的互补和融合;(5)是思想,不是人造物;(6)面向所有的人、所有地方。

什么人需要计算思维?仅仅是从事计算机工作的专业人士吗?当然不是。周以真教授认为:计算思维是每个人的基本技能,不仅仅属于计算机科学家。它代表一种普遍的认识和一类普适的技能。在阅读、写作和算术(英文简称"3R")之外,应当将计算思维加到每个学习者的解析能力之中。每一个人,不仅仅是计算机科学家,都应热心于计算思维的学习和运用。

计算思维的提出,得到了我国教育界的广泛支持。如何培养大学生计算思维,是大学计算机基础教学研究的热点课题之一。教育部将计算思维引入《普通高中信息技术课程标准(2017年版)》[①],并对其做如下定义:

"计算思维是指个体运用计算机科学领域的思想方法,在形成问题解决方案的过程中产生的一系列思维活动。具备计算思维的学生,在信息活动中能够采用计算机可以处理的方式界定问题、抽象特征、建立结构模型、合理组织数据;通过判断、分析与综合各种信息资源,运用合理的算法形成解决问题的方案;总结复用计算机解决问题的过程与方法,并迁移到与之相关的其他问题解决中。"

计算思维实际渗入我们每个人的生活之中:当早晨去学校时,要把当天需要的东西放进背包,这就是预置和缓存;当弄丢东西时,会沿走过的路回寻,这就是回溯;在超市付账时应当去排哪个队,这就是多服务器系统的性能模型;为什么停电时固定电话仍然可用,这就是失败的无关性和设计的冗余性。

周以真教授在《计算思维》一文中倡导:"计算机科学的教授应当为大学新生开一门称为'怎么像计算机科学家一样思考'的课,面向非专业的,而不仅仅是计算机科学专业的学生。我们应当使大学生接触计算的方法和模型。我们应当设法激发公众对计算机领域中的科学探索之兴趣,而不是悲叹对其兴趣的衰落。我们应当传播计算机科学的快乐、崇高和力量,并致力于计算思维的常识化。"

2.2　从历史走向未来——计算机的发展史

计算机无疑是人类历史上最重大的发明之一。计算机技术对信息革命,对社会生产力、生产方式的巨大变革均起到了不可忽视的重要作用,对人类社会的历史进程产生了深远影响。今天,计算机的应用范围早就超出原本只用于计算的领域。它由当初的一种计算工具,逐步演变为适用于多个领域的智能信息处理设备。人们称之为"电脑"是有一定道理的。

历史是未来的一面镜子。由此可以向前追溯到 70 多年前第一台电子计算机 ENIAC(电子数字积分计算机)诞生的岁月,甚至可以上溯至人类发明计算工具的远古年代。在这既漫长而又短暂的时期里,曾发生过许多激动人心的奇迹,涌现了许多充满传奇色彩的天才人物。

让我们倒转时空,追随历史的轨迹,一步步走向计算世界的"未来之路"[②]。

---

① 中华人民共和国教育部.普通高中信息技术课程标准:2017 年版[M].北京:人民教育出版社,2018.
② "未来之路"是比尔·盖茨所著 *The Road Ahead* 一书的书名。

2.2.1 现代计算机的"史前"时代(1946年以前)

迈克斯·泰格马克(Max Tegmark)[1]站在科学博物馆门外哭了。他刚刚参观完一个展示人类知识增长的展览,观看了从巴贝奇差分机到"阿波罗11号"复制品的一系列展品。让他流泪的不是这些里程碑式的技术奇观,而是它们蕴含的深意。

从computer一词中可见其历史端倪——计算机是由计算而来的。从人类最早的计算工具到如今强大的超级计算机,计算机的发展历程也是人类文明发展的重要历程。

计算机的"史前"时代(指ENIAC诞生以前的历史)应该从最早计算工具的出现开始,至少可以追溯到人类祖先用石头或手指帮助计数的远古时代。美国著名科普作家艾萨克·阿西莫夫(Isaac Asimov,1920—1992)曾说过,人类最早的"计算机"是手指,英语单词digit既表示"手指"又表示"数字"。

成语"运筹帷幄之中,决胜千里之外"来自中国古代普遍采用的一种计算工具——算筹,它是人类最早有实物作证的计算工具(图2-5)。先秦诸子著作中有不少关于"算""筹"的记载。算筹不仅可以替代手指来帮助计数,而且能做加、减、乘、除等数学运算。

更为先进的计算工具是中华民族发明的算盘,这是人类借助于工具进行数字计算的开端。这种工具很简单,它由固定在矩形框里的各串算珠组成。当珠子在棍子上上下移动时,其位置表示这台"计算机"所代表和储存的值。这个工具得依靠人的操作来控制算法的执行。因此,算盘本身只是一个数据存储系统,它必须与人结合起来才能成为一台完整的可计算的机器。

19世纪和20世纪前半叶,是计算机发展史上不寻常的时代。一批杰出的先驱者先后出现。他们有的是数学家,有的是物理学家,有的是统计工作者。他们在自己熟悉的领域中感到了制造计算机的需要,孜孜不倦地探索着,勤勤恳恳地研制着各式各样的机器。他们都在为人类智力解放寻找得力的工具。

对于近代计算机的发明,很难一一列出计算机发明的开拓者们。如果按时间序列划分,在近代对计算机的发展史做出贡献的重要的人物和事件有:

(1)1642—1643年,布莱士·帕斯卡(Blaise Pascal)[2]发明了一个用齿轮运作的加法器。它由一系列由齿轮连接起来的轮子组成(图2-6),有8个可动的刻度盘,用齿轮的位置来表示数据,而数据的输入则是机械上规定齿轮的初始位置,最多可把8位长的数字加起来。其发明的意义远远超出了这台计数器本身的使用价值,告诉人们用纯机械装置可代替人的思维和记忆,并在欧洲兴起了制造思维工具的热潮。

图2-5 中国古老的计算工具——算筹与算盘

图2-6 帕斯卡发明的机械计算机

---

① 迈克斯·泰格马克是《生命3.0:人工智能时代人类的进化与重生》一书的作者,麻省理工学院物理学院终身教授。他认为智能终将摆脱自然演化的束缚,成为自己命运的主人。

② 为纪念帕斯卡所做出的贡献,后来人们发明了以他名字命名的Pascal高级程序设计语言。

(2)1674年,德国数学家莱布尼茨改进了帕斯卡的计算机,使之成为一种能够进行四则运算的连续运算的机器。他创造了"莱布尼茨轮"和滑竿移位机构,利用摇动就能实现对每一位的乘法运算[①]。莱布尼茨还首次提出了"二进制"数的概念(据说是受到中国《易经》的启发)。

(3)1812年,为现代计算机的发明做出过重要贡献的英国数学家查尔斯·巴贝奇(Charles Babbage,1792—1871)开始考虑设计机械操纵的计算机。1820年,他成功设计了自己的第一台机器——差分机,并于1822年制成。这是一台用来计算多项式的加法机,运算精度为6位数字。

(4)1847年,英国科学家乔治·布尔(George Boole)创立了逻辑代数,亦称布尔代数。它用"1"和"0"两个数字表示信号的有和无、电路的接通和断开、命题的真和假。由于逻辑运算可以用电子线路来实现,布尔代数为百年之后诞生的ENIAC的设计和制造奠定了理论基础。

(5)1925年左右,美国麻省理工学院研究人员制成了一台大型的模拟计算机,他们用齿轮的旋转角度来表示所要计算的量。

(6)1936年,英国科学家图灵提出了"可计算计算机"的概念,后来人们称他描述的计算机为"图灵机"。

(7)1943年1月,霍华德·艾肯(Howard H. Aiken)在哈佛大学研制成功名为"ASCC Mark Ⅰ"(自动按序控制计算器 Mark Ⅰ)的世界上第一台通用计算机。它是在计算机发展史上占据重要地位的电磁式计算机,也是计算机"史前史"里最后一台著名的计算机。

(8)1943年,美国宾夕法尼亚大学的工程师普雷斯珀·埃克特(J.Presper Eckert)博士和物理学家约翰·莫克利(John Mauchly)博士开始着手研制"埃尼阿克"(ENIAC,electronic numerical integrator and calculator,电子数字积分计算机)。冯·诺依曼(John von Neumann,1903—1957)的加入使得研究进行得更为顺利。从此,人类进入了一个全新的计算技术时代。

"文明在进步,我们将记住创造这些业绩和发展技术的人们。"[②]

2.2.2 冯·诺依曼型计算机的基本结构

就其计算能力而言,尽管图灵机可以模拟现代任何计算机,甚至还蕴含了现代存储程序式计算机的思想(图灵机的带子可以看作具有可擦写功能的存储器),但是它毕竟不同于实际的计算机,在实际计算机的研制中还需要有具体的实现方法与实现技术。

科学知识的增长是一个积累的过程,任何科学研究都是在前人的工作基础上继续的。在图灵机提出后不到10年,美国普林斯顿研究院的冯·诺依曼博士在一篇论文中将计算机工作原理概括为"存储程序,顺序控制"。其基本思想是:

(1)计算机可以使用二进制;

(2)计算机的指令和数据都可以存储在机内。

存储器原来只保存数据,计算机执行指令时从存储器中取数据,计算结果存回存储器。冯·诺依曼提出将程序存入存储器,由计算机自动提取指令并执行,循环地做。这样计算机就可以不受外界拖累(而不用再连接线路),以自己的速度(电子电路的速度)自动运行了。

---

① 刘二中.技术发明史[M].北京:中国科学技术大学出版社,2006:253.
② 奥古斯丁.上帝之城[M].王晓朝,译.北京:人民出版社,2018.

冯·诺依曼提出的"存储程序原理"使现代意义上的计算机得以诞生。经过不断的努力,冯·诺依曼确定了现代存储程序式电子数字计算机的基本结构主要由五部分组成(存储器、运算器、控制器、输入设备、输出设备),如图2-7所示,明确地反映出现代电子数字计算机的存储程序控制原理和基本结构。他创立了一个所有数字式计算机至今仍遵循的范式,对计算机的发展产生了深远的影响。今天,人们把具有这样一种工作原理和基本结构的计算机统称为冯·诺依曼型计算机。

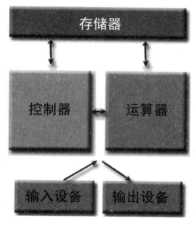

图 2-7　冯·诺依曼型计算机体系结构

由于冯·诺依曼对存储程序式电子计算机的杰出贡献,许多人都推举他为"计算机之父"。但是他向别人强调:如果不考虑巴贝奇等人的工作和他们早先提出的有关计算机和程序设计的一些概念,计算机的基本思想来源于图灵。

冯·诺依曼和图灵等人的贡献堪称"创世纪的赠礼",是20世纪最伟大的发明之一,从此掀起了以计算机和网络技术为代表的信息技术革命浪潮,对整个世界的现代化、全球化产生了重大影响。人类从此有了这样一种机器——由数以千万计的电子开关组成的通用的"信息处理机"。有了它,人们在处理文字、声音、图像或其他任何媒体的信息时,只要借助相应的输入设备把信息送入计算机,计算机就会将它们转换为由"0"和"1"两个数码组成的二进制位流,再经过一连串在"开"和"关"状态间快速翻转的电子开关,作为信息处理的"输出结果"就会从计算机的输出端输出。

👉 **冯·诺依曼**

冯·诺依曼为美籍匈牙利数学家。1903年12月28日生于布达佩斯。冯·诺依曼先后入柏林大学和苏黎世技术学院学习,1925年毕业,获化学工程师文凭,1926年获布达佩斯大学数学博士学位。毕业后在德国汉堡大学任教。1930年移居美国,在普林斯顿大学和该校高级研究所工作。冯·诺依曼1944年参加莫克利和埃克特的"埃尼阿克"(ENIAC)计算机研究工作,在计算机的理论和设计方面发挥了重要作用。

冯·诺依曼

1945年,冯·诺依曼发表了离散变量自动电子计算机"埃德伐克"(EDVAC)计算机设计方案,提出重大革新措施。之后人们把按照这个方案制成的计算机通称为冯·诺依曼机。1946年,他与巴克斯(Backus)等合作,提出更加完善的计算机设计报告《电子计算机逻辑设计初探》。它以香农提倡的二进制、程序内存以及指令和数据统一存储为基础,对现代计算机的发展具有重要的意义。

2.2.3 第一台现代电子数字计算机的诞生

1946年2月14日,是人类文明历史上的重要转折点——世界上第一台真正的现代电子数字计算机ENIAC研制成功了(图2-8)。ENIAC用电子管代替继电器和其他半机械式装置,可以按事先编好的程序自动执行算术运算、逻辑运算和存储数据的功能,其运行速度比当时已有的计算装置要快1 000倍。

ENIAC还是一个庞然大物,共用了18 000多支电子管,耗电150 kW·h,占地170 m²。为了给机器散热,专门配备了一台重约30 t的冷却装置。

图 2-8 工作人员在 ENIAC 计算机上编程

ENIAC可以编程,执行复杂的操作序列,包含循环、分支和子程序。获取一个问题并把问题映射到机器上是一个复杂的任务,通常要用几个星期的时间。当问题在纸上搞清楚之后,通过操作各种开关和电缆把问题"弄进"ENIAC还要用去几天的时间。然后,还要有一个验证和测试阶段,由机器的"单步执行"功能协助测试。重新编程的时候需要重新布线。

ENIAC的计算速度比以前的计算工具有了显著的提高,每秒可做5 000次加法或400次乘法运算。用当时最快的机电式计算机做10点弹道计算需要2 h,而ENIAC只用3 s就可以完成。为计算圆周率π,19世纪法国数学家契依列用了毕生的精力,只算到小数点后707位,而用ENIAC进行验算只用几秒钟就完成了,并且发现原有的计算有不少的错误。

尽管ENIAC做了杰出的贡献,但其逻辑结构与现代计算机仍有一定的距离。1945年,冯·诺依曼发表了离散变量自动电子计算机(EDVAC)设计方案,1951年EDVAC才开始正式运行,直到1961年才被新的机器取代。EDVAC方案是目前一切电子计算机设计的基础,它有五个部分:运算器、控制器、存储器、输入设备与输出设备。与ENIAC相比,EDVAC有两个重大改进:充分利用了电子元件的高速度,采用二进制(而不是十进制);实现了程序存储,可以自动地从一个程序指令到另一个程序指令。它不仅解决了速度匹配问题,还使在机器内部用同样速度进行程序的逻辑选择成为可能,从而使全部运算成为真正的自动过程。因此,EDVAC为真正意义上的现代电子计算机。[1]

2.2.4 现代计算机发展的四个阶段

在计算机的发展史上,技术的变化如此迅速,以至于没有多少时间去回顾。计算机史学家通常认为计算机的发展经历了四个不同的阶段(或称"四代")——电子管、晶体管、集成电路、大规模和超大规模集成电路。总的发展趋势是体积、质量、功耗越来越小,而容量、速度、处理能力等方面性能越来越高。每一代计算机都变得更小、更快、更可靠,而且操作起来也更加便利。

---

① 李佩珊.20世纪科学技术简史:下[M].北京:科学出版社,1999:630.

1. 采用电子管计算机的第一代计算机(1946—1957)

20 世纪 50 年代,第一代计算机都采用电子管(或称为真空管)元件。电子管是一个可以在真空中控制电流"有"或"无"的器件,一个状态表示为 0,另一状态则表示为 1。ENIAC 是第一代计算机原型的代表。大多数历史学家认为 UNIVAC(通用自动计算机)是这个时期最早获得商业成功的数字计算机。UNIVAC 在外形上比 ENIAC 要小,但是它的功能却更加强大,每秒可以读入 7 200 个字符,完成 225 万次指令循环。

电子管计算机有许多明显的缺点,例如在运行时产生的热量太多,可靠性较差,运算速度不快,价格昂贵,体积庞大。这些都使计算机的功能受到限制。第一代计算机不具有现在所熟悉的操作系统。每个应用程序的操作指令是为特定任务而编制的,包含输入、输出和处理各个方面所必需的各种指令。另外,每种机器有各自不同的机器语言,功能受到限制,速度也慢。

2. 采用晶体管的第二代电子计算机(1957—1965)

导电性能介于导体和绝缘体之间的物质,就叫半导体。这类物质最常见的便是由硅(silicon)(或锗)(图 2-9)材料制成。硅材料是任何电子设备的心脏,大多数半导体芯片和晶体管是用硅材料制成的(图 2-10)。人们会经常听说"硅谷"(Silicon Valley)或"硅经济"(silicon economy)等名词,这说明半导体材料对现代社会进步产生了重大而广泛的影响。

图 2-9　硅和锗在元素周期表中的表示　　图 2-10　电子芯片、晶体管和发光二极管

用晶体管来做计算机的元件,不仅能实现电子管的功能,而且晶体管具有尺寸小、质量轻、寿命长、效率高、发热少、功耗低等优点。使用晶体管后,电子线路的结构大大改观,制造高速电子计算机的设想也就更容易实现了。

1958 年,IBM 公司制成了第一台全部使用晶体管的计算机 RCA501 型。第二代计算机由于采用晶体管逻辑元件及快速磁心存储器,计算速度从每秒几千次提高到几十万次。

1959 年,IBM 公司又生产出全部晶体管化的电子计算机 IBM 7090。IBM 7090 是第二代计算机的典型代表。它的主存容量达到 32 KB(图 2-11)。

在这一时期出现了更高级的 COBOL(common business-oriented language)和 Fortran(formula translator)等语言,以指令语句和表达式代替了晦涩难懂的二进制机器码,使计算机编程更容易。新的职业(程序员、分析员和计算机系统专家)和整个软件产业由此诞生。

3. 采用集成电路的第三代计算机(1965—1970)

1958 年,美国德州仪器(TI)的工程师杰克·基尔比(Jack Kilby,2000 年度诺贝尔物理学奖获得者)发明了集成电路。之后,集成电路工艺日趋完善,集成电路所包含的元件数量以每 1~2 年翻一番的速度增长着。甚至在 1 cm² 的芯片上就可以集成上百万个电子元件。由于它看起来只是一块小小的硅片,因此人们常把它称为芯片。

1964 年 4 月,IBM 360 系统问世,成为使用集成电路的第三代电子计算机的里程碑式的产品(图 2-12)。IBM 360 系统是最早使用集成电路元件的通用计算机系列,它开创了民用计算机使用集成电路的先例。计算机从此进入集成电路时代。为此,1999 年的图灵奖授予了时年 69 岁的计算机科学家布鲁克斯(Frederick Phillips Brooks),以表彰他作为总设计师在 IBM 360 系列计算机的开发工作上所取得的辉煌成功。

图 2-11　采用晶体管的第二代电子计算机

图 2-12　IBM 360 计算机

这一时期的发展还包括使用了操作系统,使计算机在中心程序的控制协调下可以同时运行许多不同的程序。

4. 使用大规模或超大规模集成电路的第四代计算机(1970 年至今)

集成电路出现后,唯一的发展方向是扩大集成规模。进入 20 世纪 70 年代后,微电子技术发展迅猛,分别出现了大规模集成电路和超大规模集成电路,并立即在电子计算机上得到了应用。1971 年,英特尔(Intel)公司的微处理器总设计师特德·霍夫(Ted Hoff)研制出了第一个通用微处理器 Intel 4004。这是世界上第一块大规模集成电路,该芯片上集成了 2 000 个晶体管,处理能力相当于世界上第一台计算机。Intel 4004 的出现宣告了集成电子产品的一个新纪元,从此掀开了由大规模和超大规模集成电路组装成的计算机时代。目前超大规模集成电路(VLSI)可在硬币大小的芯片上容纳上千万个乃至更多的元器件,如此高的集成度使得计算机的体积和价格不断下降,而功能和可靠性不断增强。

第四代计算机的另一个重要分支是以大规模、超大规模集成电路为基础发展起来的微处理器和微型计算机。20 世纪 80 年代发生的特别重要事件是个人计算机(PC)的问世与普及。1981 年,IBM 推出了首台个人计算机 IBM PC(图 2-13)。它采用了主频为 4.77 MHz 的 Intel 8088 微处理器,运行专门为 IBM PC 开发的 DOS 操作系统。IBM PC 的诞生具有划时代的意义,因为它首创了"个人计算机"(personal computer)的概念,并为个人计算机制定了全球通用的工业标准。其处理器来自英特尔公司,磁盘操作系统来自微软公司,不久之后就催生了微软和英特尔这两大个人计算机时代的霸主。苹果(Apple)公司于 1984 年推出 Macintosh(麦金塔)个人计算机(图 2-14),Macintosh 首次采用了友好的图形用户界面(GUI),用户可以用鼠标方便地操作。苹果个人计算机过去使用由摩托罗拉或 IBM 所研制的微处理器,从 2006 年开始,苹果公司逐步转用英特尔的微处理器。

这个时期,计算机技术和通信技术相结合,计算机网络逐渐普及,因特网开始向公众开放,图形浏览器出现,因特网服务提供者(ISP,Internet service provider)为用户 Internet 接入提供了便利的连接,电子商务网站也打开了大门。到了 20 世纪 90 年代,个人计算机终于开始广泛流行。现在普遍使用的台式计算机、笔记本及平板计算机等都属于第四代计算机。

图 2-13　世界上第一台个人计算机 IBM PC　　图 2-14　苹果公司生产的 Macintosh 计算机

平板计算机(tablet personal computer)是个人计算机家族新增加的成员,其外形介于笔记本计算机和 PDA(personal digital assistant,个人数字助理)之间。平板计算机是一种小型、方便携带的个人计算机,以触摸屏作为基本的输入设备。它还支持手写输入或者语音输入,移动性和便携性都更胜一筹。

2.2.5　超级计算机

超级计算机(supercomputer)又称高性能计算机,是指计算能力(尤其是计算速度)为世界顶尖的电子计算机。它的体系设计和运作机制都与人们日常使用的个人计算机有很大区别,是世界公认的高新技术制高点和 21 世纪最重要的科学领域之一。超级计算机的创新设计在于把复杂的工作细分为可以同时处理的工作并分配给不同的处理器。超级计算机在进行特定的运算方面表现突出。现代的超级计算机主要用于核物理研究、核武器设计、航天航空飞行器设计、国民经济的预测和决策、能源开发、中长期天气预报、卫星图像处理、情报分析、密码分析、军事国防和各种科学研究方面,是强有力的模拟和计算工具,对国民经济和国防建设具有特别重要的价值。

超级计算机通常由数千个甚至更多的处理器组成,能计算普通个人计算机和服务器不能完成的大型复杂任务。目前,我国已拥有"天河""神威""曙光""银河""神州"等高性能超级计算机系列,在国民经济建设和科学研究中具有极大的价值。例如,我国首台千万亿次超级计算机系统"天河一号"由 6 144 个 Intel CPU (central processing unit,中央处理器)和 5 120 个 GPU(graphic processing unit,图形处理器)组成。"天河一号"24 小时的计算机工作量,如果用现在最先进的双核高性能个人计算机来操作,需要整整 160 年才能完成。

"天河二号"是当今世界上运算速度最快的超级计算机之一(图 2-15),综合技术处于国际领先水平,在高性能、峰值速度(5.49 亿亿次/秒)和持续速度(3.39 亿亿次/秒双精度浮点运算)

图 2-15　"天河二号"超级计算机

等指标方面都创造了新的世界纪录。2015 年 5 月,"天河二号"成功进行了 3 万亿粒子数中微子和暗物质的宇宙学数值模拟,揭示了宇宙大爆炸 1 600 万年之后至今约 137 亿年的漫长演化进程。

2017 年 11 月 13 日,全球超级计算机 500 强榜单公布[①],中国超级计算机"神威·太湖之光"和"天河二号"连续四次分列冠军和亚军,且中国超级计算机上榜总数又一次超过美国,夺得第一。

*2.2.6 量子计算与量子计算机

计算机自问世以来,以惊人的速度经历了从器件角度划分的四代的发展,从计算机的结构来看,迄今为止绝大多数计算机基本上是冯·诺依曼型计算机,即顺序执行的控制流计算机。但这种结构存在着所谓的"冯·诺依曼瓶颈",即如果处理器从内存中提取信息的速度达到了某个极限,那就意味着再开发速度更快的基于电子计算机系统的处理器已经没有什么意义了,而是需要重新对系统进行全面的思考。

量子计算是最近几年非常热门的话题,量子计算机似乎即将成为现实。不仅对普通人,甚至对很多的计算机科学家来说,量子计算充满了神秘感。人们共同关心的一个问题是:量子计算与经典计算到底有什么不同? 它强大的计算能力从何而来? 量子计算机的本质是什么? 它强大的计算能力从何而来?

1. 什么是量子

"量子"这个词在物理中代表着相互作用中物理实体的最小单位。例如,一个光子是光的最小单位。在经典力学中,研究对象总是被明确区分为"纯"粒子和"纯"波动。前者组成了我们常说的"物质",后者的典型例子则是光波。

然而,物理学家发现,物体在极微小的尺度下(例如去观测一个很小的物体,比如原子、电子或者光子)同时具有粒子和波的特性。这就是所谓的波粒二象性(wave-particle duality)[②]。这个发现与我们日常的认知截然不同,彻底颠覆了经典物理学模型。

波粒二象性告诉我们:世界上所有物质的真实面貌与人们肉眼观察到的是不一样的。物质实际上既有粒子的性质,又有波的性质。在量子理论中,这是物质的基本性质之一,所以波粒二象性对量子计算来说是非常重要的。

量子在接近绝对零度时具有磁悬特性的粒子,称为量子比特。除了能表示 0 或 1,量子比特还可以同时表示两种状态。人们无法观测到两种不同状态的叠加,因为一旦人们尝试去测量,叠加态就消失了。这是一种让人很困惑的现象。

以抛硬币来说,假设规定"0"表示硬币的正面,那么"1"表示硬币的反面,每次抛硬币只能得到正面或者反面,因此传统计算机中只能是 0 或者 1。而在量子计算机中,可以想象硬币是立起来旋转的,它既有正面也有反面,同时存在 0 和 1。

除了状态叠加,还有"纠缠"的概念。如果系统中有不止一量子比特,这些粒子之间并不是

---

① 世界超级计算机 500 强是指国际 TOP500 组织发布的,始于 1993 年,由美国与德国超算专家联合编制,以超级计算机基准程序 Linpack 测试值为序进行排名,每年发布两次。其目的是促进国际超级计算机领域的交流和合作,促进超级计算机的推广应用。

② 1921 年,爱因斯坦因为光的波粒二象性这一成就而获得了诺贝尔物理学奖。

相互独立的,而是纠缠在一起。比特粒子在空间中虽然相距很远,但可以相互影响,这就是量子通信的基础。

2. 什么是量子计算

在量子计算领域,也许最重要的一个工作是费曼(Feynman)在 1981 年做的。[①] 他提出一个非常重要且极具创新性的问题:"如果我们放弃经典的图灵机模型,是否可以做得更好?"他继续问道:"如果我们拓展一下计算机的工作方式,不是使用逻辑门来建造计算机,而是一些其他的东西,比如分子和原子,如果我们使用这些量子材料,它们具有非常奇异的性质,尤其是波粒二象性,是否能建造出模拟量子系统的计算机?"

那么量子计算机和经典计算机有何本质区别呢?经典计算机通过操纵数字比特进行布尔运算,类似地,量子计算机是操纵量子比特。这些量子比特处在一个更大的状态空间中,量子操作本质上就是去旋转它们。

量子计算机的原理解释和理解起来相当困难。叠加态与纠缠态是两个基本的量子状态,主要是基于量子叠加和量子纠缠的性质来进行特殊的计算。

简单来说,在量子信息中有一个名词叫"量子比特",量子比特可以制备两个逻辑状态的叠加体,可以同时存储"0""1"。如果是 N 量子比特,理论上可以同时存储 2^N 的数据。比如 64 量子比特可存储的数据就是 2^{64}。

量子比特可以制备两个逻辑态 0 和 1 的相干叠加态,换句话讲,它可以同时存储 0 和 1。图 2-16 表示的是对一量子比特进行操作的门(Hadamard gate),该逻辑门可以实现对|0⟩或者|1⟩进行操作,然后成为叠加态。[②]

所谓量子叠加态就是一个量子能在同一时间处于两种不同属性(0 和 1)的状态。如果有两个硬币,在传统计算机状态中,在同一时刻,只能得到 00、01、10、11 这四种状态中

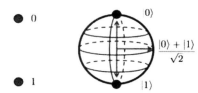

图 2-16 量子比特的逻辑门

的一种;而在量子领域,可以同时得到 00(正正)、01(正反)、10(反正)和 11(反反)这四种状态。

考虑一个具有 N 物理比特的存储器,若它是经典存储器,则它只能存储 2^N 个可能数据中的任一个;若它是量子存储器,则可以同时存储 2^N 个数,而且随着 N 的增加,其存储信息的容量将呈指数上升。例如,一个 250 量子比特的存储器(由 250 个原子构成)可能存储的数达 2^{250}。

由于可以同时对存储器中全部的数据进行数学操作,因此量子计算机在实施一次的运算中可以同时对 2^N 个输入数进行数学运算。其效果相当于经典计算机要重复实施 2^N 次操作,或者采用 2^N 个不同处理器实行并行操作。可见,量子计算机可以节省大量的运算资源(如时间、记忆单元等)。

3. 量子计算机

量子计算机,顾名思义,就是实现量子计算的机器,是一种使用量子逻辑进行通用计算的

---

① FEYNMAN R P. Simulating physics with computers [J]. International journal of theoretial physics,1982,2116(7):2467-2484.

② 量子计算中几个常用的逻辑门,CSDN,2018 年 4 月 20 日。

设备。不同于电子计算机(或称传统计算机),量子计算机用来存储数据的对象是量子比特,它使用量子算法来进行数据操作。

量子计算机的运行方式以及存储计算方式,都与经典计算机有着很大不同。量子比特中储存的0和1可以同时存在。因此量子计算机具有更大的信息存储和处理能力,被认为是未来计算机发展的方向。量子计算机采用并行的计算方式,其运算能力相当于很多台电子计算机的并行运算能力,因此其运算速度非常快,运算能力非常强。

通用量子计算机的巨大优势是:可以将机器用于任何大规模复杂的计算并快速获得解决方案。量子计算机具有巨大的效率优势,可以解决困扰当今计算机科学家的某些计算问题。

迄今为止,世界上还没有真正意义上的量子计算机。但是,世界各地的许多实验室正在以巨大的热情追寻着这个梦想。从20世纪90年代末开始,开发拥有最多量子位的最强大的量子计算机的竞赛已经开始。1998年,英国牛津大学的研究人员宣布他们在使用两个量子位计算信息的能力方面取得了突破;2009年11月,世界首台可编程的通用量子计算机在美国正式诞生;2014年9月,谷歌成立量子人工智能实验室,致力于借助量子计算推动人工智能领域的诸多课题。2018年3月,谷歌正式公布正在测试的新一代量子处理器——Bristlecone(狐尾松),如图2-17所示。该处理器已经支持到多达72量子比特(彼此组成一个矩阵,如图2-18),数据读取和逻辑运算的错误率已经相当低。

目前,Bristlecone处理器可以作为试验平台,研究量子系统错误率、量子位技术可扩展性,以及量子模拟优化、机器学习。如果量子处理器运算错误率极低,它在解决一个定义明确的计算科学问题时就能够胜过传统的超级计算机——这就是著名的"量子霸权"(quantum supremacy)。

图 2-17　谷歌量子计算处理器 Bristlecone

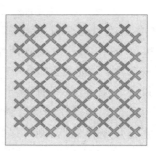

图 2-18　量子比特结构

于是,问题似乎又回到原点,那就是"计算的本质是什么?",这是摆在计算机科学家面前一个悬而未决的问题。而量子计算的出现对很多研究者来说,是一个思考"计算的意义是什么"这一重要问题的黄金时期。[1]

2.3　微型计算机系统

微型计算机系统是一种能自动、高速、精确地处理信息的现代化电子设备。微型计算机具有算术运算和逻辑判断能力,并能通过预先编好的程序自动完成数据的加工处理。微型计算机具有体积小、质量轻、维护简单方便、价格低廉、软件丰富和操作简便等优点。因此它的发展

---

[1]　姚期智院士在墨子沙龙的演讲,新浪科技《科学大家》出品,2018年10月26日。

极为迅速,应用与普及最广,数量也最多。

　　根据工艺结构、外观和应用目的,微型计算机可分为台式和便携式两类。台式机应用最为广泛,常见的有卧式机和立式机两种机型。便携式计算机的代表产品是笔记本式计算机(俗称"笔记本电脑")。

　　本节主要介绍微型计算机及其智能设备中的硬件系统,软件系统将在第 3 章介绍。

2.3.1　微型计算机系统的基本组成

　　微型计算机系统由硬件系统和软件系统两部分组成,如图 2-19 所示。

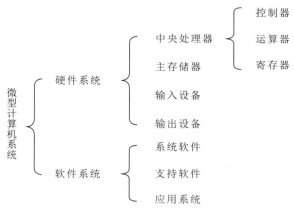

图 2-19　微型计算机系统的组成

　　在计算机科学的术语中,硬件系统通常指机器的物理系统,即所有构成计算机的物理实体,包括计算机系统中一切电子、机械、光电等设备,表示一台计算机所涉及的实在的机构(印刷线路、晶体管、导线、磁性存储空间等等),包括把所有东西都联结起来的方法的全部细节。

　　微型计算机是由若干系统部件构成的,这些系统部件在一起工作才能形成一个完整的微型计算机系统。一般而言,微型计算机硬件系统由主机(包括中央处理器——CPU、主存储器)和外部设备子系统组成。

　　软件是虚拟化时代发展的产物。软件利用虚拟化技术将其和硬件进行分离,从而实现其对硬件资源的管理、控制和调度。软件定义的变化趋势同样表现在计算机系统的硬件设备上。很多硬件的功能都可以通过软件的迭代加以实现,原本繁杂的硬件性能被更容易更新和修复的软件替代,因而更加先进的功能被添加进去。这种趋势在如今硬件的发展中也是显而易见的。

2.3.2　智能设备中的处理器

1. CPU

　　CPU 是中央处理器的缩写,又称作中央处理机。1971 年,英特尔推出全球第一个 CPU。CPU 的发明是人类历史上最具革新性的创举之一,同时也标志着计算机进入了一个全新的时代。CPU 对整个工业产生了深远的影响,其所带来的计算机和互联网革命改变了世界。

　　CPU 作为计算机系统的核心,其内部结构可以分为控制器、运算器和寄存器三个部分,如图 2-20 所示。其中运算器主要完成各种算术运算(如加、减、乘、除)和逻辑运算(如逻辑或、逻辑与和逻辑非运算);而控制器不具有运算功能,它只是读取各种指令,并对指令进行分析,做出相应的控制。通常,在CPU中还有若干个寄存器,它们可直接参与运算并存放运算的中间结果。

当计算机工作时,CPU从存储器或高速缓冲存储器中取出指令,放入指令寄存器,并对指令进行译码,然后执行指令,发出各种控制命令。所谓的计算机的可编程性主要是指对CPU的编程。指令是计算机规定执行操作的类型和操作数的基本命令。

人们常常用二进制位的个数来表示CPU的字长。字长是指CPU在单位时间内(同一时间段内)能一次处理的二进制数的个数。比如,64位的CPU就能在单位时间内处理字长为64位的二进制数据,其实是指算术逻辑电路一次能够计算的数据量。

 摩尔定律:传统处理器无法突破的瓶颈

1965年,英特尔公司的创办人戈登·摩尔(Gordon Moore)预测说每平方英寸(1 in=2.54 cm)的集成电路上的晶体管的数目会每隔约18个月翻一倍,这就是摩尔定律。

按照摩尔定律,计算机的计算力将永远增长,但事实并非如此。因为物理定律会约束我们,使我们没法把芯片做得更小。

随着工艺水平的提升,CPU的尺寸越来越小,它有可就会变成一个原子大小,这对制造工艺是极大的挑战。此外,晶体管数量的增加会带来很多问题,晶体管之间的漏电情况加剧,影响晶体管的正常工作,同时芯片会消耗更多的电力,产生更多的热量。

2. 多核处理器

为面对多种媒体信息处理,仅仅提高单核芯片的速度会产生过多热量且无法使性能得到相应改善,多核化趋势正在改变信息技术计算的面貌。与传统的单核CPU相比,多核CPU具有更强的并行处理能力、更高的计算密度和更低的时钟频率,并大大减少了散热和功耗。目前,双核、四核甚至八核CPU已经占据了主要地位。

多核处理器是指在一枚处理器中集成多个完整的计算引擎(内核)。多核处理器是一种将多个处理器放置到一个计算机芯片上的架构设计,每个处理器被称作一个核(core)。多核处理器的结构如图2-21所示,每个CPU有单独的cache(高速缓冲存储器),所有CPU共享一个统一的地址空间,采用内部总线作为互连结构。

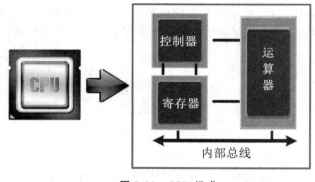

图 2-20　CPU 组成

图 2-21　多核处理器结构

多核处理器技术是提高处理器性能的有效方法。因为处理器的实际性能是处理器在每个时钟周期内所能处理指令数的总量,因此增加一个内核,处理器每个时钟周期内可执行的单元数将增加一倍。而在单个物理内核中,任务和线程在本质上还是串行处理的。因此在同等级别中多核处理器的工作效率要远远高于单核处理器。

多核处理器代表了计算技术的一次创新。数字数据和互联网的全球化开始要求多核处理器带来性能改进;因为多核处理器比单核处理器具有性能和效率优势,多核处理器已成为被广泛采用的计算模型。为了能够从新的多核体系结构中得到真正的加速,充分发挥多核处理器的性能优势,在软件设计时需要采用多线程或者多进程作为并行软件设计方法。

下面我们通过 Python 使用 WMI 库来获取一些 CPU 指标和信息。

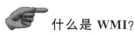 **什么是 WMI?**

WMI 的全称是 Windows Management Instrumentation,即 Windows 管理规范,是 Windows 操作系统中管理数据和操作的基础模块。它提供给系统管理员一系列接口以方便获得管理系统配置和系统状态信息,其中 WMI 包含的 Win32 类可提供的状态信息包括计算机系统、磁盘、外围设备、文件、文件夹、文件系统、网络组件、操作系统、打印机、进程、安全性、服务、共享、用户及组,以及更多资源的信息。

WMI()用于生成 WMI 的实例,使用方法是:

w＝wmi.WMI();类实例化

类实例化后,只要调用相应的方法即可获得 Windows 状态信息。以下 Python 演示程序主要通过 Win32 类提供的方法进行调用。

【例 2-1】Python 使用 WMI 库获取本机处理器信息。

处理器信息通过调用 Win32_Processor 方法获得,该方法返回参数说明。本机处理器核心数量为 2,逻辑处理器(LogicalProcessors)为 4,请分析为什么是这个结果。

In[1]:	```
	import wmi　＃导入 wmi 模块
	c＝wmi.WMI()　＃初始化
	CPU_Info＝{}＃定义返回参数字典
	for cpu in c.Win32_Processor():
	CPU_Info["CPU_ID"]＝cpu.ProcessorId.strip()
	CPU_Info["CPU_Type"]＝cpu.Name
	CPU_Info["CPU_Process"]＝cpu.Manufacturer
	CPU_Info["CPU_Cores"]＝cpu.NumberOfCores　＃核心数量
	CPU_Info["LogicalProcessors"]＝cpu.NumberOfLogicalProcessors　＃逻辑处理器数量
	CPU_Info["CPU_MaxClockSpeed"]＝cpu.MaxClockSpeed　＃处理器的最大速度,以 MHz 为单位
	CPU_Info['Data_Width']＝cpu.DataWidth　＃64 位处理器是 64
	print(CPU_Info)　＃输出 CPU 信息
	``

Out[1]:	{'CPU_ID':' BFEBFBFF000806E9 ',' CPU_Type ':' Intel(R)Core(TM)i7-7500U CPU @ 2.70 GHz', ' CPU _ Process ':' GenuineIntel ',' CPU _ Cores ':2,' LogicalProcessors ':4,' CPU _ MaxClockSpeed':2901,'Data_Width':64}

3. 移动处理器

移动处理器是专门针对移动终端,如笔记本计算机、智能手机、平板计算机等而设计的CPU。智能手机的每一个功能实际上都需要移动处理器的参与,例如打电话、浏览网络、手机导航与定位、打游戏、拍照与视频、媒体播放(视频与音乐)、人机交互界面。每一个移动处理器都集成了 CPU、GPU、调制解调器、多媒体处理器、全球定位系统、DSP(digital signal processor,数字信号处理器)、感应器以及高级的管理软件等子系统。

与台式 CPU 相比,移动处理器的正常工作电压一般比较低,核心较小,发热量低得多,可以在更高温下稳定作业,而且耗能较低,更适合移动设备使用。

需要特别指出的是,我国在移动处理器的研发方面已经有了长足的进步。麒麟芯片是华为自主研发的一款用于手机的移动处理器。2018 年 8 月 31 日,华为正式发布了全新一代自研手机 SoC 麒麟980,其中采用的是华为的第二代人工智能芯片——指甲盖的面积里,塞进了69 亿个晶体管。该芯片更加擅长处理视频、图像类的多媒体数据,有六项指标全球第一,为手机用户带来了更强大、更丰富、更智慧的使用体验。

4. 数字信号处理器

数字信号处理器(DSP)是一种快速、功能强大的微处理器。它将现实世界的声音、光、图像转换成数字世界的"0"和"1",这些数字信号经过处理、修改和增强,再经过模拟芯片的转换,再次变回人们可以感受到的真实世界的信号。DSP 现已广泛应用于各种智能设备上,如手机、汽车、电视机、光盘机、数码相机和数字摄像机等,并将在绝大部分的电子设备中得以应用。

DSP 是一个可编程芯片,从这个意义上来说是一个软件定义的芯片。DSP 专门用来处理数字信号,其最大特点就是运算速度极快,比普通的微型计算机快 2 个数量级,能在短时间内完成复杂而烦琐的数学运算。例如,DSP 在数码相机、数字摄像机中应用广泛,并成为整个系统最核心的部件之一。

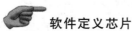 **软件定义芯片**

芯片的性能与通用性常常是"鱼和熊掌不可兼得"。传统架构下,一个芯片在某些特定领域的性能越强,功耗越低,它往往就越不灵活,越不通用。

"软件定义芯片"顾名思义就是让芯片根据软件进行适应与调整。这是一项专用芯片架构设计上的创新,与传统的冯·诺依曼架构有着很大的区别。简单来说,就是将软件通过不同的管道输送到硬件中来实现不同功能,使得芯片实时地根据软件/产品的需求改变功能,实现更加灵活的芯片设计。

所有的软件、算法最后都被进一步抽象、固化,成为某种专用的芯片,或者具备某种芯片的某项功能。这样在设计硬件系统的时候,各种各样原本需要大量底层软件开发的东西都不存在了,而是变成了一颗一颗的大大小小的芯片。

2.3.3 主板

主板(mainboard)又称母板,是构成复杂电子系统例如电子计算机的中心或者主电路板。

典型的主板能提供一系列接合点，供处理器、显卡、声效卡、硬盘、存储器、外部设备等接合。它们通常直接插入有关插槽，或用线路连接。主板上最重要的构成组件是芯片组（chipset）。芯片组通常由北桥和南桥组成。这些芯片组为主板提供一个通用平台供不同设备连接，控制不同设备的沟通。芯片组亦为主板提供额外功能，例如内置显卡和内置声卡等。

【例 2-2】Python 使用 Win32_BaseBoard() 方法获取本机主板信息。

In[2]:	board_Info={} for board_id in c.Win32_BaseBoard()： board_Info['UUID']=board_id.qualifiers['UUID'][1:-1]　#主板 UUID board_Info['SerialNumber']=board_id.SerialNumber　#主板序列号 board_Info['Manufacturer']=board_id.Manufacturer　#主板生产品牌厂家 board_Info['Product']=board_id.Product　#主板型号
Out[2]:	UUID：FAF76B95-798C-11D2-AAD1-006008C78BC7 SerialNumber：F4WP6F2/CNWSC0075G0078 Manufacturer：Dell Inc. Product：04PYT3

2.3.4　主存储器

计算机系统在运行中，需要使用快速的存储器对各种数据或程序进行临时性的存储和交换，这就是微型计算机中的第二个主要子系统——主存储器。

1. 数据是怎样存储的

主存储器（main memory）是计算机内部的主要存储器，所以又简称为主存或内存，用于存放 CPU 正在处理、即将处理或处理完毕的数据，是 CPU 可以直接访问的存储器，如图 2-22 所示。

在计算机主存储器中存放二进制位的电路称为存储单元（cell），是可管理的最小存储单位。一个典型的存储单元的容量是 8 位（bit），即 1 字节（B）。为了标识计算机中存储器中的一个存储单元，系统给每个存储器单元赋予唯一的标识，这个标识称为地址（address）。这与邮局中用编号标识每个邮箱、超市用编号标识存储柜的每个存储盒子、大楼中用编号标示每个房间是一样的，术语地址就是这样来的。

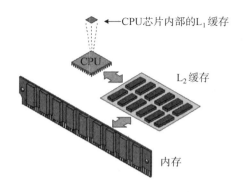

图 2-22　CPU 可直接访问主存储器

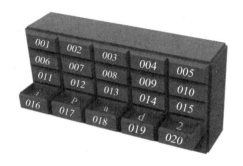

图 2-23　根据内存地址可访问数据

当数据块、指令、程序和计算结果被存放到内存中时，它们会被存放到一个或多个连续的地址中,这取决于数据的大小。计算机系统自动地设置和维持一个目录表,此目录表提供了内存中所有程序和数据块的第一个数据的起始地址位置所占用的地址数目,这样在需要时根据该表系统就能方便地访问不同的数据。例如在图2-23中,数据字符从016地址开始存储,长度为5个字符,这样字符串"iPad2"占用了5个连续的内存字节。

当计算机处理完一个程序或一块数据时,就会释放内存空间以便存储其他的程序和数据,因此各个内存地址所存储的内容是不断变化的。这个过程就像超市门口用来存放顾客物品的存储柜一样,存储柜中的每个盒子编号(内容地址)是保持不变的,但是当原有物品主人拿走物品、其他顾客又放入新物品时,其中的物品(数据)发生了变化。

【例2-3】Python使用Win32_PhysicalMemory()方法获取内存信息。

Win32_PhysicalMemory()方法返回参数中每个元素均为一个含物理内存信息的对象。在计算内存容量时,如果用GB表示,要除以1 024的3次方。请指出其他返回参数的含义。

| In[3]: | ```c=wmi.WMI()   #初始化
memo_info={}
for mem in c.Win32_PhysicalMemory:
memo_info["Caption"]=mem.Caption
memo_info["Capacity"]=int(mem.Capacity)/(1024 * * 3)
memo_info["Clock Speed"]=mem.ConfiguredClockSpeed
memo_info["Data Width"]=mem.DataWidth
memo_info["Speed"]=mem.Speed   #内存存取速度
print(memo_info)``` |
|---|---|
| Out[3]: | {'Caption':'物理内存','Capacity':16.0,'Clock Speed':2133,'Data Width':64,'Speed':2400} |

2. 存储器容量的标识

计算机主存储器中存储单元的总数是2的方幂,主要是方便设计。存储容量的大小通常以2^{10}(1 024)个存储单元为度量单位。因为1 024接近于数值1 000,所以习惯上采用前缀kilo(千)来表示这个单位。于是,术语Kilobyte(千字节,简写KB)用于指称1 024字节。随着存储器的存储单元增多,这种度量单位也增大了,于是,MB(兆字节)和GB(吉字节)就开始使用了。如前缀Mega表示1 048 576(2^{20}),前缀Giga表示1 073 741 824(2^{30})。常用的存储容量标识单位如表2-1所示。

表2-1 存储容量的标识

名称	缩写	容量(字节)
kilo	K	1 KB=2^{10} B=1 024 B
Mega	M	1 MB=2^{20} B
Giga	G	1 GB=2^{30} B
Tera	T	1 TB=2^{40} B
Peta	P	1 PB=2^{50} B

但是这些前缀的用法使许多人产生了混淆,因为它们已经在其他领域里指称10的方幂。例如,在度量距离时,kilometer(千米)指称1 000米;在度量无线电频率时,Megahertz指称1 000 000赫兹(Hz)。很显然,这些差别容易造成混乱和误解。这是在学习存储容量表示时需

要注意的。

3. 主存储器的分类

主存储器从存取功能上可分为只读存储器(read only memory,ROM)和随机存储器(random access memory,RAM)两大类。

ROM 中的内容在任何时候都可以读取,但是不可擦写和更改,数据和程序将会被永久地保存在其中,即使是关闭计算机,ROM 的数据也不会丢失,也就是说,它是非易失性的。ROM 一般用于存储固定的系统软件和数据等。例如,计算机系统启动时,系统就会自动读取 ROM 中的相关程序和配置信息,以完成启动过程。

相对于 ROM,RAM 是可读写存储器,即可对其中的任一存储单元进行读或写操作,计算机关闭电源后其中的信息将不再保存,再次开机需要重新装入,也就是说,RAM 中的数据是易失性的。RAM 通常用来存放操作系统、各种正在运行的软件、输入和输出数据、中间结果及与外存交换信息等。我们常说的内存主要是指 RAM。

 为什么 RAM 中的数据具有易失性?

与 CPU 类似,主存储器芯片也是一个由数以百万计的晶体管和电容器组成的集成电路(IC)。一般的动态随机存取存储器(DRAM)的基本存储单元是由一个晶体管和一个电容器进行配对,它代表一个单独的数据位。电容器保存信息位 0 或 1。晶体管作为一个开关,让内存芯片上的控制电路读取电容或改变其状态。

DRAM 的存储单元的电容就像一个漏水的水桶,电荷充满时表示 1,电荷释放后表示 0(如下图所示)。由于电容的漏电特性,它不能长久地保持高电平状态(1 状态)。只需几毫秒电荷就会泄漏,使得电平信号由 1 变为 0,就像一个充满水的水桶因漏水而变空。所以 RAM 需要周期性地刷新,刷新即是充电的过程,以满足数据存储的需要。刷新操作每秒会自动发生数千次,DRAM 由此得名。

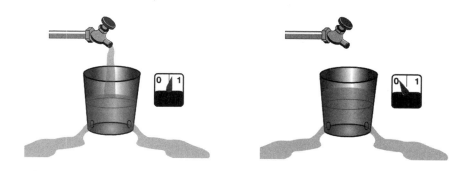

2.4　外部存储设备

数据存储对人类的发展至关重要。从古至今,为了长久地存储信息,人们发明了各式各样的存储介质。一段文字,刻在石头上有望保存上万年,写在羊皮纸上可以保存上千年,印制成胶片可以保存上百年。

进入数字化时代后,数据都是依赖计算机存储介质而实现存储的。未来信息领域的中心问题就是存储,只有存储容量不断增大,才能满足信息社会高速发展的需要。

2.4.1 外部存储系统的基本概念

1. 存储系统的组成

所有的存储系统都包括两个物理部分:一个是存储设备,另一个是存储介质。例如,硬盘驱动器和光盘驱动器属于存储设备,而硬盘和光盘就属于存储介质。正如光盘需要放入光驱中才能使用一样,存储设备必须从存储介质中读/写数据和程序,它们通过一定的方式接合与匹配使用,以构成存储系统。

2. 固定存储系统与移动存储系统

存储系统可以分为固定存储系统与移动存储系统。在固定存储系统中,存储设备通常安装或配置在计算机系统内部,相关的存储介质在计算机读/写之间必须插入存储设备中,例如硬盘驱动器与光盘驱动器。外部存储系统一般是独立的、可移动的,通过专用接口与计算机相连,典型的设备如U盘、光盘等。

3. 易失性存储器与非易失性存储器

易失性存储器指那些断电后数据就会消失的存储器,例如RAM。相对于易失性存储器,非易失性存储器指那些断电后数据仍然能保留的存储器。对这类存储器,业界统称为非易失性随机访问存储器(NVRAM,non-volatile random access memory),身边随处可见的U盘、数码相机、可拍照手机、PDA,以及一些存储卡(如CF卡、SD卡等等),无一例外都需要NVRAM技术的支持。

2.4.2 磁盘存储系统

硬盘存储系统是一种采用磁介质的数据存储设备,数据存储在密封于洁净的硬盘驱动器内腔的若干个磁盘片上(图2-24)。在磁盘片的每一面上,以转动轴为轴心、以一定的磁密度为间隔的若干个同心圆就被划分成磁道(track),每个磁道又被划分为若干个扇区(sector),数据就按扇区存放在硬盘上(图2-25)。在每一面上都相应地有一个读写磁头(head),所以不同磁头的所有相同位置的磁道就构成了所谓的柱面(cylinder)。传统的硬盘读写都是以柱面、磁头、扇区为寻址方式的(CHS寻址)。硬盘在加电后保持高速旋转,产生的气流使位于磁头臂上的磁头悬浮在磁盘表面,通过步进电机在不同柱面之间移动,对不同的柱面进行读写。

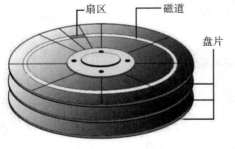

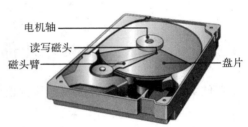

图 2-24 硬盘系统的组成　　　　图 2-25 磁盘寻址结构示意图

独立磁盘冗余阵列（redundant array of independent disks，RAID，简称"磁盘阵列"）是一种把多块独立的硬盘（物理硬盘）按不同的方式组合起来形成一个硬盘组（逻辑硬盘），从而提供比单个硬盘更好的存储性能和数据备份技术。另外，RAID 系统的一个关键功能就是容错处理。容错阵列中如有单块硬盘出错，不会影响到整体的继续使用，高级 RAID 控制器还具有拯救数据功能。组成磁盘阵列的不同方式称为 RAID 级别（RAID level）。由于 RAID 把多个硬盘组合成为一个硬盘组，因此操作系统只会把它当作一个逻辑硬盘。

【例 2-4】 Python 使用 Win32_DiskDrive() 方法获取磁盘信息。

磁盘信息通过 Win32_DiskDrive() 和 Win32_LogicalDisk 方法获得，返回参数是列表对象。本机硬盘有 4 个分区，在调用 Win32_LogicalDisk() 方法中，只要给出参数 DeviceID=""，就可以获得指定分区的详细信息。完整程序请访问本课程资源。

| In[4]: | ```python
disk_info={}
for disk in c.Win32_DiskDrive():
disk_info["Manufacturer"]=disk.Manufacturer
disk_info["Interface Type"]=disk.InterfaceType
disk_info["Partitions"]=disk.Partitions
for disk in c.Win32_LogicalDisk(DeviceID="C:"):
……
print(disk_info) #输出磁盘信息
``` |
|---|---|
| Out[4]: | {'Manufacturer':'(标准磁盘驱动器)','Interface Type':'IDE','Partitions':4,'DeviceID':'C:','File System':'NTFS','Disk Size':106,'Disk Free Space':31} |

2.4.3 光盘存储系统

20 世纪后半叶，人们以为找到了一种永久性保存数据的介质，这就是光盘（图 2-26）。光盘技术的出现对信息革命起到了推动作用。

光盘是一种数字式记录存储器。随着多媒体技术的发展，以前只能在模拟存储设备上记录的视频及音频信号，可以经过数字化，以数字形式存储在计算机的存储器中。

对光存储介质最基本的要求，就是存储单元的某种性质可以用某种方法改变以代表被存储的数据，同时这种性质可用光的方法检测出来。用光的方法检测指对存储单元反射或透射光的一些性质进行辨别，并转化为可理解的形式。

光盘存储介质具有存储容量大、保存时间长等优点。通过减少光盘上记录点的大小可使相同的轨道上有更多的记录点，从而大大增加了数据的存储容量。另外，通过减小轨道间的距离让光盘含有更多的轨道，这使得不同类型的光盘具有不同的存储容量。图 2-27 显示 CD-ROM 与 DVD 所含的存储位的比较，其中光盘表面的凹痕用来存储和表示"0"和"1"信号。

图 2-26 光盘
```

(a)CD-ROM　　　　　　　　　　　　　　　(b)DVD

图 2-27　光盘表面的存储位比较

对于目前的光存储器,数据在介质上的存储记录用了许多方法,用得最多的是机械的方法和光的热效应。在介质上记录的物理原理有形变、磁化、相变等。

2.4.4　非易失性存储器

非易失性存储器对于普通用户来说似乎过于专业和晦涩,其实与日常工作和生活越来越密不可分。如果通俗地解释非易失性存储器,那就是指那些断电后数据仍然能保留的半导体存储器。身边随处可见的 U 盘、数码相机、可拍照手机、PDA,以及其中的存储卡,如 CF 卡、SD 卡等等,无一例外都需要非易失性存储器技术的支持。

非易失性存储器具备 DRAM 与 SRAM(steric random access memory,静态随机存储器)的物理优点,也具备硬盘的永久(相对而言)存储的特性,所以在存储应用中有着巨大的潜力。

非易失性存储器以闪存(flash memory)技术最为引人注目,其存储物理机制实际上为一种新型的 EEPROM(电可擦除可编程只读存储器)。闪存是一种长寿命的非易失性(在断电情况下仍能保存所存储的数据信息)的存储器,数据删除不是以单字节为单位而是以固定的区块为单位。由于断电时仍能保存数据,同时又可重复读写且读写速度快,存储容量大(目前已达到数百吉字节),功耗低,所以闪存得到了广泛的应用。

2.4.5　数据存储的终结[①]

目前,每个人都有大量数据或照片保存在各种存储介质上。我们自然会问,存储在光盘、硬盘或移动闪存内的信息可以保存多久呢?5 年?10 年?还是更久?

人们以为数字化资源可以长期保存,那么,这些技术可靠吗?其实,数字化资源的长期保存并不是人们想象的那样可靠。

按照光盘厂商的说法,光盘的数据可以长期保存,但事实并非如此。法国国家计量院的工程师研究了光盘的存储特征,对数百张光盘进行了加速老化试验,发现有许多情况可以导致微粒进入光盘,从而损坏存储的数据。实验结果表明,光盘的存储机制决定了它难以成为理想的长期存储介质。研究人员还大概测算了光盘的寿命,15%的光盘的存储寿命只有 1～5 年,85%的光盘的存储寿命可能达到 20 年。由此看来,光盘并不是非常理想的存储设备。

硬盘的存储性能会怎样呢?计算机硬盘的防震能力和防尘能力都很有限,如果在磁头或磁片上有微小的颗粒,同样会损坏数据。例如,美国一家名为 Backblaze 的在线备份服务商同

---

①　标题借鉴《数据存储的终结》(*The End of Memory*),美国纪录片,2014 年。

时运行了 2.5 万个硬盘,研究结果表明,4 年的损耗率就高达 22%。因此,硬盘的性能也并非完美的。

那么,USB(universal serial bus,通用串行总线)闪存卡、固态硬盘等设备会不会更为可靠呢?其实这些存储介质有一个弱点,就是它们的读写次数是有限的(大概在 10 万次左右);对于频繁读写的计算机系统而言,很快就会达到这个上限。不过,如果 USB 闪存卡、固态硬盘仅用于数据存档,那么这些数据有可能保存几十年。

现今科技虽然能使我们将大量信息存储到很小的空间内,但就数据保存来说,我们的技术没有得到多大提升,而且现在丢失信息的可能性越来越大。目前,主流的存储设备的存储寿命有限,存储设备中的数据无法永远存在,重要的数据信息有可能数十年后将消失不见。那么,除了目前数字化存储方式外,还有哪些备份措施以使数百年或上千年后的人类还能读取今天的信息呢?

正在研制的石英玻璃是一种全新的数据存储材料。这项存储技术的存储单元由边长 2 cm、厚 2 mm 的方形石英玻璃组成,数据记录层共分 4 层,提高了存储容量(每平方英寸可存储 40 MB 数据)。石英玻璃芯片具有高稳定性和弹性,抗化学腐蚀,不受无线电波影响,可直接暴露在高温中。实验中,石英玻璃载体在 1 000 ℃ 的高温下加热 2 h,它保存的数据依然完好无损——可以利用光学显微镜完整读取,耐久性非常高。

此外,石英玻璃载体还防水,这意味着它也几乎不会受到水灾和海啸等自然灾害的影响。理想情况下,这种石英玻璃载体的存储年限可达 3 亿年甚至几十亿年。然而,石英玻璃的存储容量有限,这可能影响其广泛应用,研究人员还需要另辟蹊径。

为了长期保存数据,我们不能仅依赖于现有的数据读取设备,因为若干年后,目前的数据读取技术可能会过时,而采用这种技术保存的数据可能无法利用。科学家们正在寻找能使数据存续数百万年之久的存储方法。

众所周知,生物世界通常只有一种继承信息的办法,就是通过基因。古生物化石中的 DNA(脱氧核糖核酸)在特殊条件下可以被保存下来,人们可以从中获得动物的整个基因组。迄今为止,科学家们已经成功地对 11 万年前的北极熊和 70 万年前的马的基因组进行了提取和测序。

数据存储的终极解决方案可能就隐藏在 DNA 内(图 2-28)。DNA 之所以可作为理想存储介质,是因为其体积非常小,成本低,存储寿命长,不需要消耗能量,而且数据很容易读取,更重要的是 DNA 分子是一种难以置信的密集存储介质。《科学》(*Science*)于 2017 年刊登的一项最新研究成果让我们惊叹不已。这种方法能够将 215 PB(1 PB=1 024 TB)数据存储在 1 g DNA 中,这几乎是谷歌和脸书(Facebook)服务器上数据量总和的两倍。此外,研究人员还将一个操作系统

图 2-28　DNA 存储的解决方案

和一部电影编码存储到 DNA 中,并且成功地从 DNA 序列中获得了数据,且没有任何错误。

DNA 存储的一项最新的科研进展来自微软与华盛顿大学的研究团队。该团队成功地在 DNA 片段中编译了"HELLO"一词[①]。具体来说,通过设备,把位元(0 和 1)编码为 DNA 序列(A、C、T、G),顺利将"HELLO"这组字母,成功合成为 DNA,并以液体方式进行存储。然后,

①　微软亚洲研究院.微软研究院联合华盛顿大学首次实现全自动 DNA 数据存储[EB/OL].(2019-04-03)[2019-04-30].https://www.msra.cn/zh-cn/news/features/hello-data-dna-storage.

利用 DNA 序列分析仪对其进行读取,并使用解码软件将序列转换为二进制位元。研究人员表示:一个足以占据整座仓库的数据中心所存储的数据,往后只要几个骰子大小的设备就能搞定。

DNA 存储技术是一项着眼于未来的具有划时代意义的存储技术,其保存时间可能长达数千年。与硬盘、磁盘等存储介质不同的是,DNA 不需要经常维护。就读取方式而言,DNA 存储不涉及兼容问题。如果这项技术能够得到普及,那么人类的数据将得到长期存储。

2.5　输入输出子系统

计算机中的第三个子系统是输入输出(I/O)子系统,它由一系列设备组成。这个子系统通过输入输出设备使计算机与外界通信,并且使用外部存储系统永久性地存储程序和数据。

2.5.1　计算机输入设备

输入设备可以将外部信息(如文字、数字、声音、图像、程序、指令等)转变为数据输入计算机中,以便加工、处理。输入设备是人们和计算机系统之间进行信息交换的主要装置之一。计算机输入设备在不同的时代是不相同的。在 DOS(disk operating system,磁盘操作系统,即早期的字符界面操作系统)时代,键盘几乎是唯一的输入设备;到了 Windows 时代,鼠标成了与键盘并驾齐驱的重要输入设备;到了多媒体时代,扫描仪、光笔、手写输入板、游戏杆、语音输入装置、数码相机、数码摄像机、光电阅读器等成为常用的输入设备。

1. 图像与视频输入设备

数码相机也叫数字式相机(digital camera),简称 DC,是光、机、电一体化的产品。现在手机上也集成了数码相机功能,并已经非常普及。数码相机的核心部件是电荷耦合器件(CCD)图像传感器(图 2-29),它使用一种高感光度的半导体材料制成,能把光线转变为电荷,通过模数转换器芯片转换成数字信号,数字信号经过压缩后由相机内部的闪存或内置硬盘卡保存,也可以把数据传输给计算机,并借助于计算机的处理手段,根据需要和想象来修改图像。

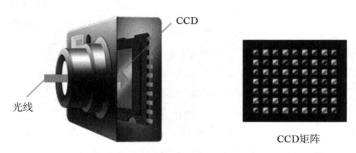

图 2-29　数码相机与数字摄像机的核心部件——CCD

数字摄像机作为视频输入设备,也是通过 CCD 转换光信号得到的视频信号及通过话筒得到的音频电信号,进行模数转换并压缩处理后得到计算机可以处理的视频文件。

2. 触摸屏

触摸屏是一种附加在显示器上的辅助输入设备。借助这种坐标定位设备,当手指在屏幕上移动时,触摸屏将手指移动的轨迹数字化,然后传送给计算机,计算机根据获得的数据进行处理。触摸屏作为一种多媒体输入设备,可使用户直接用手指在屏幕上指点或触及屏幕上的菜单、光标、图符等按钮,具有直观、方便的特点,就是从没有接触过计算机的人也会立即使用,有效地提高了人机对话效率。

目前智能手机、笔记本计算机以及许多人机交互设备广泛地采用了电容式触摸屏技术,它的

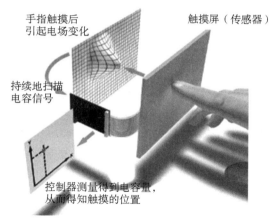

图 2-30 电容式触摸屏工作原理

工作原理如图 2-30 所示。电容式触摸屏的核心是电容式感应器。电容式触摸屏是在玻璃表面贴上一层透明的特殊金属导电物质,以侦测到任何导电的物体。当手指触摸金属层时,触点的电容就会发生变化,使得与之相连的振荡器频率发生变化,从而可以确定触摸位置。

2.5.2 计算机输出设备

输出设备的作用是把计算机处理的中间结果或最终结果用人所能识别的形式(如字符、图形、图像、语音等)表示出来,包括显示设备、打印设备以及其他输出设备。

1. 显示设备

显示器是一种最常用的输出设备。显示器必须在主板显示卡的支撑下才能实现其功能。评价显示器的主要依据为有效屏幕大小、点距、扫描频率范围和视频标准。如今显示器主要有三大类:阴极射线管(CRT)显示器、液晶显示器(LCD)和离子体显示器。

显示卡(简称"显卡")是计算机显示系统中负责处理图像信号的专用设备,在显示器上显示的图形都是由显卡生成并传送给显示器的,因此显卡的性能决定着机器的显示效果和性能。

现今的台式机或笔记本计算机上,显卡一般直接与主板集成在一起。在一些专业的应用里(如制作三维动画),显卡以独立的板卡存在。独立显卡拥有专门的图形处理芯片和显示存储器(图 2-31),不占用系统的资源,因此在性能上优于集成显卡。

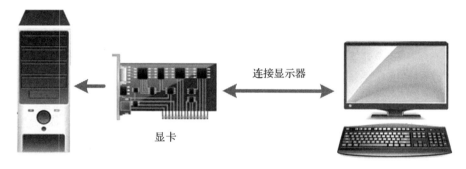

图 2-31 计算机的显示系统

图形处理芯片（GPU）是显卡中最主要的部分，GPU 是相对于 CPU 的一个概念，由于计算机中图形图像的处理变得越来越重要，CPU 涉及的大量运算需要一个专门的处理器去执行。图形处理器使显卡减少了对 CPU 的依赖，并分担了部分原本是 CPU 的工作，尤其是在进行三维图形处理时，功效更加明显。

如今，图形处理器越来越多地应用于科学计算。GPU 在浮点运算、并行计算等部分计算方面比 CPU 的性能高数十倍或上百倍。利用大规模并行处理能力和专用的高速存储器，GPU 可成倍加速在 CPU 上运行的应用程序。

随着深度学习算法应用的大量涌现，超级计算机的架构逐渐向深度学习应用优化。从传统的以 CPU 为主、GPU 为辅的英特尔处理器变为以 GPU 为主、CPU 为辅的结构，GPU成为加速人工智能和深度学习的重要芯片。这种大规模并行架构给了 GPU 优越的计算性能，使 GPU 在一些计算性能方面相当于一个具有上百个多核的 CPU。例如，在深度学习方面，由于大量使用矩阵操作，深度网络需要海量的乘加运算，GPU 可以高速地处理并行计算程序。

图 2-32 列出了多核 CPU 与 GPU 的单元结构，我们可以直观地感觉到 GPU 在运算器方面的突出优势。

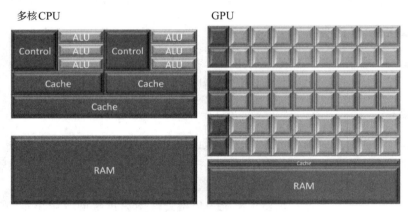

图 2-32　多核 CPU 和 GPU 的对比

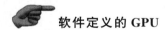 **软件定义的 GPU**

近年来，随着电影特效、工业建模、虚拟现实等业务的高速发展，人们对图形云计算的需求越来越大，GPU 虚拟化技术成为时代焦点。软件定义的 GPU 应用可为用户带来更多优势。它可以同时处理图形和计算任务，能通过加载不同驱动，实现针对仿真、科研的 GPU 加速及面向深度学习的人工智能推理功能。

【例 2-5】Python 利用 Win32_VideoController()方法获取视频适配器信息。

从反馈参数的信息列表可知：本机视频卡芯片是 GeForce 940MX，显卡适配器内存是 2 GB，安装的驱动程序是 nvldumdx.dll。

In[5]:	```
	video_info={}
	for v in c.Win32_VideoController():
	    video_info["Video Processor"]=v.VideoProcessor ♯显示卡芯片
	    video_info["Adapter RAM:"]=int(v.AdapterRAM)/(1024 * * 3)♯容量为GB
	    video_info["Adapter DAC Type:"]=v.AdapterDACType
	    video_info["Installed Display Drivers"]=v.InstalledDisplayDrivers
	print(video_info)
	``

Out[5]:	Video Processor:GeForce 940MX Adapter RAM:2.0 Adapter DAC Type:Integrated RAMDAC', Installed Display Drivers:nvldumdx.dll

2. 三维打印机

打印机是将计算机处理结果输出为可见的字符和图像的设备。打印机的种类很多,分类方式也有多种。

(1)按打印方式分,主要有针式打印机、喷墨打印机、激光打印机等。

(2)按用途分,有通用打印机、网络打印机和专用打印机。

(3)按色彩分,有单色打印机和彩色打印机。

(4)按打印维度分,有二维平面打印机和三维立体打印机。

目前,三维打印技术已经进入实用阶段。三维打印机的应用领域也随着技术进步而不断扩展,能以更高的精度、更低的成本打印出所需要的物品。三维打印机能够使用包括陶瓷和钛、铝等金属在内的材料制造出复杂的零件,而且其精确度非常高,如图 2-33 所示。科学家已经研发出了能打印皮肤、软骨、骨头和身体其他器官的三维"生物打印机"。

图 2-33 三维打印的复杂产品模型

三维打印是快速成型技术的一种,它是一种以数字模型文件为基础,运用粉末状金属或塑料等可黏合材料,通过逐层打印的方式来构造物体的技术。在三维打印机打印物品的过程中,材料是一层一层地不断增加上去的,因此,三维打印技术也被称为快速成型技术。目前已有大量使用这种技术打印而制成的零部件。该技术在工业设计、建筑、工程、航空航天、医疗产业、教育、地理信息系统等众多领域都有所应用。

不管哪一种用途的三维打印机,其工作过程通常是相同的,即把数据和原料放进三维打印机中,机器会按照程序把产品一层层造出来。图 2-34 列出三维打印过程中的几个主要步骤。

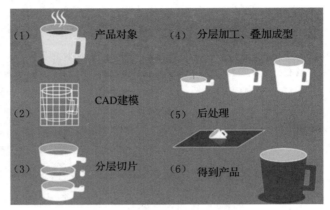

图 2-34　三维打印过程的主要步骤

（1）确定要创建的产品对象。

（2）CAD 建模。通过 CAD（计算机辅助设计）软件对要创建的产品对象建模，产生一个三维模型。如果有现成的产品，则可以通过三维扫描技术直接获得三维原型数据。

（3）将建成的三维模型"分区"成逐层的截面，即切片，从而指导打印机逐层打印。如果切片越薄，则需要越多的数据细节。CAD 得到的三维模型需要转换为 STL 格式。STL 是快速原型系统应用最多的标准文件类型。STL 用三角网格来表现三维 CAD 模型，其文件格式非常简单，只描述三维物体的几何信息，不支持颜色、材质等信息，是计算机图形处理、CAD 软件、三维打印机支持的最常见文件格式。

（4）打印对象。三维打印与激光成型技术一样，采用分层加工、叠加成型来完成三维实体打印。打印过程中会将连续的薄型层面堆叠起来，直到一个固态物体成型。打印机根据产品对象的性质和大小选用不同的材料。

（5）后处理。产品打印完成后需要进行一些后处理，例如浸泡处理。此外还包括清除附着在印刷物品上的剩余粉末或溶解填充聚合物，而剩余的打印材料可以循环利用。

（6）制作完成，得到打印产品。

图 2-35 是三维打印机实际工作的照片与产品。

图 2-35　三维逐层打印过程与产品

2.5.3　外部设备接口

微型计算机的 CPU 为了和外部设备进行信息交换，必须和种类千差万别的外部设备达到速率匹配。但是由于集成电路技术的发展,CPU 的速率越来越快,而外部设备的速率相对较慢,同时外部设备能够提供给 CPU 的状态信息种类也不尽相同。因此,为了完成 CPU 和外部设备之间的"交流",必须通过"接口"来完成。

接口是设备与计算机或其他设备连接的端口,是一组电气连接和信号交换标准。接口主要用来传送电气信号,在信号中有一部分是数据信号,其余是控制信号或状态信号,它们都是为传输数据服务的。

传统接口的数据传输分为串行传输和并行传输两种方式。串行传输用一条线(或一对线)传送数据,这种接口叫串行接口。如果用若干条线同时传输数据,就叫并行接口(parallel port)。并行传输的特点是数据传输速率较大,协议简单,易于操作;早期的打印机一般采用并行接口与计算机相连。

USB 是目前最常用的通用串行总线接口,USB 2.0 接口理论传输速率可达 480 Mbit/s。所有的 USB 设备都使用符合工业标准的矩形连接器和插头组合,这样就可以方便地将 USB 设备连接到任何一台计算机上。在安装或卸下 USB 时,不必关闭并重新启动计算机,真正做到"即插即用"。

现在的计算机都提供了数个 USB 端口,许多具有 USB 连接器的外部设备,如鼠标、键盘、扫描仪、打印机等,都可以直接插入计算机的 USB 端口使用,非常方便。

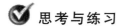 **思考与练习**

一、思考题

1. 什么是计算?试用一个实例来说明。

2. 什么是计算科学?

3. 为什么说图灵机是"软件定义"计算的一个很好例子?

4. 你认为图灵测试可以判定一台机器设备真正具备智能吗?

5. 你对人工智能的理解是什么?对"人工智能威胁论"你的看法是什么?

6. 计算思维是怎样的一种思维方法?

7. 计算机发明的历史进程中发生了哪些重大事件?从中我们能得到哪些启示?

8. 计算机的发展经历了几个阶段?其划分的依据是什么?

9. 请简述冯·诺依曼所提出的现代存储程序式计算机的基本结构和工作原理。

10. 什么是量子?量子的两个基本状态是什么?

11. 量子比特与传统计算机的比特表示有什么不同?

12. 微型计算机系统包括哪几个主要部分?

13. 中央处理器由哪几部分组成?各部分的主要功能是什么?

14. 什么是多核处理器?它是如何提高计算机处理器性能的?

15. 请用某种方法查看你目前使用的计算机处理器的核数。

16. 数据在主存储器中是如何存储的?

17. 理解存储器容量的标识与换算。

18. 为什么 RAM 中的数据具有易失性?

19. 磁介质为何能存储信息?

20. 计算机主存储器与硬盘相比,在存储方面有什么特点?

21. 光存储介质存储信息的原理是什么?

22. 计算机有哪些常用的输入设备和输出设备？

23. 数码相机、数字摄像机的核心部件是什么？

24. 扫描仪的基本工作原理是什么？

25. GPU 与 CPU 的作用有什么区别？

26. 请举例说明三维打印机在某个领域的应用。

二、计算题

1. 某计算机地址总线宽度为 32 位，这台计算机能够寻址的内存单元是多少？

2. 某存储芯片的地址线为 24 条，则该内存条的容量是多少？

3. 某存储器容量为 10 MB，试计算能够存储多少中文字符（每个中文字符占 2 字节）。

4. 内存按字节编址，地址从 A4000H 到 CBFFFH，共有多少字节？

5. 某 RAM 芯片有 22 条地址线、8 条数据线，则该 RAM 芯片的容量是多少？

三、练习与实践

1. 指出你所使用的计算机配置了哪些外部设备以及如何操作与使用。

2. 观察一台微型计算机的外部接口，分别指出串行口、并行口、网卡接口、显示器接口和 USB 接口的位置。

3. 打开一台微型计算机的机箱，分别指出 CPU、主存储器、主板、硬盘、显卡等部件的位置。

4. 在教师的指导或演示下，运行本章的 Python 程序，直观了解你的计算机系统的配置信息。

5. 关注公众号"微软小冰"，体验与人工智能机器人对话的过程，并给予评价。

第3章

软件定义的时代

软件是新一代信息技术产业的灵魂，"软件定义"是信息革命的新标志和新特征。

——国家软件和信息技术服务业发展规划（2016—2020年）

世界正在进入一个新的时代,而这个时代的一个很重要特征就是无处不在的软件技术和软件应用,我们把这个时代称为"软件定义的时代"。软件不仅正在定义这个时代的一切,而且定义着未来。随着"人—机—物"的融合发展,软件定义开始向物理世界延伸,最终实现"万物皆可互联,一切均可编程"——这就是软件定义给未来世界设定的目标。

软件是新一代信息技术产业的灵魂,"软件定义"是信息革命的新标志和新特征。软件已经成为人类社会重要的基础设施,软件基础设施包括云计算、大数据、移动互联网、物联网等新兴技术与应用模式,是新信息经济环境下的重要基础设施,并对社会经济和人们生活产生重要的影响。

3.1　软件的性质及发展史

3.1.1　对"软件"的理解

在软件的发展历程中,相当长的一段时期内,很少有人能够准确地描述出什么是计算机软件,人们对软件的认识经历了一个由浅到深的过程。

在计算机软件发展的初期,人们认为计算机程序就是软件的全部。那时的软件除了源代码外,往往没有相应的说明文档。早期的软件开发也没有什么系统的方法可以遵循,软件设计是在某个人的头脑中完成的一个过程,往往带有强烈的个人色彩,软件的通用性也很有限。

在软件的发展过程中,软件从个性化的程序演变为工程化的产品,人们对软件的看法发生了根本性的变化。"软件＝程序"显然不能涵盖软件的所有内容,除了程序之外,软件还包括与之相关的文档和配置数据,以保证这些程序的正确运行。

时至今日,人们尽管对软件还有不同的理解,但已逐步达成共识。从广义上讲,人们对"软件"的定义是:

(1)能够完成预定功能和性能的可执行的指令(计算机程序);

(2)使程序能够适当地操作信息的数据结构;

(3)描述程序操作和使用的文档。

当前,无处不在的软件正在定义整个世界,软件的呈现形式也多种多样,其真正含义是一个形式的定义所不能体现的。以软件为代表的信息网络技术正在驱动各种业态快速成长。软件正在重构生产模式、组织体系、资源配置方式,孕育新的产品生态,开启信息经济发展新图景。这使得人们对软件有了新的理解,即"软件定义一切"。

3.1.2　软件的性质

软件与一般物质产品相比,有其独特的性质。

1. 表现形式不同

硬件是有形产品,看得见,摸得着;软件是一种逻辑实体,具有抽象性。这个特点使软件与其他物理实体有着明显的差异。人们可以把软件记录在纸张、内存、磁盘和光盘等物理存储介质上(有人通常将存储介质同软件本身混同),但无法看到软件本身的形态,而必须通过运行、使用、观察和判断,才能了解它的功能、性能等特性。

2. 生产方式不同

软件是人类有史以来生产的复杂度最高的人工制品。软件涉及人类社会的各行各业、方方面面,软件开发常常涉及其他领域的专门知识,这对软件工程师提出了很高的要求。尽管软件开发技术不断进步,但软件的开发至今尚未完全摆脱手工作坊式的开发方式,生产效率较低。另外,软件没有明显的制造过程。一旦研制开发成功,就可以大量拷贝同一版本的副本。

3. 维护方式不同

硬件产品在使用一定时间后存在磨损和老化问题。软件在使用过程中没有磨损、老化的问题,但会为了适应硬件、环境以及需求的变化而进行修改,而这些修改又可能(或不可避免地)引入新的错误,导致软件失效率升高,从而使软件退化。当修改的成本变得难以接受时,软件就被抛弃。

4. 软件的复杂性和规模不断增加

软件的成本相当昂贵。软件开发需要投入大量高强度的脑力劳动,成本非常高,风险也大。现在软件的开发成本已大大超过了硬件。计算机软件发展的一个重要现象是其代码规模极其庞大。以下给出几个例子:航天飞机有 4 000 万行代码、大家比较熟悉的 Windows 系统有 5 000 多万行代码。

5. 软件定义一切

软件定义的本质就是在硬件资源虚拟化的基础上,用户可编写应用程序,满足访问资源的多样性的需求。现在可以看到软件定义出现了各种各样的延伸,软件定义的存储、软件定义的计算、软件定义的网络、软件定义的安全、软件定义的基础等等。从这个角度来说,这个时代可称为"软件定义一切"的时代。

3.1.3　软件技术的进化史

软件承载着人类智慧的结晶,发展至今衍生出了很多富于变化的语言和模型。而每一次的变革与进化都与软件发展史上的重大事件有关。可以说,软件技术的发展过程也是人们对软件本质的探索过程。

1. 软件技术发展的初期(20 世纪 50—70 年代)

20 世纪 50 年代前后,当时的程序员们使用机器语言来进行编程运算,直接对以数字表示的机器代码进行操作,这可以说是软件设计的"石器时代"。后来为了便于阅读,就将机器代码以英文字符串来表示,于是出现了汇编语言。

1956 年,美国计算机科学家巴克斯设计出了 Fortran 语言,标志着高级语言的到来。Fortran 语言以它的简洁、高效,成为此后几十年科学和工程计算的主流语言。除了 Fortran 以外,还有 ALGOL 60 等科学和工程计算语言。

20 世纪 60 年代中期至 70 年代末期是以 Pascal 语言、COBOL、C 语言等编程语言和关系数据库管理系统为标志的结构化软件技术时期。结构化程序设计思想采用了模块分解与功能抽象和自顶向下、分而治之的方法,从而将一个较复杂的程序系统设计任务有效地分解成许多易于控制和处理的子程序,便于开发和维护。因此,结构化方法迅速普及,并在整个 20 世纪 70 年代的软件开发中占绝对统治地位。

1971 年,美国贝尔实验室的丹尼斯·里奇(Dennis Ritchie,UNIX 操作系统的开发者之一)开发出 C 语言。C 语言是目前全世界使用最广泛的基础编程语言,特别对于系统程序设计非常有用。

1975 年,比尔·盖茨(Bill Gates)和保罗·艾伦(Paul Allen)为当时的"牛郎星"计算机开发了世界上第一套标准的微型计算机软件 Basic,并创办了微软公司。

 比尔·盖茨小传

1955 年 10 月 28 日,比尔·盖茨(Bill Gates)出生于美国华盛顿州的西雅图。父亲盖茨二世是律师,拥有一家律师事务所;母亲玛丽出身富裕的银行家家庭。

比尔·盖茨在 11 岁那年进入湖滨学校(Lakeside School)就读,在学校的计算机教室中第一次接触到计算机,就深为软件世界所吸引,俨然成为少年计算机迷。

比尔·盖茨从湖滨中学毕业后进入哈佛大学,与友人保罗·艾伦开发出世界上第一套个人计算机程序 Basic,接着就在 1975 年休学,创立微软(Microsoft)公司。

凭借着几乎所有个人计算机在初期都采用的 Basic、取得 16 位电脑业界标准的 MS-DOS,以及席卷全球个人计算机市场的视窗等软件商品,微软在短短几年间就以快速的成长击败所有竞争对手,建立起强大的软件王国,比尔·盖茨也因此跻身世界富豪之列。

比尔·盖茨

如今比尔·盖茨已成为 21 世纪少数最具代表性的成功创业家之一,也是成功人物故事中不可或缺的角色。"微软离破产永远只有 18 个月。"这是比尔·盖茨的惊人之语。它道出了这个掌门人的危机意识:如果没有创新,没有领先世界的技术优势,微软也不是永不沉没的高技术企业航母。

在 20 世纪 60 年代之前,数据管理功能主要由文件系统实现。20 世纪 70 年代是关系数据库理论研究和原型开发的时代,提出了数据库的关系模型,研究了关系数据语言。1974 年,SQL(structure query language,结构查询语言)让关系数据库的历史发生了重大转折。SQL 把早期数据库管理系统中各种独立的功能,如查询、数据修改、数据定义和控制等集成在单一的语言环境内,达到了简单、易学、易用的目的,为 SQL 关系数据库的商品化奠定了良好的基础。70 年代后期,为满足多用户、多应用共享数据的需求出现了数据库管理系统,并研制开发了大量的关系数据库应用系统。

20 世纪 60 年代,软件曾出现过严重危机,由软件错误而引起的信息丢失、系统失败事件屡有发生。为提高软件的质量,伴随着结构化软件技术而出现的软件工程方法,使软件工作的范围从只考虑程序的编写扩展到从定义、编码、测试到使用、维护等整个软件生命周期。软件不仅仅是程序,还包括分析、设计、实现(包括编程)、维护的所有文档,从而使编程工作只占软件开发全部工作量的 20%～30%。结构化软件技术使软件由个人作坊的"艺术品"变为团队的工程产品,大大改善了软件的质量与可维护性,但软件开发的成本增加了。

2. 软件技术发展的中期(20 世纪 80 年代)

20 世纪 80 年代有一个最重要的进展就是操作系统。操作系统实际上把使用计算机的技能由专业人员向普通的非计算机专业人员普及,其重要贡献就是可以不知道内存怎么管理,计算怎么分配时间,也为单机和大型机管理提供了技术和方法。由于操作系统的重要突破,这个领域当中先后有两次图灵奖颁奖[例如 UNIX 操作系统设计者肯·汤普逊(Ken Thompson)1983 年获图灵奖]。

人机界面是计算机发展中极其重要的组成部分,它对 20 世纪信息产业产生了巨大的影响,其中包括鼠标器、窗口系统、超文本和浏览器等,且它将继续影响整个信息产业。

20 世纪 80 年代,图形技术有了迅速的发展,图形用户界面(GUI)迅速普及与流行,并成为计算机软件领域人机界面革命最耀眼的亮点。在 20 世纪 80 年代初的头几年,尽管个人计算机销量迅速增长,但用户始终只能面对枯燥的字符界面,通过命令行输入指令,不仅晦涩难懂,而且不利于个人计算机的大范围推广。

1985 年,微软发行了 Windows 1.0,这是第一次对计算机平台 GUI 的尝试。以 Windows 命名的视窗操作系统如同其名字一样为用户打开了一扇新的窗户,它使操纵计算机像操纵电视一样方便和有趣,为计算机的广泛普及奠定了决定性的基础。1990 年,Windows 3.0 的发布奠定了微软在计算机操作系统领域的霸主地位。1995 年 8 月,微软的第一个混合 16/32 位操作系统 Windows 95 面世,成为微软历史上最成功的操作系统。Windows 95 带来了比以往版本更为强大、稳定和实用的图形操作界面,底层也完全重新改写,并集成了 TCP/IP 协议和 Internet 支持,可以脱离 DOS 系统独立运行。从这一版本引入的"开始"按钮和个人桌面上的图标,直到目前还普遍存在于微软的任何一个操作系统中。

继 Windows 95,Windows 2000、Windows XP、Windows 7 和 Windows 10 相继问世,这些正是目前所熟悉并广泛使用的 Windows 操作系统。微软的 Windows 已经有面向消费/商用个人用户、服务器、嵌入式、移动终端的多种版本,广泛地运行在当今几乎所有的处理器硬件平台上。

除图形界面的操作系统外,还出现了不少优秀的图形软件工具。如 AutoCAD 是一个优秀的图形软件工具,它提供了图形显示控制、图形编辑和存储,以及三维绘图、三维动态显示、阴影与透视等功能。随着 GUI 的成功应用,不少高级语言也增加了图形功能,使这种可视化编程日益广泛与流行。

这个时期,商用数据库系统的运行,使数据库技术日益广泛地应用到企业管理、情报检索、辅助决策等各个方面。

随着计算机科学的发展和应用领域的不断扩大,对计算机技术的要求也越来越高,结构化程序设计语言和结构化分析与设计已无法满足用户需求,于是面向对象技术开始浮出水面。20 世纪 80 年代这一时期的软件技术的一个重要方面是以 Smalltalk、C++ 等为代表的面向对象(object-oriented,OO)技术的出现。在面向对象技术中,现实世界中的事物抽象到问题空间就称为对象,对象被定义为"对一组信息和在其上的操作",其中的信息就是数据,它反映的是对象的属性状态,操作则是对对象的处理。面向对象技术引入了类、对象、继承、封装、重用等概念,对象与对象之间的相互作用是通过"消息"来实现的。随着分析与建模技术的发展,面向对象技术形成了 OOA(面向对象分析)、OOD(面向对象设计)、OOP(面向对象编程),成为完整的软件开发方法学。面向对象程序设计在软件开发领域引起了大的变革,极大地提高了软件开发的效率,为解决软件危机带来了新的曙光[①]。

3. 网络计算时代的开始(20世纪90年代至21世纪初)

20世纪中期,人类发明创造的舞台上降临了一个不同凡响的新事物。众多学者认为,这是人类另一项可以与蒸汽机相提并论的伟大发明——这就是互联网。

1993年,美国《纽约人》杂志上刊登了一幅(后来成为非常著名的)漫画(图3-1),其标题是"在因特网上,没人知道你是一只狗"[②],当然这句话没有任何贬义,只说明网络社会是一个虚拟的空间,同时也表明我们正处在网络计算的时代。

20世纪90年代以来,随着计算机网络技术的发展,特别是Internet的普及,世界范围的信息网提供了一个基本的网络计算结构,计算模式迅速地从集中的主机环境转变为分布式的客户机/服务器(C/S)环境。

图3-1 《纽约人》上的漫画

随着WWW(world wide web,万维网)的普及,软件架构再次发生了新的变革——从客户机/服务器模式向浏览器/服务器(B/S)模式转变。如果说软件架构从集中式的大型主机分时系统向分布式C/S架构的变革是由于个人计算机的大量普及而引起的,那么从C/S向B/S的变革则是由于超文本和WWW的迅速流行而引发的。

B/S和Internet技术的出现,大大地推动了软件技术的发展。Internet的TCP/IP协议使网络中配置不同操作系统和应用程序的计算机相互通信,浏览众多的数据库和站点信息。互联网的迅速发展和普及,使信息获得的手段变得越来越简单。搜索引擎则彻底改变了人类获取信息和知识的方式——只要输入几个关键字就能获得大量相关资料。"谷歌"(图3-2)和"百度"是人们最常用的搜索引擎。

图3-2 "谷歌"图标

---

① 奥利-约翰·达尔(Ole-Johan Dahl)、克利斯登·奈加特(Kristen Nygaard)因面向对象编程的贡献而获得2001年图灵奖。

② Peter Steiner. The New Yorker,1993,69(20).

随着技术的发展,用户对本机环境的依赖将越来越少,而更多地依赖网络环境及其提供的资源和服务。当绝大多数应用都在浏览器中完成时,用户计算机(客户机)上唯一需要安装的软件只剩下操作系统和浏览器,这种新的应用环境正在被云计算设施实现。

图 3-3　Linux 图标

　　Linux 目前已成为重要的和流行的操作系统,它开创了自由软件开或放源码软件的新时代。1991 年,芬兰赫尔辛基大学学生莱纳斯·托瓦兹(Linus Torvalds)开发出 Linux 操作系统,并将它作为自由软件传播。这里的自由软件 free software 其实是指 freedom(自由)而非价钱。最近,有些人开始称呼自由软件为"开放源码软件"(open source software),这两个词是互相通用的。目前有许多新的操作系统都是在 Linux 基础上改造而成的。

　　Android(在中国大陆一般称为"安卓")是一种以 Linux 为基础的开放源码操作系统,是谷歌公司另一个主要软件产品。Android主要用于便携设备,最初主要支持手机,目前逐渐扩展到平板计算机及其他领域上。

3.1.4　软件定义的时代已经到来

　　目前我们正在进入一个新的时代,不同的人为这个时代贴上了不同的标签:从基础设施角度可以称之为"'互联网+'时代",从计算模式的角度可以叫"云计算时代",从信息资源的视角则是"大数据时代"或者"人工智能时代",从最基本的使能技术的角度可以称之为"软件定义的时代"。

　　2017 年,工业和信息化部发布的《软件和信息技术服务业发展规划(2016—2020 年)》中明确将软件誉为"新一代信息技术产业的灵魂",将"软件定义"称作"信息革命的新标志和新特征"。

　　从本质上讲,"软件定义"是希望把原来整个一体化的一体式硬件设施相对拆散,变成若干个部件,然后建立一个虚拟化的软件层,通过对虚拟化的软件层提供 API(application program interface,应用程序接口),再通过管控软件对整个硬件系统进行更为灵活的管理,提供开放灵活、智能的管控服务。

　　2017 年举办的第 21 届中国国际软件博览会,其主题就是"软件定义未来"。"软件定义未来"的基本特征表现在"万物皆可互联,一切均可编程"上,在这个基础上支撑人工智能应用和大数据应用,以及共享数据的智能制造。随着智能经济时代的到来,软件定义世界、软件改变世界必然持续深化,成为现实。

　　以智能制造行业为例,工业软件是智能制造的思维认识,是智能制造的大脑。制造业的转变,就是从生产自动化到生产智能化的转变,是局部优化到整体优化的过程。而智能制造的本质就是使数据在生产系统内自由流动以解决系统的复杂性,用信息流代替人工流,通过规划、设计、生产、销售、服务形成信息闭环。在这样的转变过程中,工业软件就成了主角。可见,工业软件决定了智能制造的发展前景,进一步讲,工业软件定义了未来制造业的发展方式。

　　当前软件和信息技术服务业步入加速创新、快速迭代、群体突破的爆发期,正加快向网络化、平台化、服务化、智能化、生态化演进。[①] 云计算、大数据、移动互联网、物联网等快速发展和融合创新,先进计算、高端存储、人工智能、虚拟现实、神经科学等新技术加速突破和应用,进一步重塑软件的技术架构、计算模式、开发模式、产品形态和商业模式,新技术、新产品、新模式、新业态日益成熟,加速步入质变期。

---

　　① 　工业和信息化部,《软件和信息技术服务业发展规划(2016—2020 年)》,工信部规〔2016〕425 号。

国家"十三五"规划纲要①中指出：要重点突破大数据和云计算关键技术、自主可控操作系统、高端工业和大型管理软件、新兴领域人工智能技术。这个纲要指出了未来我国软件业发展的方向和重点。

《中国制造 2025》《国务院关于积极推进"互联网＋"行动的指导意见》《国务院关于深化制造业与互联网融合发展的指导意见》《促进大数据发展行动纲要》和《国家信息化发展战略纲要》等一系列国家战略的制定，必将使软件和信息技术服务业迎来更大发展机遇。

3.1.5 软件定义时代的主要特征

当前，软件和信息技术服务业步入加速创新、快速迭代、群体突破的爆发期，加快向网络化、平台化、服务化、智能化、生态化演进。

1. 以"软件定义"为特征的网络化

在互联网平台时代，网络将成为软件开发、部署、运行和服务的主流平台。软件产品基于网络平台开发和运行、内容基于网络发布和传播、应用基于网络构架和部署、服务基于网络创新和发展成为大趋势，网络化操作系统、网络软件开发工具、网络运行管理平台、智能终端平台、远程运维等基于网络的技术、产品和服务应运而生，基于云计算、物联网、移动互联网、下一代互联网等的新兴服务将推动服务模式、商业模式不断创新。

2. 以"软件定义"为特征的服务化

云计算平台下的软件即服务（SaaS）、平台即服务（PaaS）和基础设施即服务（IaaS）的观念已为设计者、开发者和广大用户所接受。软件即服务实质上扩展了应用服务提供商（ASP）模式的思想，表现为基于平台的服务模式日趋成熟，移动互联网、移动智能终端、数字电视等综合平台不断涌现，基于产品、信息、客户的资源整合平台及其商业模式创新成为产业核心竞争力。服务导向的业务创新、商业模式创新推动了产业的转型升级。以用户为中心，按照用户需求动态提供计算资源、存储资源、数据资源、软件应用等服务成为软件服务的主要模式。

3. 以"软件定义"为特征的融合化

以数据驱动的"软件定义"正成为融合应用的显著特征。一方面，数据驱动信息技术产业变革，加速新一代信息技术的跨界融合和创新发展，通过软件定义硬件、软件定义存储、软件定义网络、软件定义系统等，带来更多的新产品、服务及模式创新，催生新的业态和经济增长点，推动数据成为战略资产。

另一方面，"软件定义"加速各行业领域的融合创新和转型升级。软件定义制造激发了研发设计、仿真验证、生产制造、经营管理等环节的创新活力，软件定义服务深刻影响了金融、物流、交通、文化、旅游等服务业的发展，催生了一批新的产业主体、业务平台、融合性业态和新型消费，引发了居民消费、民生服务、社会治理等领域多维度、深层次的变革，涌现出分享经济、平台经济等众多新型网络经济模式，培育壮大了发展新动能。

---

① 中华人民共和国国民经济和社会发展第十三个五年规划纲要，2016 年 3 月 17 日发布。

4. 以"软件定义"为特征的智能化

社会信息化的一个主要趋势是向智能化时代演进。在这个演进过程中,"软件定义智能"是计算机软件技术发展的重要方向,将使软件开发技术发生质的飞跃。人工智能和智能制造是未来发展的趋势,更与软件的辅助分不开。软件技术正在构建智能化的生产模式和产业结构。新一代信息技术和制造业深度融合,将引发影响深远的产业变革,形成新的资产方式、产业形态和增长方式。由人工智能驱动的下一代解决方案,能从完全不同的系统中收集前所未有的巨量数据,通过将系统、数据和人交织到一起,根本性地改变组织的形态、功能和运作方式。

在软件定义未来的趋势下,人工智能将进化成一个平台——像互联网一样的基础设施。它将使得人们自己决定以何种方式利用人工智能或是为人工智能的设计和发展做出贡献。这样的人工智能网络将像物联网一样为不同环境和产业中的各种体验和应用提供动力,同时向专家和一般用户开放;它将显著地改变我们理解人工智能和与之互动的方式。

3.1.6 软件系统的分层结构

按照最新颁布的《国民经济行业分类》(GB/T 4754—2017)中对软件和信息技术服务业的划分,软件系统表示为一个分层的软件结构,包括基础软件开发、支撑软件开发、应用软件开发和其他软件开发。这种划分体现了"软件定义"的基本思想,即上一层的软件必须以事先约定的方式使用下一层软件(或硬件)提供的服务。

1. 基础软件

基础软件指能够对硬件资源进行调度和管理、为应用软件提供运行支撑的软件,包括操作系统、数据库、中间件、各类固件等。

基础软件是指本身不提供或很少提供应用层面功能,主要为其他软件提供服务的软件。基础软件使得计算机用户和其他软件将计算机当作一个整体而不需要顾及底层每个硬件是如何工作的。而各个硬件工作的细节则由驱动程序处理。一般来说,基础软件包括操作系统和一系列基本工具(比如编译器,数据库管理、驱动管理、网络连接等方面的工具)。

2. 支撑软件

支撑软件指软件开发过程中使用到的支撑软件开发的工具和集成环境、测试工具软件等。
支撑软件介于系统软件层和应用软件层之间,其功能是为应用层软件及最终用户处理自己的程序或者数据提供服务。通常包括各种语言的编译程序、软件开发工具、软件评测工具、系统维护程序、网络支持软件、终端通信程序以及图文处理软件、数据库管理系统软件等。

3. 应用软件

应用软件指独立销售的面向应用需求的软件和解决方案软件等,包括通用软件、工业软件、行业软件、嵌入式应用软件等。
该标准还列出"其他软件开发"一项,它指未列明的软件开发,如平台软件、信息安全软件等。

3.2 操作系统

在日常的工作和学习中,我们经常听到人们谈论 Windows、Mac OS、Linux,以及用于移动设备的 Android 等,这些实际上都是计算机操作系统(operating system,OS)的名称。

操作系统的发展过程是一个从无到有、从简单到复杂的过程,其理论与功能在计算机的普及应用中形成并渐趋成熟,经过长期的演变已经成为一个大而复杂的软件包。从个人机到巨型机,乃至手机等嵌入式设备,无一例外都配置一种或多种操作系统。今天的操作系统已经成为现代计算机系统和各种智能设备不可分割的重要组成部分。

操作系统的诸多概念对于非专业学生来讲是十分抽象的,并难以理解。作为尝试,本节我们专门设计了一些 Python 程序,利用 WMI 获取操作系统的内部信息,以直观的方式展示操作系统的一些内部机制,以帮助我们基本了解操作系统是如何工作的。

3.2.1 由软件定义的操作系统

计算机的操作系统是什么?它是管理硬件资源、控制程序运行、改善人机界面和为应用软件提供支持的一种系统软件,即向上提供应用服务,向下管理资源。如果从操作系统视角来看软件定义,操作系统是软件定义的"计算机";从软件研究者的视角,操作系统体现了"软件定义"之集大成,操作系统正是一台软件定义的计算机。

从应用的角度看,操作系统是计算机软件的核心和基础。操作系统位于底层硬件与用户之间,是两者沟通的桥梁。用户可以通过操作系统的用户界面输入命令。操作系统的任务是管理好计算机的全部软硬件资源,提高计算机的利用率;操作系统是用户与计算机之间的接口,使用户通过操作系统提供的命令或菜单方便地使用计算机(图 3-4)。操作系统则对命令进行解释,驱动硬件设备,满足用户要求。

操作系统的出现、使用和发展是计算机技术的一个重大进展。操作系统依赖计算机硬件支持,并在其基础上提供了许多新的设施和能力。只有在操作系统的支持下,计算机才可以运行其他各种软件,从而使得用户方便、可靠、安全、高效地操纵计算机硬件和运行程序。

操作系统的形态非常多样,如果按应用领域来划分,有桌面操作系统、服务器操作系统和嵌入式操

图 3-4 用户通过使用应用软件和系统软件来操作计算机

作系统 3 种。以使用最为广泛的桌面操作系统为例,它应该具备处理器管理、进程管理、设备管理、存储器管理、文件管理、网络通信、安全机制、人机接口等功能(图 3-5)。

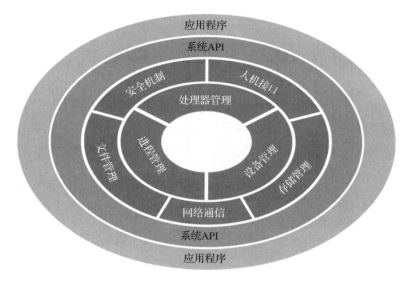

图 3-5　典型的操作系统架构(以 Linux 为例)

【例 3-1】Python 利用 WMI 获取操作系统版本信息。

本机操作系统版本信息通过调用 CIM_OperatingSystem()方法获得。

| In[1]： | ```python
import wmi  # 导入 wmi 模块
c＝wmi.WMI()  # 初始化
os_info＝{}
for sys in c.CIM_OperatingSystem()：
    # print(sys)
    os_info["OS_Name："]＝sys.Caption
    os_info["OS_Class Name："]＝sys.CreationClassName
    os_info["Manufacturer："]＝sys.Manufacturer
print(os_info)
``` |
| --- | --- |
| Out[1]： | OS_Name：Microsoft Windows 10 家庭中文版
OS_Class Name：Win32_OperatingSystem
Manufacturer：Microsoft Corporation |

3.2.2　处理器管理

1. 中断处理

处理器管理要完成的第一项工作是处理中断事件。硬件只能发现中断事件,捕捉它并产生中断信号,但不能进行处理。配置了操作系统,就能对中断事件进行处理。中断对于操作系统来说非常重要,许多人认为操作系统是由中断驱动的。

那么,究竟什么是中断呢? 所谓中断是指 CPU 对系统发生的某个事件做出的一种反应,即 CPU 暂停正在执行的程序,保留现场(CPU 当前的状态)后自动转去执行相应的处理程序,处理完该事件后再返回断点,继续执行被"打断"的程序。引起中断的事件称为中断源。中断
```

源向 CPU 提出的进行处理的请求称为中断请求。发生中断时,被打断的暂停点称为断点。

【例 3-2】Python 调用 Win32_IRQResource()方法获取操作系统中断请求信息。

IRQ 为 Interrupt ReQuest 的缩写,中文可译为"中断请求"。计算机系统的 IRQ 数目有限,规定有 16 个(IRQ0 至 IRQ15),但是其中很多 IRQ 已经预先分配给特定的硬件,每一组件都会单独占用一个 IRQ,且不能重复使用。例如,IRQ0 分配给系统计时器,IRQ1 分配给键盘,IRQ4 是响应 COM1。

操作系统中断请求信息可通过调用 Win32_IRQResource()方法获得,调用时可传入中断号名称,例如:Name="IRQ1"。返回参数"Vector=1"表示中断向量,CPU 根据中断号获取中断向量值,对应中断服务程序的入口地址。

In[2]:	`import wmi ♯导入 wmi 模块`
	`c=wmi.WMI()    ♯初始化`
	`for p in c.Win32_IRQResource(Name="IRQ1"):`
	`    print(p)`

Out[2]:	`instance of Win32_IRQResource {`
	`CreationClassName="Win32_IRQResource";`
	`Hardware=TRUE;`
	`Name="IRQ1";`
	`Status="OK";`
	`Vector=1}`

2. 处理器调度与进程

处理器是计算机系统中最重要的资源。在现代计算机系统中,为了提高系统的资源利用率,CPU 将为某一程序独占。通常采用多道程序设计技术,即允许多个程序同时进入计算机系统的内存并运行。

在单道程序环境下,没有资源竞争问题;在多道程序环境下,多个进程并发运行,各进程之间存在资源的相互竞争,特别是对处理器资源的竞争,从而影响系统性能。处理器调度指在多道程序环境下将处理器分配给各进程。在处理器调度中,合理的调度算法能够提高处理器的处理能力和系统性能,满足用户需求。

为了实现处理器调度的功能,操作系统引入了"进程"(process)的概念。进程是正在运行的程序实体,并且包括这个运行的程序中占据的所有系统资源,比如 CPU、IO、内存、网络资源等。进程是进行系统资源分配、调度的最小单位。现代的操作系统即使只拥有一个 CPU,也可以利用多进程功能同时执行多个任务(multitask)。在多道程序环境下,主存中有多个进程,其数目往往多于处理器的数目,这就要求系统能按照某种算法,动态地把处理器分配给就绪队列中的一个进程。

随着并行处理技术的发展,为了进一步提高系统并行性,使并发执行单位变得更小,操作系统又引入了"线程"(thread)的概念。线程是进程中的一个实体,是被操作系统独立调度和执行的基本单位。一个进程包含一个或多个线程。线程只能归属于一个进程并且只能访问该进程所拥有的资源。当操作系统创建一个进程后,该进程会自动申请一个名为主线程或首要线程的线程。

对处理器的调度最终归结为对进程和线程的管理。

【例3-3】Python 调用 Win32_Process()方法显示进程信息。

调用 Win32_Process()方法可返回当前运行的所有进程信息。由于系统的进程数量非常之多,通过向 Win32_Process()传入参数(Name＝"python3.exe"),下面演示程序仅显示 python3.exe 进程的信息(要运行 Python 后才能获取进程信息)。

返回参数中有几个重要值,可以大致了解一下:

(1)ProcessId 是进程标识符,程序运行后,操作系统就会自动分配给进程一个独一无二的 PID。

(2)参数 Thread 的值表示该进程有 9 个线程。

In[3]:	`process_info＝{}`
	`for process in c.Win32_Process(Name＝"python3.exe"):`
	　　`process_info["Name"]＝process.Name`
	　　`process_info["Process Id"]＝process.ProcessId ♯进程标识符,`
	　　`PID 唯一`
	　　`process_info["Session Id"]＝process.SessionId ♯`
	　　`process_info["Priority"]＝process.Priority`
	　　`process_info["ThreadCount"]＝process.ThreadCount`
	　　`print(process.ProcessId,process.Name)`
	`print(process_info)`

Out[3]:	`{'Name':'python3.exe','Process Id':26740,'Session Id':1,'Priority':8,'ThreadCount':9}`

【例3-4】Python 调用 Win32_Thread()方法获取线程信息。

调用 Win32_Thread()方法可返回当前运行的所有进程信息。由于正在运行的计算机线程数量非常多,通过传入参数(ProcessHandle＝"4"),可返回属于该进程的所有线程,这里仅列出某个线程的信息。

In[4]:	`Thread_info＝{}`
	`for thd in c.Win32_Thread(ProcessHandle＝"4"):♯列出所有进程`
	　　`句柄为 4 的线程`
	　　`Thread_info["CreationClassName"]＝thd.CreationClassName`
	　　`Thread_info["Process Handle"]＝thd.ProcessHandle`
	　　`Thread_info["Start Address"]＝thd.StartAddress`
	　　`Thread_info["Thread State"]＝thd.ThreadState`
	　　`Thread_info["Handle"]＝thd.Handle`
	　　`♯ print(th)`
	`print(Thread_info)`

Out[4]:	`{'CreationClassName':'Win32_Thread','Process Handle':'4','Start Address':2110536208,'Thread State':5,'Handle':'26496'}`

【例3-5】Python 利用 multiprocessing 库实现多进程创建与管理。

想要充分利用多核 CPU 资源,Python 中大部分情况下都需要使用多进程,借助于 multiprocessing 模块,就可以轻松完成从单进程到并发执行的转换。

每个进程都有一个 ID,用以标识不同的进程。multiprocessing 中提供了 Process 类来生成进程实例。创建子进程时,只需要传入一个执行函数和函数的参数,创建一个 Process 实例,用 start()方法启动;子进程只需要调用 getppid()就可以得到父进程的 ID。

p.join()方法使子进程执行结束后,父进程才执行之后的代码。

| In[5]: | ```
#进程示例,需要在 PyCharm 中运行
import multiprocessing
import os
def run_proc(name):
    print(' Child process {0} {1} Running '.format(name,os.getpid()))
if__name__=='__main__':
    print(' Parent process {0} is Running '.format(os.getpid()))
    for i in range(3):
        p=multiprocessing.Process(target=run_proc,args=(str(i),))
        print(' process start ')
        p.start()    #star()方法用于启动进程
        p.join()    #join()方法用于实现进程间的同步,等待所有进程退出
        print(' Process close ')
``` |
| Out[5]: | Parent process 5092 is Running

process start

Child process 0 3292 Running

Process close

process start

Child process 1 19444 Running

Process close

process start

Child process 2 19172 Running

Process close |

3.2.3 存储管理

存储器是计算机系统的重要资源之一,存储管理是指存储器资源(主要指内存和外存)的管理。存储管理直接影响系统性能。由于任何程序和数据以及各种控制用的数据结构都必须占用一定的存储空间,根据帕金森定律(给程序再多内存,程序也会想尽办法耗光),程序设计师通常希望系统有无限量且无限快的内存。

存储管理的主要功能包括:

(1)存储分配。存储管理将根据用户程序的需要分配存储器资源。

(2)存储共享。存储管理能地让主存中的多个用户程序实现存储资源的共享,以提高存储器的利用率。

(3)存储保护。存储管理要把各个用户程序相互隔离起来互不干扰,更不允许用户程序访问操作系统的程序和数据,从而保护用户程序存放在存储器中的信息不被破坏。
```

（4）存储扩充。由于物理内存容量有限，难以满足用户程序的需求，存储管理还应该能从逻辑上来扩充内存储器，为用户提供一个比内存实际容量大得多的使用空间，方便用户编程和使用。

操作系统的这一部分功能与硬件存储器的组织结构和支撑设施密切相关，操作系统设计者应根据硬件情况和用户使用需要，采用各种相应的有效存储资源分配策略和保护措施。

计算机系统提供多级存储结构（图 3-6），操作系统可以对不同存储类型进行管理。

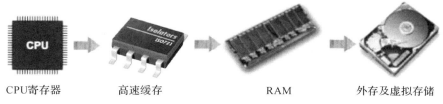

CPU寄存器　　　　高速缓存　　　　　　RAM　　　　外存及虚拟存储

图 3-6　操作系统的多级存储结构

高速缓存（cache）的出现主要是为了解决 CPU 运算速度与内存读写速度不匹配的矛盾，因为 CPU 运算速度要比内存读写速度快很多（虽然两者速度都在不断提升），这样会使 CPU 花费很长时间等待数据到来或把数据写入内存。由于 cache 的读写速度要比系统内存快很多，于是人们将 cache 用于 CPU 和 RAM 之间。系统工作时，将运行时要经常存取的一些数据从系统内存读取到 cache 中，而 CPU 会首先到 cache 中去读取数据（或写入数据），如果 cache 中没有所需数据（或 cache 已满，无法再写入），则再对系统内存进行读写；另外，cache 在空闲时也会与内存交换数据。

【例 3-6】Python 调用 Win32_Processor()方法获取 cache 容量信息。

从该方法的返回参数来看，本机 cache 分为 L2 与 L3，且容量并不大，以字节计算。

In[6]:	```
	def Disp_Cache_info():
	    Cache_Info={} # 定义字典
	    for cache in c.Win32_Processor():
	        Cache_Info["L2CacheSize"]=cache.L2CacheSize # 二级缓存大小
	        Cache_Info["L3CacheSize"]=cache.L3CacheSize # 三级缓存大小
	        return Cache_Info
	print(Disp_Cache_info()) # 输出 cache 信息
	``

Out[6]:	{' L2CacheSize:';512,' L3CacheSize:';4096}

虚拟存储器（virtual memory）是由操作系统提供的一个假想的特大存储器。虚拟存储器不是在物理上扩大内存空间，而是逻辑上扩充了内存容量（图 3-7），用户可以使用到比实际物理内存大很多的虚拟存储容量。在虚拟存储系统中，使用分页（paging）技术，可以将内存的程序退避到硬盘中去，也可以把程序再从硬盘调回内存。用户不必理睬物理内存的限制，只要知道程序已经装入虚拟存储器之中就可以了。究竟使用哪一部分虚拟存储器，是在操作系统的控制下由硬件决定的。例如，具有 32 位数据总线的计算机系统所支持的最大地址空间是 2^{32}，即理论上只能访问 4 GB 的内存空间，而其虚拟存储量则可达到 64 TB。

【例 3-7】Python 调用 Win32_OperatingSystem()方法获取虚拟存储容量信息。

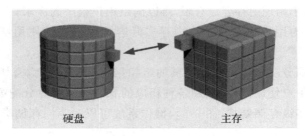

图 3-7　虚拟存储器示意图

硬盘　　　　　　　主存

虚拟存储器是 Windows 为作为内存使用的一部分硬盘空间,本示例返回值显示本机的虚拟存储器容量为 18.2 GB,大于物理内存容量。

In[7]:	`v_mem={}`
	`for vmem in c.Win32_OperatingSystem():`
	　`v_mem["Total Virtual Memory Size:"]=int(vmem.TotalVirtualMemorySize)/(1024 **2)`
	　`v_mem["Total Visible Memory Size:"]=int(vmem.TotalVisibleMemorySize)/(1024 **2)`
	　`v_mem["Free Virtual Memory:"]=int(vmem.FreeVirtualMemory)/(1024 **2)`
	`print(v_mem)`

Out[7]:	Total Virtual Memory Size:18.2 ♯GB Total Visible MemorySize:15.8 Free Virtual Memory:10.0

3.2.4　设备管理与驱动程序

在计算机系统中,除了 CPU 和内存之外,其他大部分硬设备称为外部设备。它包括常用的输入输出(I/O)设备、外存设备以及终端设备等。设备管理的主要任务是控制设备和 CPU 之间进行 I/O 操作。由于现代计算机系统外部设备具有多样性和复杂性以及不同的设备需要不同的设备处理程序,设备管理成了操作系统中最复杂、最具有多样性的部分,也是"软件定义"计算机要解决的重要任务。Windows 提供了"设备管理器"工具来对设备进行管理(图 3-8)。

设备管理的主要任务有:

(1)选择和分配 I/O 设备以便进行数据传输操作。

(2)控制 I/O 设备和 CPU(或内存)之间交换数据。

(3)为用户提供一个友好的透明接口,把用户和设备硬件特性分开,使得用户不必考虑设备的硬件差异。

(4)提高设备和设备之间、CPU 和设备之间的并行性。计算机系统中各部分速度差异很大。在不同时刻,系统中各部分的负载也常常很不均衡。

图 3-8　Windows 10 的设备管理器

解决这些问题的方法是采用软件定义的方式,即用设备驱动程序实现。设备驱动程序处于操作系统的底层,它将具体物体设备的性质和硬件操作的细节予以屏蔽和抽象,只向操作系统的高层和应用程序提供统一的抽象设备和逻辑操作,操作系统高层和应用程序通过驱动程序访问外部设备,由驱动程序负责把抽象设备的操作转换成具体物理设备的操作。这样一来,不同规格和性能参数的外部设备(如各种不同的打印机)通过安装各自定制的设备驱动程序,就能使系统和应用程序不需要进行任何修改而直接使用该设备。通常,外部设备的生产厂商在提供硬件设备的同时必须提供该设备的驱动程序。

【例 3-8】Python 利用 Win32_SystemDriver()方法获取设备驱动程序信息。

wmi 模块的 Win32_SystemDriver()类提供了所有设备驱动程序信息,由于显示内容太多,仅列出部分设备驱动程序信息。从返回的信息来看,所有的硬件设备,甚至包括处理器和 PCI(peripheral component interconnection,外设部件互连)总线这样的核心硬件,都由操作系统驱动程序来管理,这也是"软件定义硬件"的直接例证。

In[8]:	♯列出所有设备驱动程序的描述 import wmi ♯导入 wmi 模块 c＝wmi.WMI() for driv in c.Win32_SystemDriver()： 　　print(driv.Caption)
Out[8]:	处理器驱动程序 磁盘驱动程序 存储空间驱动程序 PS/2 键盘和鼠标端口驱动程序 Intel 串 IO 控制器驱动程序 英特尔(R)显示器音频 英特尔(R)无线 Bluetooth(R) PCI 总线驱动程序 ……

3.2.5　文件管理

信息是计算机系统中的重要资源,信息的组织、存取和保管就成为操作系统的极为重要的功能。对大多数用户来说,文件系统是操作系统中最直接可见的部分,是计算机组织、存取和保存信息的重要手段。

什么是文件呢？ 文件是在逻辑上具有完整意义的并赋有名称的信息集合体。组成文件的信息可以是各式各样的:一个源程序、一批数据、各类语言的编译程序都可以各自组成一个文件。

所谓文件系统,就是操作系统中负责操纵和管理文件的一整套设施,它实现文件的建立、读写、修改、共享和保护等操作,还负责完成对文件的按名存取和进行存取控制。操作系统提供给用户一套能方便使用文件的操作和命令。从用户角度来看,文件系统主要是实现按名取存,文件系统的用户只要知道所需文件的文件名,就可存取文件中的信息,而无须知道这些文件究竟存放在什么地方。

用户是从自己处理文件中数据时采用的组织方式来看待文件组织形式的,这种从用户角度出发的文件组织形式称为文件的逻辑组织。系统设计人员要考虑文件在存储设备中如何放置、如何组织、如何实现存取等具体细节,这与存储介质的存储性能有关。文件在存储设备上的存储组织形式称为文件的物理组织。

在日常生活中,我们有这样的体会:如果手头上的文件资料很多,把相关的文件分门别类地放置后查找起来就方便多了。同理,计算机中的文件成千上万,光用名字来区分也不利于查找,所以计算机中有了"文件夹"的概念。文件夹是一个层次化的目录结构,最顶层称为根目录(图 3-9)。把不同类型的文件存储在不同的文件夹中,而当文件夹增多时,再把一些相关的文件夹存储在更大的文件夹中,这样管理文件是比较科学的,查找起来快多了,也不会太乱。

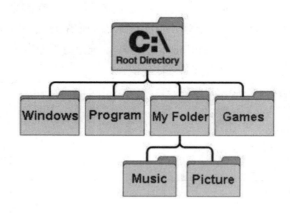

图 3-9　Windows 的目录结构示例

【例 3-9】用 Python 显示指定路径下的所有子目录及文件。

In[9]：	``` import os file_dir＝"C:\Program Files" for root,dirs,files in os.walk(file_dir)： print(root) ♯当前目录路径 print(dirs) ♯当前路径下所有子目录 ♯print(files) ♯当前路径下所有子目录中文件 ```
Out[9]：	'Microsoft Office ',' NVIDIA Corporation ',' Python36 ',' Windows Defender ',' Windows Mail ',' Windows Media Player ',' Windows Multimedia Platform ' ' Windows Portable Devices ',' Windows Security ',' Windows Sidebar ',' WindowsApps ' ……

3.2.6　安全机制

大多数操作系统都具有某种程度的信息安全机制。操作系统的安全机制主要有身份鉴别机制、访问控制和授权机制、加密机制。

1. 身份鉴别机制

身份鉴别机制是大多数保护机制的基础,分为内部身份鉴别和外部身份鉴别两种。外部身份鉴别机制是为了验证用户登录系统的合法性,关键是口令的保密。内部身份鉴别机制用于确保进程身份的合法性。

2. 访问控制和授权机制

访问控制是确定谁能访问系统(鉴别用户和进程)、访问系统何种资源(访问控制)以及在何种程度上使用这些资源(授权),例如 Windows 10 系统提供的身份验证协议、防火墙功能等。

3. 加密机制

操作系统可提供文件级的加密机制。例如 Windows 10 提供的文件加密服务 EFS(encrypting file system,加密文件系统),用户可以用它从本地或通过网络,在存储媒体上直接加密文件和文件夹。EFS 是目前最安全的加密,至今还没有人能完全破解。

另外,在通信安全性方面,Windows 提供的互联网络层安全协议(IPSec)是一种开放标准的框架结构,通过使用加密的安全服务以确保在互联网协议(internet protocol,IP)网络上进行安全的通信。IPSec 提供了认证、加密、数据完整性和 TCP/IP 数据的过滤功能。

3.2.7　人机接口管理

人机接口管理的主要作用是控制有关设备的运行,理解并执行人机交互设备传来的各种命令和要求。操作系统的用户接口是决定计算机系统"友好性"的一个重要因素。人机接口的功能主要依靠输入输出外部设备和相应的软件来实现。可供人机交互使用的设备主要有键盘、显示器、鼠标、触摸屏等设备。与这些设备相应的软件就是操作系统提供人机交互功能的部分。

对操作系统的更高要求是实现智能人机接口,以建立和谐的人机交互环境,提高人机交互的友好性和易用性,使人与计算机之间的交互更加自然、方便。例如可以通过语音或眼睛来控制计算机,从而完成所需要的操作,这对于提高人们的计算机使用水平具有重要意义。

3.2.8　操作系统的分类

操作系统的分类有多种方法,最常用的方法是按照操作系统所提供的功能进行分类,具体可以分为以下几类。

1. 桌面计算机操作系统

桌面计算机操作系统(又称"个人操作系统")是一种单用户多任务的操作系统。桌面计算机操作系统的主要特点是:计算机在某一时间为单个用户服务;采用图形界面人机交互的工作方式,界面友好;使用方便,用户无须专门学习也能熟练操纵。

目前个人计算机操作系统主要有苹果计算机的 Mac OS、平板计算机的 iOS,以及广泛使用的 Windows 系列操作系统。

2. 嵌入式操作系统

嵌入式操作系统(embedded operating system)是运行在嵌入式系统环境中,对整个嵌入式系统以及它所操作、控制的各种部件装置等资源进行统一协调、调度、指挥和控制的系统软件。它能使整个系统高效地运行。

3. 网络操作系统

提供网络通信和网络资源共享功能的操作系统称为网络操作系统。它是负责管理所有网络资源和方便网络用户的软件的集合。

网络操作系统除了一般操作系统的五大功能之外,还应具有网络管理模块。后者的主要功能是:提供高效而可靠的网络通信;提供多种网络服务,如远程作业录入服务、分时服务、文件传输服务等。

4. 分布式操作系统

分布式操作系统是以计算机网络为基础的,它的基本特征是处理上的分布,即功能和任务的分布。分布式操作系统的所有系统任务可在系统中任何处理器上运行,自动实现全系统范围内的任务分配并自动调度各处理器的工作负载。

5. 移动操作系统

移动操作系统(mobile operating system,简称 Mobile OS),是指在移动设备上运作的操作系统。移动操作系统近似在台式机上运行的操作系统,但是通常较为简单,提供无线通信的功能。使用移动操作系统的设备有智能手机、PDA、平板电脑等,另外也包括嵌入式系统、移动通信设备、无线设备等。

6. 云操作系统

智能手机、平板计算机等移动终端的出现,改变了人们使用计算设备的方式,将人们从传统计算机中解放了出来。随着云时代的来临,云操作系统逐渐进入人们的视野,成为数据中心的一个重要选择。

云操作系统是一种在云计算和虚拟化环境中运行的操作系统。云操作系统管理虚拟机、虚拟服务器和虚拟基础架构的操作过程以及相关的硬件和软件资源。

云操作系统目前已经有多种。例如,YunOS 是阿里巴巴集团开发的智能操作系统,融合了云数据存储、云计算服务以及智能设备操作系统等多领域的技术成果,可搭载于智能手机、智能穿戴、互联网汽车、智能家居等多种智能终端设备上。

3.2.9 嵌入式系统与嵌入式软件

嵌入式系统是计算机的一种应用形式,通常指埋藏在宿主设备中的微处理器系统。设备使用者不会在意此类计算机,因此亦称埋藏式计算机,典型机种如微控制器、微处理器和 DSP 等。

嵌入式系统已广泛应用于网络交换机、路由器和调制解调器,以及构建 CIMS(计算机集成制造系统)所需的机器人以及汽车电子系统中。

嵌入式软件可分为嵌入式操作系统和嵌入式应用程序两部分,目前,已有商品化的嵌入式操作系统供开发者使用,如 Linux、Windows CE 和 Android。

Android(该词的本义是"机器人")是基于 Linux 内核的操作系统,同时也是谷歌于 2007年宣布的基于 Linux 平台的开源手机操作系统。该平台由操作系统、中间件、用户界面和应用软件组成,是首个为移动终端打造的真正开放和完整的移动软件。Android 系统不但应用于智能手机,也在平板计算机中被采用。

3.3　应用软件

应用软件指用于解决各种不同具体应用问题的专门软件。应用软件可以是用户自己开发的，也可以是用户委托软件公司开发的，或者是作为软件产品购买的。根据开发方式和适用范围，应用软件可分为通用应用软件和定制应用软件。

随着计算机的应用深入社会的各个领域，各种应用软件日益增多，质量日益提升，使用日益灵活方便，通用性日益增强。许多应用软件已实现了标准化、模块化、系列化，推动了计算机的应用与普及。

计算机应用软件的类型非常丰富，下面仅对几类常用的应用软件加以介绍。

1. 科学和工程计算软件

科学和工程计算软件的特征是数值分析算法。此类应用涵盖面很广，从天文学到地质学，从桥梁应力计算到航天飞机的轨道动力学，从分子生物学到自动化制造。不过，目前科学和工程计算软件已不仅限于传统的数值算法。计算机辅助设计、系统仿真和其他交互应用已经具有实时软件和系统软件的特征。

目前广泛使用的 MATLAB 软件工具，以及 Python 程序设计语言，在科学计算、数据处理、算法开发、建模仿真、图形处理方面提供了理想的集成开发环境。还有许多数学软件，如交互式数学软件 Mathcad、数学符号计算软件 Mathematica，广泛用于数学建模等。

2. 办公软件

办公软件指可以进行文字处理、表格制作、幻灯片制作、图形图像处理、简单数据库的处理等方面工作的软件。办公软件的应用范围很广，从社会统计到会议记录及数字化办公，都离不开办公软件的协助。目前使用最多的是微软 Office 系列、金山 WPS 系列等。这些软件在办公自动化方面发挥着重要作用。

3. 图形图像处理软件

图形图像处理是计算机应用最广泛的领域之一，从网页设计、工程绘图、三维动画制作等应用，到图像识别、三维重建技术、虚拟现实技术、科学计算可视化等技术领域，都离不开计算机图形图像处理技术。就一般应用而言，图形图像处理软件主要有 AutoCAD、CorelDraw、Photoshop，以及动画制作软件 3DS MAX 等。

4. 网络应用软件

网络应用软件是指能够为网络用户提供各种服务的软件，用于提供或获取网络上的共享资源，如浏览软件、传输软件、即时聊天软件等。

网络应用软件是用户使用网络的接口和界面。这类软件类型非常丰富，就网络用户而言，使用到的主要网络软件有 Web 浏览器如 Internet Explorer、电子邮件软件，以及 QQ、微信等，都属于网络应用软件。

5. 数据库应用软件与分析工具

应用数据库软件的开发是构建在数据库管理系统（DBMS）之上的，企业资源计划系统、各类管理信息系统等等都属于数据库应用软件。数据库应用系统的开发平台有大型关系数据库软件 Oracle、SQL Server 等。

数据仓库技术(data warehousing)是基于信息系统业务发展的需要,基于数据库系统技术发展并逐步独立的一系列新的应用技术。数据仓库技术也是一种达成"数据整合、知识管理"的有效手段。典型的数据仓库系统有经营分析系统、决策支持系统等等。

数据库应用软件只能分析处理结构化的数据。大数据指的是无法使用传统流程或工具处理或分析的信息,大数据的非结构化和多样性为数据分析带来了新的挑战。目前大数据分析技术主要用于对非结构化的海量数据进行分析,这就需要使用大数据分析工具去解析、提取、分析数据,从而获得深入的、有价值的信息。

6. 游戏软件

游戏软件通常是指各种程序和动画效果相结合而制作的软件产品。目前,人们经常看到的大型三维网络游戏和网页游戏等都是通过用 3DS MAX、Maya、Flash 等动画软件和程序设计语言相结合而开发出来的,所以叫游戏软件。

【**例 3-10**】Python 调用 Win32_Produc()方法获取本机已安装软件列表。

| In[10]: | ```
import wmi
c＝wmi.WMI()
for soft_name in c.Win32_Product():
    name_list＝soft_name.Caption
    print(name_list)
``` |
| Out[10]: | Python 3.6.0 Core Interpreter(64-bit)
Python 3.6.0 Development Libraries(64-bit)
……
Microsoft Office IME(Chinese(Simplified)) 2010
Microsoft Office Office 64-bit Components 2010 |

*3.4　软件工程

3.4.1　"软件工程"的定义

软件工程是一门工程学科,涉及软件生产的各个方面和整个过程。自 1968 年提出"软件工程"这个术语,人们对"软件工程"就有了各种各样的定义,基本思想都是强调在软件开发过程中应用工程化原则的重要性。

1983 年,IEEE(电气电子工程师协会)在《IEEE 软件工程标准术语》中对"软件工程"下的定义为:软件工程是开发、运行、维护和修复软件的系统方法。其中的"软件"是指计算机程序、方法、规则、相关的文档资料和程序运行所必需的数据。

1993 年,IEEE 给出了一个更加综合的定义:(1)将系统的、规范的、可量化的方法应用于软件的开发、运行和维护,即将工程化方法应用于软件;(2)对(1)中所述方法的研究。[①]

---

① IEEE standards collection: software engineering[S]. IEEE Standards 610.12-1990,1993.
```

由以上定义可知,软件工程是一门指导软件开发的工程学科,它以计算机理论及其他相关学科的理论为指导,采用工程化的概念、原理、技术和方法进行软件的开发和维护。软件工程研究的目标是"以较少的投资获取高质量的软件"。

需要指出的是,软件工程和传统工程相比具有其特殊性。传统工程的学科基础只须依赖某些基本原理集和自然法则就能控制系统的行为并指导开发过程,而软件是知识产品,软件开发者的自由度较大,进度和质量都较难度量,生产效率也较难保证,并且软件系统的复杂程度也是超乎想象的。因此,软件仍然是在危机中生存和发展,生存源自时代的需求,发展得益于人们的不懈努力。

3.4.2　软件工程的三个要素

"软件就是程序,开发软件就是编写程序"这种错误观点长期存在,并影响了软件工程的正常发展。那么单纯的编程和软件工程之间有什么不同呢?这其实是在院子里做一张桌子和在河上建造一座大桥之间的区别,这种区别主要表现在项目的数量级及所需的专业知识上。与做一张桌子不同,建造大桥需要大量的专业技能和高度的社会责任感,这就是严格的需求分析和量化的质量标准[①]。

软件工程是一门新兴的边缘学科,涉及的学科多,研究的范围广。归结起来,软件工程研究的主要内容有工具、方法和过程三个要素,它们构成了一种层次化的技术[②](图 3-10)。整个体系结构反映以质量为中心的观点。关注质量是软件工程的根本出发点和最终目标。

图 3-10　软件工程层次图

软件工程方法包括管理方法和技术方法,提供如何完成过程活动的指南和准则,如管理方面的重要技术、项目管理技术,技术方面的面向对象分析、设计、实现与测试技术等。结构化方法和面向对象方法在软件开发方法中产生了较大的影响。

软件工具为软件工程方法提供支持,研究支撑软件开发方法的工具,建立软件工程环境,为方法的运用提供自动或者半自动的支撑环境。软件工具的集成环境又称为"计算机辅助软件工程"(CASE)。

软件过程则是指将软件工程方法与软件工具相结合,实现合理、及时地进行软件开发的目的,为开发高质量软件规定各项任务的工作步骤。软件工程的根基在于质量关注点(quality focus)。

需要强调的是,随着人们对软件系统研究的逐渐深入,软件工程所研究的内容也不是一成不变的。软件工程是在软件生产中采用工程化的方法,这种工程化的思想贯穿软件开发和维护的全过程。

---

① 布劳德.软件工程:面向对象的视角[M].和华,刘海燕,等译.北京:电子工业出版社,2004:20.
② 普雷斯曼.软件工程:实践者的研究方法[M].6 版.郑人杰,等译.北京:机械工业出版社,2008.

3.4.3 软件开发方法

1. 软件开发方法是对客观世界的认知观

软件方法学是从不同角度、不同思路去认识软件的本质。整个软件的发展历程使人们越来越认识到应按客观世界规律去解决软件方法学问题。

软件的实质是人们以计算机编程语言为桥梁,将现实世界映射于计算机世界,以解决人们在客观感知世界中要解决的问题。所以软件开发方法的实质是对客观世界的认知观,开发方法的实质涉及"现实世界""概念世界""计算机世界"三个空间。在现实世界中获得需要解决的问题,经过抽象并映射为概念模型,最终在计算机世界中获得问题的解,因而软件设计方法也应在这三个范畴的极限之内寻求发展。

经过 30 多年的研究与实践,人们已经摸索和建立了多种软件工程方法,譬如结构化方法、面向对象方法、形式化方法、基于构件的方法、基于敏捷技术的方法等。这些方法在自身的发展过程中又不断吸收其他方法和技术的长处,因而新技术、新方法层出不穷,并成为现代软件工程发展过程中的亮点,不断丰富和发展了软件工程的理论与实践。

2. 面向过程的结构化开发方法

1969 年,迪杰斯特拉首先提出了"结构化程序设计"的概念,他认为"人的智力是有限的",所以必须采用工程化的开发方法。软件开发是一项复杂的工程,它强调从程序结构和风格上来研究程序设计,由此称为"结构程序设计方法"。这方面的重要成果就是在 20 世纪 70 年代风靡一时的结构化开发方法,即面向过程的开发或结构化方法。

结构化开发方法由结构化分析、结构化设计和结构化程序设计三部分有机组合而成。这里所说的"结构"是指软件系统内各个组成要素之间相互联系、相互作用的框架。

结构化方法经过近半个世纪的发展,已经形成了一套比较成熟的理论。结构化分析使用需求建模方法,以数据流图和控制流图为基础,通过划分出流变换函数,得到系统的软件结构,并将其映射为软件功能;其次用状态迁移图来创建行为模型,用数据词典开发成数据模型。

结构化程序设计是以模块化设计为中心,将待开发的软件系统划分为若干个相互独立的模块(图 3-11),一个模块可以是一条语句、一段程序、一个函数等。由于模块相互独立,因此在设计其中一个模块时不会受到其他模块的牵连,从而可将原来较为复杂的问题简化为一系列简单模块的设计。模块的独立性还为扩充已有的系统、建立新系统带来了不少的方便,因为可以充分利用现有的模块做积木式的扩展。按照结构化设计方法

图 3-11 结构化设计思想示意

设计出的程序具有结构清晰、可读性好、易于修改和容易验证的优点。

在本质上,结构化的软件开发方法是通过面向数据、面向过程、面向功能、面向数据流的观点来映射问题的。设计关注的是如何用函数和过程来实现对现实世界的模拟,将其映射到计

算机世界之中,在此基础上再借助某种形式的语言,抽象出变量、表达式、运算、语句等概念。但在这个层面上,对客观问题的有效认知方法还没有根本形成。

3. 面向对象的开发方法

维特根斯坦(Wittgenstein)是 20 世纪乃至人类哲学史上最伟大的哲学家之一。他于 1922 年出版了一本著作——《逻辑哲学论》(*Tractates Logico-Philosophicus*)。在该书中,他阐述了一种世界观,或者说一种认识世界的观点。这种观点在 90 多年后的今天,终于由一种哲学思想沉淀到技术的层面上来,成为计算机软件开发方法的主流,这就是 object-oriented,即面向对象。他提出,"对象是简单的(基本的)"(The object is simple),"对象形成世界的实体"(Objects form the substance of the world),因而它们不会是复合物。

面向对象方法学认为,客观世界是由各种对象组成的,任何事物都是对象,复杂的对象可以由比较简单的对象以某种方式组合起来。因此,面向对象的软件系统是由对象组成的,对象是软件模块化的一种新的单位,它代替了基于功能分解方法中的所谓"模块"等传统的观点。对象将数据和过程封装在一起,这同传统的方法中将数据和过程分别对待和处理形成了鲜明的对比。面向对象技术比较适用于大型软件系统的开发。近年来,面向对象方法学在许多应用领域已经迅速取代传统的方法学。

3.4.4　软件过程

当我们提供一项服务或制造一个产品,或者进行一次旅行时,我们总会按照一个序列的步骤来完成一套任务,这些任务总是按照一定的次序来执行。

IEEE(STD-610)将"过程"(process)定义为实现给定目标所执行的一系列操作步骤。由此,我们可以把一个有序任务集合看作一个过程,一个用来产生某类想要的产品所涉及的活动、约束和资源的步骤序列。

一般而言,过程具有如下特征:

(1)每个过程均包括一系列的阶段。例如,统一软件开发过程(RUP)中的软件生命周期在时间上被分解为初始阶段、细化阶段、构造阶段和交付阶段等四个阶段。每个阶段结束于一个主要的里程碑(milestone),每个阶段本质上是两个里程碑之间的时间跨度。在每个阶段的结尾执行一次评估以确定这个阶段的目标是否已经达到。如果评估结果令人满意的话,可以允许项目进入下一个阶段。

图 3-12　过程示意

(2)过程是一个生命周期(图 3-12)。当过程涉及某种产品的构建时,我们称这个过程为一个生命周期(life cycle)。因此,软件开发过程又可以称为软件生命周期(software life cycle),因为它描述了一件软件产品的生命:从它的需求、建模开始到软件的构建和发布。

(3)过程的目的在于生产出产品,为此,它必须有一系列的输入。每个过程均会形成一系列的输出,并以此作为其他过程的输入,过程会将相应的输入转换为事先已定义好的输出。软件生命周期各个阶段的问题不是孤立的,而是相互影响、相互依存的。每一阶段的工作成果将成为下一阶段工作的基础,后一阶段发现的问题应追溯到前一阶段去找原因,这种前后相承的关系也会带来错误的传递。

（4）过程具有迭代特征。一次迭代是一个完整的开发循环,因此一个过程迭代是过程中所有阶段(活动)的一次完整的经过(图3-13)。每个阶段可以进一步分解为更细的迭代,通过不断细化来加深对问题的理解和对产品的增量开发。软件生命周期是迭代的连续,这叫作一个迭代生命周期。迭代不是简单的重复,一次迭代包括生成一个可执行版本的开发活动,实现软件的递增式的开发。

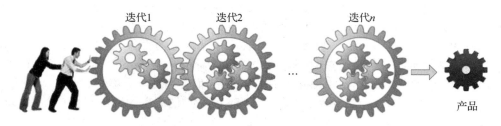

图 3-13　过程迭代的基本概念

在软件工程的三要素中,软件过程将人员、方法、工具和管理有机结合起来,形成一个能有效控制软件开发质量的运行机制。

3.4.5　软件过程模型

为解决实际应用中的问题,人们总结出了很多软件开发策略和方法,即软件过程模型(software process model)。

软件过程模型是软件开发的指导思想和全局性框架,其提出和发展反映了人们对软件过程的某种认识观,体现了人们对软件过程认识的提高和飞跃。软件过程模型是从一特定角度提出的软件过程的简化描述,是一种开发策略,这种策略为软件工程的各个阶段提供了一套范形,使工程达到预期的目的。每个过程模型都将本质上无序的活动转换为有序的步骤,每个模型都具有能够指导实际软件项目进行控制及协调的特性。

下面简单介绍几种主要的过程模型。

1. 瀑布模型

最经典和最早出现的过程模型是瀑布模型(waterfall model),也称线性顺序模型(图 3-14)。瀑布模型按照需求分析、设计、实现(编码)、测试和维护顺序进行,在线性序列完成之后就能够交付一个系统。瀑布模型强调系统开发应有完整的周期,且必须完整地经历周期的每一开发阶段。由于该模型强调系统开发过程需有完整的规划、分

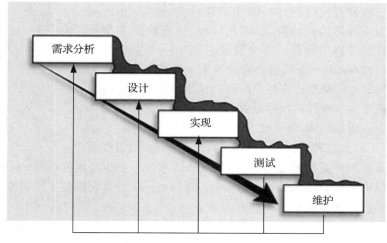

图 3-14　瀑布模型

析、设计、测试及文件等管理与控制,因此能有效地确保系统品质。瀑布模型已经成为业界大

多数软件开发的标准。

2. 增量模型

增量模型融合了瀑布模型的基本成分并具有迭代特征(重复地应用瀑布模型和原型)。增量模型采用随着时间的进展而交错的线性序列,每个线性序列产生的软件版本称为发布的"增量",如图3-15所示。增量模型强调每个增量均发布一个可操作产品,它给用户提供了一定的功能,并且给用户提供一个最终交付软件的评估平台。

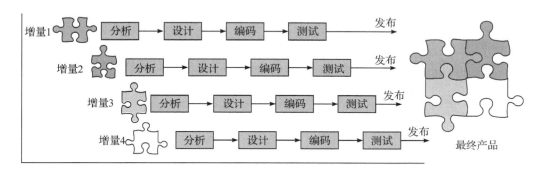

图 3-15 增量模型

在增量模型开发过程中,客户大致地描述系统须提供的功能,并指明哪些功能是重要的,哪些是相对不重要的。开发人员据此确定开发过程中的系列交付增量,每个增量提供系统功能的一个子集。增量中功能的分配取决于用户指明的功能优先次序。一旦确定了系统增量,第一个增量将要详细地定义功能的需求,并用最合适的开发过程来开发。在开发的同时,为稍后的增量准备的需求分析开始进行,但不对目前增量的需求做出变更。

3. 快速原型开发方法

原型开发的思想来源于工程实践。快速原型(rapid prototype model)是利用原型辅助产品设计开发的一种新思想。经过简单快速分析,快速构造一个原型,用户与开发者在试用原型过程中加强通信与反馈,通过反复评价和改进原型,减少误解,弥补漏洞,适应变化,最终提高软件质量。快速原型方法在建筑设计、CAD/CAM(computer-aided design and manufacturing,计算机辅助设计与制造)、工业产品设计等领域都得到了广泛的使用。

图 3-16 快速原型开发步骤

快速原型方法的设计步骤如图3-16所示:

(1)快速分析

在分析人员与用户的密切配合下,迅速确定系统的基本需求,根据原型所要体现的特征描述基本需求以满足开发原型的需要。

(2)构造原型

在快速分析的基础上,根据基本需求说明尽快构造一个可行的系统。这要求有强有力的软件工具的支持,这里主要考虑原型系统能够充分反映所要评价的特性,并忽略最终系统在某些细节上的要求。

(3)运行与评价原型

在运行的基础上,考核评价原型的特性,分析运行效果是否满足用户的愿望,纠正过去交互中的误解与分析中的错误,增添新的要求,并满足因环境变化或用户的新想法引起的系统要求变动,提出全面的修改意见。

(4)修改

根据评价原型的活动结果进行修改。若原型未满足需求说明的要求,说明对需求说明存在不一致的理解或实现方案不够合理,因而需要根据明确的要求迅速修改原型。

(5)快速建造原型

快速原型的一个基本特性是快。开发者应该尽可能快地建造原型,以加快软件开发进程。因此,快速原型的内部结构无关紧要,最重要的是快速建造原型并快速修改以反映客户的需求。

4. 统一软件过程

统一软件过程(rational unified process,RUP)是一个二维的软件开发模型,如图 3-17 所示。横轴各阶段以时间坐标组织,具有过程展开的生命周期特征,体现开发过程的动态结构,用来描述它的术语主要包括周期(cycle)、阶段(phase)、迭代(iteration)和里程碑(milestone);纵轴表示逻辑活动,体现开发过程的静态结构,用来描述它的术语主要包括活动(activity)、产物(artifact)、工作者(worker)和工作流(workflow)。

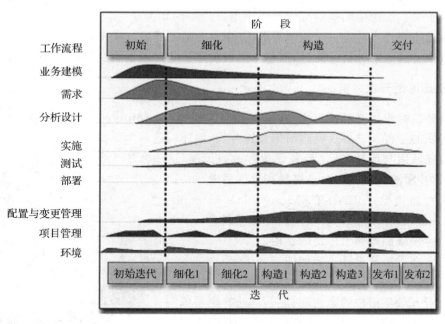

图 3-17 统一软件过程

在 RUP 模型中,时间维从组织管理的角度描述整个软件开发生命周期,是 RUP 的动态组成部分。RUP 中的软件生命周期在时间上被分解为四个阶段,分别是初始阶段、细化阶段、构造阶段和交付阶段。每个阶段结束于一个主要的里程碑。

初始阶段的目标是为系统建立业务用例和确定项目的边界。为了达到该目的,必须识别所有与系统交互的外部实体,在较高层次上定义交互的特性。

细化阶段的目标是分析问题领域,建立健全的体系结构基础,编制项目计划,淘汰项目中风险最高的元素。通过完成软件结构上的主要场景,建立软件体系结构的基线。建立一个包含高质量组件的可演化的产品原型。

在构造阶段,所有剩余的构件和应用程序功能被开发并集成为产品,所有的功能得到详尽地测试。从某种意义上说,构造阶段是侧重于管理资源和控制运作以优化成本、日程、质量的生产过程。

交付阶段的目的是将软件产品交付给用户群体,关注向用户提交产品的活动。

 思考与练习

一、思考题

1. 与一般物质产品相比,计算机软件具有哪些独特的性质?

2. 简述计算机软件发展的各个时期及重要事件。

3. 什么是"软件定义"? 为什么说软件定义的时代已经到来?

4. 软件定义的时代的主要特征是什么?

5. 国家"十三五"规划纲要中所指出的未来我国软件业发展的方向和重点是什么?

6. 计算机软件系统的分层结构包括哪几层?

7. 操作系统的主要功能包括哪些部分?

8. 什么是操作系统的中断? 当一个中断发生时 CPU 如何处理?

9. 什么是操作系统的进程? PID 的作用是什么?

10. 进程与线程有什么区别?

11. 存储管理的主要功能包括哪些?

12. 计算机系统提供几级存储结构?

13. 什么是虚拟存储器?

14. 设备驱动程序的作用是什么?

15. 什么是文件? 什么是文件管理系统?

16. 操作系统可按所提供的功能进行分类,目前常见的有哪几类?

17. 什么是应用软件? 常见的应用软件类型有哪些?

二、练习与实践

1. 请列举你使用的计算机系统安装了哪些操作系统和应用软件。你能够熟练使用这些软件吗?

2. 采访你认识的程序设计员或软件工程师,了解他们在软件开发中如何选择使用程序设计语言与软件工具,以及采用了哪些软件开发的新技术。

3. 在教师的指导或演示下,运行本章的 Python 程序,直观了解操作系统的工作机制。

第4章

媒体信息的智能处理

科幻电影通常假设计算机如果想赶上甚至超越人类的智能,就必须发展出意识。但真正的科学家却有另一种看法。想达到超级智能可能有多种方式,并不是每一种都要通过意识。

——尤瓦尔·赫拉利:《未来简史》

随着信息技术的普及,世界向着信息化社会发展的速度明显加快,人类文明进入了多媒体时代。无所不在的数字技术、日新月异的多媒体技术,任何人都毫不怀疑信息技术正在创造着新的辉煌。

深度学习是近十年来人工智能领域取得的重要突破。它在语音识别、自然语言处理、计算机视觉、图像与视频分析、多媒体等诸多领域的应用取得了巨大成功。现有的深度学习模型属于神经网络。

本章不仅介绍文本、音频、图像、视频等常用媒体的概念和数字化技术,还通过 Python 实例直观形象地展示人工智能的深度学习技术在中文信息处理、语音识别、语音合成、图像识别和人脸识别的实际应用,使得原本看起来十分"高大上"的技术,在 Python 世界中变得轻而易举。

4.1　"媒体"的概念

在现代人类社会中,信息的表现形式是多种多样的,我们把这些表现形式称为媒体。媒体(media)可理解成承载信息的实际载体,如纸介质、磁盘、录像带和录音带等;或表述信息的逻辑载体,如文字、语章、图像或视频等。

在计算机领域中,媒体有两种含义:一种是指用以存储信息的实体(媒质),如磁带、磁盘、光盘等;另一种是指信息的载体,如文字、声音、图形、图像、动画、视频等信息的表现形式。多媒体计算机技术中的媒体是指后者。

1. 媒体分类

"媒体"一词源于英文 media,是指人们用于传播和表示各种信息的手段。媒体的类型多种多样,按国际电信联盟(ITU)下属的国际电报电话咨询委员会(CCITT)的定义,媒体可分为以下五种,如图 4-1 所示。

(1)感觉媒体(perception)

感觉媒体是指能直接作用于人的感官,使人能直接产生感觉的一类媒体,如声音、图像、文字、气味、温度等。

(2)表示媒体(presentation)

表示媒体是为了能更有效地加工、处理和传输感觉媒体而人为研究和构造出来的一种中间媒体,例如语言编码、电报码、条形码、音频编码、图像编码以及文本编码等。

(3)显示媒体(display)

显示媒体是指感觉媒体和用于通信的电信号之间转换用的一类媒体,可分为输入显示媒体(如键盘、摄像机、话筒、扫描仪等)和输出显示媒体(如显示器、发光二极管、打印机等)两种。

图 4-1　媒体的分类

(4)存储媒体(storage)

存储媒体是指用于存储表示媒体的物理介质,如磁盘、磁带、光盘、半导体存储器等。

（5）传输媒体（transmission）

传输媒体是指用于将表示媒体从一处传递到另一处的物理传输介质，如电缆、光缆及其他通信信道。

各种媒体之间的关系如图 4-2 所示。

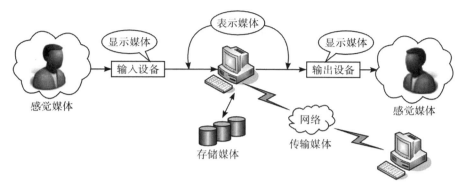

图 4-2　各种媒体之间的关系

2. 多媒体技术

多媒体技术是指利用计算机综合处理（获取、编辑、存储和显示等）多种媒体信息（文本、图形、图像、音频和视频等）的技术。它包括数字化信息处理技术、音频和视频技术、计算机软硬件技术、人工智能和模式识别技术、通信和网络技术等。也可以说，多媒体技术是以计算机为中心，集成多种媒体处理技术的技术。具有这种功能的计算机称为多媒体计算机。

3. 多媒体技术的主要特性

多媒体术的主要特性是：信息媒体的多样性、多种技术的集成性和处理过程的交互性。

（1）多样性。多样性是多媒体最主要的特征。多媒体技术可以综合处理文字、声音、图形、动画、图像、视频等多种信息，并将这些不同类型的信息有机地结合在一起进行展示。

（2）集成性。多媒体技术不仅集成了多种媒体，而且集成了多种技术，包括计算机技术、通信技术、媒体处理技术、人工智能技术以及虚拟现实技术。因此，多媒体的集成性主要指两个方面：一方面是多媒体信息媒体的集成，另一方面是处理这些媒体的技术集成。

（3）交互性。这是多媒体技术的关键特征之一。交互性使用户更加有效地控制和使用多媒体信息，使人们获取和使用信息的方式由被动变为主动。交互性还可以使人们体验虚拟的场景，给人们带来真实感。

4.2　中文信息处理

目前，计算机越来越多地应用于非数值计算领域。在计算机处理的各种形式的信息中，文字信息占有很大的比例。随着中文信息在国际事务和全球信息交流中的作用越来越大，对汉字的计算机处理已成为当今文字信息处理中的重要内容。

中文信息处理是指用计算机对中文的音、形、义等信息进行处理和加工。中文信息处理是自然语言信息处理的一个分支，中文信息处理的基础研究领域包括汉字编码字符集、汉字字频统计、词频统计、汉语自动分词、句法属性。

4.2.1　中文字符编码

中文字符(即汉字)是一种象形文字,字数极多(现代汉字中仅常用字就有六七千个,总字数高达 5 万个以上),且字形复杂,每一个汉字都有音、形、义三要素,同音字、异体字也很多,这些都给汉字的计算机处理带来了很大的困难。要在计算机中处理汉字,必须解决以下几个问题:首先是汉字的输入,即如何把结构复杂的方块汉字输入计算机中,这是汉字处理的关键;其次,汉字在计算机内如何表示和存储,如何与西文兼容;最后,如何输出汉字的处理结果。

为此,必须将汉字代码化,即对汉字进行编码。对应于上述汉字处理过程中的输入、内部处理及输出这三个主要环节,每一个汉字的编码都包括输入码、交换码、内部码和字形码。在计算机的汉字信息处理系统中,处理汉字时要进行如下的代码转换:输入码→交换码→内部码→字形码。此即对汉字进行计算机处理的基本思想和过程。

内部码是汉字在计算机内的基本表示形式,是计算机对汉字进行识别、存储、处理和传输所用的编码。内部码也是双字节编码,将国标码两字节的最高位都置为"1",即转换成汉字的内部码。两字节中前面的字节为第一字节,后面的字节为第二字节。习惯上称第一字节为"高字节",第二字节为"低字节"。

GB 18030—2000《信息技术　信息交换用汉字编码字符集基本集的扩充》是我国继 GB 2312—1980 和 GB 13000.1—1993 之后最重要的汉字编码标准,是未来我国计算机系统必须遵循的基础标准之一。GB 18030—2000 收录了 27 484 个汉字,总编码空间超过 150 万个码位,为解决人名、地名用字问题提供了方案,为汉字研究、古籍整理等领域提供了统一的信息平台基础。

4.2.2　信息时代的"书同文、字同码"——Unicode

文字在计算机中和网络上能不能正确地表达和表现已经成为信息数字化的关键。目前世界各地在计算机内处理汉字时采用不同的编码标准,导致同一编码在不同的编码标准内可能代表不同的字符,ISO 10646 正是为解决这一问题而设立的统一标准。Unicode 是 ISO 10646 的一种实现方式,或称为工业标准。Unicode 采用 32 位对字符进行编码,在世界范围内统一字符代码,其意义可类比于几千年前的"书同文"[①],因此人们称这是信息时代的"书同文、字同码"。

Unicode 是一种标准的编码格式,其主要目的是希望将国际上各主要文字的字符统一在一起,建立一种统一的编码系统,让网络上的文本及软件应用能被全球各地读懂。Unicode 为每种语言中的每个字符设定了统一并且唯一的二进制编码,以满足跨语言、跨平台文本转换、处理的要求。它于 1990 年开始研发,1994 年正式公布。随着计算机工作能力的增强,Unicode 也在面世以来的十多年里得到普及。最新的 Unicode 版本中包含超过 10 万个字符,并为世界各地文字处理提供了显著的便利。

---

① 秦始皇为中国历史上的第一个皇帝,他的"车同轨,书同文"(书同文是指写书信或文章时要用相同的文字)等措施,统一了民族文化,其影响深远。

4.2.3　中文分词与分词工具

中文分词(Chinese word segmentation)指的是将一个汉字序列切分成一个个单独的词。分词就是将连续的字序列按照一定的规范重新组合成词序列的过程。

我们知道,在英文的行文中,单词之间是以空格作为自然分界符的,而中文只有字、句和段能通过明显的分界符来简单划界,唯独词没有形式上的分界符。虽然英文也同样存在短语的划分问题,但在词这一层上,中文比英文要复杂得多,困难得多。

根据中文的特点,目前分词算法可分为四大类:基于规则的分词方法、基于统计的分词方法、基于语义的分词方法和基于理解的分词方法。

Python的计算生态有多种分词工具可供使用,比较有代表性的分词库是jieba,又称"结巴",分词效果较好。jieba支持三种分词模式:

(1)精确模式。试图将句子最精确地切开,适合文本分析。

(2)全模式。将句子中所有的可能成词的词语都扫描出来,速度非常快,但是不能解决歧义。

(3)搜索引擎模式。在精确模式的基础上,对长词再次切分,适用于搜索引擎分词。

【例 4-1】用 Python 对《红楼梦》中人物实现词频统计。

红楼梦是家喻户晓的中国古典四大名著之一,据说书中描写了多达三四百个各具特色的人物,那么全书人物中谁出场最多呢? 这是一个很有趣的问题。

人物出场统计实际上是词频统计,首先要对全书文本信息进行分词,然后才能进行词频统计,这需要使用到分词库 jieba。下面用 Python 来解决这个问题,完整的代码请访问课程资源。

| In[1]: | ```
from jieba import lcut
# 词频排名在前 20 之前的无关词,根据执行结果逐个列出剔除
excludes=['什么','一个','我们','那里','你们','如今','说道'……]
txt=open("红楼梦.txt","r",encoding=' utf-8').read()
words=lcut(txt) # 使用 lcut()方法,表示精确模式
counts={}
for word in excludes:
    del(counts[word]) # 剔除非人名的无关词
items=list(counts.items())
items.sort(key=lambda x:x[1],reverse=True) # 出场频次按降序排列
for i in range(10):
    word,count=items[i]
    print("{} {},".format(word,count)) # 输出前十名出场人物结果
``` |
|---|---|
| Out[1]: | 宝玉:3766,贾母:1228,凤姐:1100,王夫人:1011,黛玉:840,贾琏:670,宝钗:595,平儿:588,袭人:585,凤姐儿:470 |

4.2.4　自然语言处理与机器翻译

自然语言处理(natural language proccessing,NLP)是计算机科学、人工智能、语言学关注计算机和人类(自然)语言之间的相互作用的领域,是计算机科学领域与人工智能领域中的一
```

个重要方向。

自然语言处理大体包括自然语言理解和自然语言生成两个部分,即自然语言文本的原本意义,以及用自然语言文本来表达给定的意图、思想等。前者称为"自然语言理解",后者称为"自然语言生成"。

无论实现自然语言理解,还是自然语言生成,并不像人们想象的那么简单。从现有的理论和技术现状看,通用的、高质量的自然语言处理系统仍然是较长期的努力目标。但是随着人工智能技术的兴起,具有相当自然语言处理能力的实用系统已经得到广泛应用,典型的例子有各种机器翻译系统、全文信息检索系统、自动文摘系统等。

以机器翻译系统为例,相信每一个人在学习和工作中都使用过机器翻译软件,用于不同语种文本间的互译。目前主要的实现手段有基于规则的、基于实例的、基于统计的以及基于神经网络的方法。例如,基于规则的机器翻译是依据语言规则对文本进行分析,再借助计算机程序进行翻译。多数机器翻译系统采用基于规则的方法。

近年来,基于神经网络的翻译技术的出现,带来了机器翻译技术的突破。这种新的翻译技术克服了传统基于短语的翻译系统的缺点,显著提高了翻译质量,开始在不同领域大规模部署使用。

【例 4-2】Python 使用百度翻译 API 实现机器翻译。

使用百度翻译 API 要先以百度账号登录平台,然后按照页面提示信息注册成为开发者,申请成功后,即可获得 APP ID 和密钥信息。该信息可用于多项服务调用,具体操作可查看官方文档:http://fanyi—api.baidu.com/api/trans/product/apidoc。

百度 AI 开放平台入口:http://ai.baidu.com/。

百度翻译 API 支持 28 种语言实时互译,可满足大多数业务或应用开发的需求。下面是部分程序示例,完整代码请访问课程资源。

| In[2]: | ```
appid='20190212000266052' #你的 appid
secretKey='_2xr2KsxHq5ntt0OaivX' #你的密钥
myurl='http://api.fanyi.baidu.com/api/trans/vip/translate'
#输入要翻译的单词或短语
phrase='To be or not to be'
#指定翻译模式:英文—>中文
fromLang='en'
toLang='zh'
myurl=myurl+'? q='+urllib.request.quote(phrase)+' &from ='+fromLang+' &to='+toLang+' &appid='+appid+' &salt='+str(salt)+' &sign='+sign
httpClient.request('GET',myurl) #向 AI 翻译平台提交申请
response=httpClient.getresponse()
result=response.read()    #得到响应结果
``` |
| Out[2]: | 输入短语:To be or not to be
翻译结果:生存还是毁灭
输入短语:"Life's like rollercoaster,up and down. Which means,however bad or good a situation is,it'll change."
翻译结果:生活就像过山车,上下起伏。这意味着,无论情况好坏,它都会改变。 |
```

从本次示例的运行结果来看,翻译还是比较准确和恰当的,如果改变"fromLang='zh'"和"toLang='en'"两条命令的参数,就可实现中译英。同学们可以尝试一下。

4.3 音频信号处理

声音是媒体信息的一个重要组成部分,也是表达思想和情感的一种必不可少的媒体。在多媒体制作中,适当地运用声音能起到文字、图像、动画等媒体形式无法替代的作用。通过语音,能清晰而直接地表达和传递信息;通过音乐,能调节环境的气氛。

4.3.1 音频信号的特征

在日常生活中,音频(audio)信号可分为两类:语音信号和非语音信号。语音是语言的物质载体,是社会交际工具的符号,它包含丰富的语言内涵,是人类进行信息交流所特有的形式。非语音信号主要包括音乐和自然界存在的其他声音形式。非语音信号的特点是不具有复杂的语义和语法信息,信息量少,识别简单。

根据物理学原理,声音是一种在时间和幅度上都连续的波形,是一种模拟信号。我们之所以能听到日常生活中的各种声音信息,其实就是不同频率的声波通过空气产生振动、刺激人耳的结果。

模拟音频信号有三个重要参数:频率(frequency)、周期和幅度(图 4-3)。

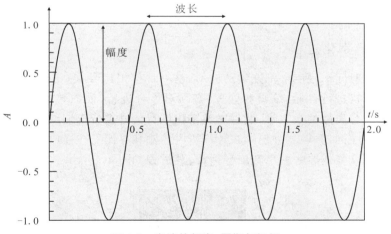

图 4-3 声波的频率、周期与振幅

1. 频率

一个声源每秒钟可产生成百上千个波,我们把每秒钟波峰所发生的数目称为信号的频率,单位用赫兹(Hz)或千赫兹(kHz)表示。例如,一个声波信号在 1 s 内有 5 000 个波峰,则可将它的频率表示为 5 000 Hz 或 5 kHz。

人耳能识别的声音频率范围大约为 20 Hz～20 kHz,通常称为音频(audio)信号[①]。而许多动物的听力范围远远超过人类。例如,大象与鲸能够在次声波频率范围相互通信,而海豚可识别高达 160 000 Hz 频率的声音(图 4-4)。人们在日常说话时的语音信号频率范围为 300～3 000 Hz。

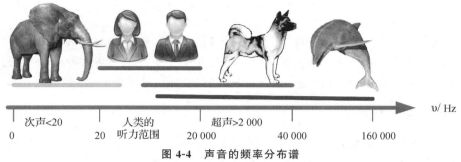

图 4-4　声音的频率分布谱

2. 周期

与频率相关的另一个参数是信号的周期。它是指信号在两个峰点或谷底之间的相对时间。周期和频率之间的关系是互为倒数。

3. 幅度

信号的幅度是从信号的基线到当前波峰的距离。幅度越大,声音越强。对音频信号,声音的强度用分贝(dB)表示,分贝的幅度就是音量。

4.3.2　音频的数字化过程

声音是一种在时间和幅度上都连续的波形,是一种模拟信号,它不能由计算机直接处理。为了能够利用计算机进行存储、编辑和处理,必须对声音进行,模数转换(A/D 转换),即将连续的声音波形转变为离散的数字量,然后对数字化声音信号进行压缩编码,使其成为具有一定字长的二进制数字序列,并以这种形式在计算机内传输和存储。在播放这些声音时,需要经解码器将二进制编码恢复成原来的声音信号播放,其过程如图 4-5 所示。

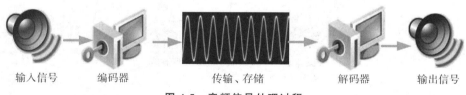

图 4-5　音频信号处理过程

模拟音频信号的数字化过程需要三个步骤:采样、量化和编码。

1. 采样

声音的采样就是按一定的时间间隔将声音波形在时间轴(即横轴)上进行分割,把时间和

---

① audio 一词可译为"声音",通常指频率在 20 Hz 和 20 000 Hz 之间的声音;audio 也可译作"音频",说明人的听觉系统可感知的频率。

幅度上都连续的模拟信号转化成时间上离散、幅度上连续的信号,如图 4-6 所示。该时间间隔称为采样周期,其倒数称为采样频率。

采样频率越高,即采样的间隔时间越短,则计算机在单位时间内得到的声音样本数据就越多,对声音波形的表示越精确,声音的保真度也越好,但所要求的存储空间也越大。人耳能听到的声音频率范围为 20 Hz～20 kHz,根据奈奎斯特(Nyquist)[①]定理,为了保证数字音频还原时不失真,理想的采样频率应大于人耳所能听到的最高声音频率的两倍,也就是说理想的采样频率至少应该大于 40 kHz。所以目前流行的 44.1 kHz 声卡可以达到相当好的保真度。

在计算机多媒体音频处理中,标准的采样频率为:11.025 kHz(语音效果)、22.05 kHz(音乐效果)、44.1 kHz(高保真效果)。

2. 量化

采样只解决了音频波形信号在时间坐标(即横轴)的离散化问题,但是还需要用某种数字化的方法来反映某一瞬间声波幅度的电压值的大小。该值的大小影响音量的高低。我们把对声波波形幅度的数字化表示称为量化(quantization),如图 4-7 所示。

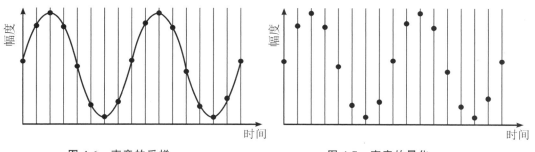

图 4-6 声音的采样   图 4-7 声音的量化

量化把采样后在幅度轴上连续取值(模拟量)的每一个样本转换为离散值(数字量)表示。以图 4-8 所示的原始模拟波形为例进行采样和量化。假设采样频率为 $1\,000\text{s}^{-1}$,即每 0.001 s 转换器采样一次,图中每个长方形表示一次采样。其幅度被划分成 0～9 共 10 个量化等级(用 Q 表示),并将其采样的幅度值取最接近 0～9 之间的一个数来表示。

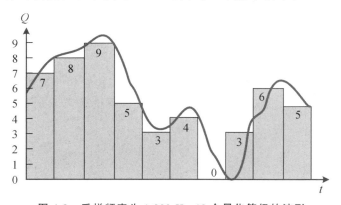

图 4-8 采样频率为 1 000 Hz、10 个量化等级的波形

① Harry Nyquist(1889—1976),1917 年在耶鲁大学物理系获物理学博士学位,1924 年推导出理想低通信道的最大传输速率的公式。曾任美国贝尔电话实验研究所通信系统开发部工程师。

注意以下两个术语的区别:量化等级(quantization level)表示音频幅度划分的等级个数;而量化位数是用于为获得量化等级(幅度值)所需的二进制位数,量化位数以位(bit)为单位,如8位、16位、24位等。举例来说,当量化位数为8位时,音频的幅度将会被划分为 $2^8 = 256$ 个量化等级;而当量化位数为16位时,声音幅度将以 $2^{16} = 65\,536$ 个不同的量化等级加以记录。在相同的采样频率下,量化位数越大,音质越细腻,声音的质量越好,需要的存储空间也越多。

3. 编码

模拟信号量经过采样和量化后,形成一系列离散信号——脉冲数字信号。这种脉冲数字信号可以一定的方式进行编码,便于计算机的存储、处理和传输。编码就是按照一定的格式把经过采样和量化得到的离散数据记录下来,并在有用的数据中加入一些用于纠错、同步和控制的数据。在数据回放时,可以根据所记录的纠错数据判别读出的声音数据是否有错,如在一定范围内有错,可加以纠正。

将量化后的数字声音信息直接存入计算机将会占用大量的存储空间。在多媒体系统中,一般对数字化声音信息进行压缩和编码后再存入计算机,以减少音频的数据量。近年来,人类在利用自身的听觉系统的特性来压缩声音数据方面取得了很大的进展,先后制定了 MPEG-1 Audio,MPEG-2 Audio 和 MPEG-2 AAC 等音频压缩标准。

4. 数字化音频文件的存储容量

对模拟音频信号进行采样、量化、编码后,得到数字音频。数字音频的质量取决于采样频率、量化位数和声道数[①]三个因素。采样频率、量化位数、声道数的值越大,形成的数字音频文件也就越大。数字音频文件的存储量以字节(B)为单位,模拟波形声音被数字化后的音频文件的存储量(假定未经压缩)为:

存储容量=采样频率×量化位数/8×声道数×时间

【例4-3】用 44.1 kHz 的采样频率进行采样,量化位数选用 16 位,录制 1 min 的立体声节目,试计算波形文件的大小。

[解]按照公式,波形文件所需的存储为:44 100×16/8×2×60=10 584 000(B)。

由此可见,录制 1 min 的数字音频文件就需要 10 MB 左右,要占用很大存储空间。因此,对数字音频进行压缩是十分必要的。

4.3.3 数字音频的文件格式

所谓格式,可以理解为数码信息的组织方式。一段模拟音频经过数字化处理后,所产生的数码信息可以用各种编码格式编排,从而形成不同的音频格式文件。下面简要介绍目前较常用的声音文件格式。

1. WAV 格式

WAV 格式是微软公司专门为 Windows 设计的最为古老而流行的波形声音文件存储格

---

① 声道数是指一次采样所记录产生的声音波形个数。记录声音时,如果每次只生成一个声波数据,称为单声道;如果每次生成两个声波数据,并在录制过程中分别分配到两个独立的声道输出,称为双声道,又称立体声。

式。它基本上按照声波实际振动的波形进行存储,是数字音频技术中最常用的格式。WAV音频文件还原的音质较好,但它是未经压缩的格式,所需存储空间较大。

2. MPEG 音频文件——MP3

这里的音频文件格式指的是 MPEG(motion picture experts group standard,运动图像专家组)标准中的音频部分,即 MPEG 音频层(MPEG audio layer)。MPEG 音频文件的压缩是一种有损压缩,具有很高的压缩率。例如,MP3 的压缩率可达 10 ∶ 1～12 ∶ 1,也就是说 1 min CD(compact disc,光盘)音质的音乐,未经压缩需要 10 MB 存储空间,而经过 MP3 压缩编码后只有 1 MB 左右,同时其音质基本不失真。

3. 其他格式

除了上面介绍的之外,还有 WMA(Windows media audio)格式(∗.wma);CD-DA (compact disc-digital audio),即数字音乐光盘。对于诸多的数字音频格式,在多媒体制作中可从三方面综合考虑选用什么音频格式:多媒体集成软件是否支持该格式、文件长度、保真性等。

【例 4-4】Python 使用 PyAudio 库录制音频文件。

基于 Python 的 PyAudio 是一个跨平台的音频 I/O 库,使用 PyAudio 可以在 Python 程序中播放和录制音频。WAVE 是录音时用的标准的 Windows 文件格式,在研究语音识别、自然语言处理的过程中,常常会用到。

本示例程序通过 p＝pyaudio.PyAudio()返回 pyaudio 类 instance,可以直接通过麦克风录制声音,然后获取到 WAVE 测试语音。完整代码请访问本课程资源。

| In[3]: | ```
import pyaudio    ♯导入模块
CHUNK＝1024    ♯定义数据流块大小
FORMAT＝pyaudio.paInt16    ♯采样值的量化格式
CHANNELS＝1♯声道数
RATE＝16000♯采样频率
RECORD_SECONDS＝15    ♯录制时间,最多时间 60 s
WAVE_OUTPUT_FILENAME＝"output.wav"♯输出 WAVE 文件
p＝pyaudio.PyAudio()♯调用 pyaudio.PyAudio()类,并实例化
print("∗开始录音…..")
…….
print("∗录音结束…..")
``` |
|---|---|
| Out[3]: | ∗开始录音……
∗录音结束…… |

当出现提示信息"∗开始录音……"时,就可以对着麦克风录制一段语音,然后就生成了WAVE 文件。

4.3.4 语音识别与语音合成技术

让计算机能听、能看、能说、能感觉,是未来人机交互的发展方向。语音信号处理是研究用数字信号处理技术对语音信号进行处理的一门新兴学科,应用极为广泛,其中的主要技术包括
```

语音编码、语音合成、语音识别和语音增强等。随着智能语音应用需求的不断扩大,以大数据、云计算、移动互联网等关键技术为支撑的智能语音产业迅速发展,语音交互作为人机交互的重要演进方向,已经渗入我们的日常生活与应用当中。

语音识别技术(automatic speech recognition)是指将人说话的语音信号转换为可被计算机识别的文字信息,从而识别说话人的语音指令以及文字内容的技术。语音识别技术所涉及的领域包括语音信号处理、模式识别、语义解析、人工智能等。目前,语音识别技术已较为成熟,并已应用到生活的许多方面,以方便用户"动口不动手"的需求。

机器识别语音的过程大概如下:对于录音文件,先经过特征提取,然后提取声学模型,声学模型把提取出来的特征变成发音,语言模型通过一定的干预将音速变成可识别的结果,即变成字、词,或者句子。

语音合成技术又称文语转换(text to speech)技术,是指将任意文字信息实时转化为标准流畅的语音朗读出来,相当于给机器装上了人工嘴巴。语音合成系统实际上可以看作一个人工智能系统。为了合成出高质量的语言,除了依赖于各种规则,包括语义学规则、词汇规则、语音学规则外,还必须对文字的内容有很好的理解,这就涉及自然语言理解的问题。

4.3.5 利用百度 API 实现语音识别

百度云平台是一个功能非常强大的开放平台,平台提供了许多开放的 API 给用户。百度语音识别为开发者提供免费的语音服务,通过场景识别优化,为车载导航、智能家居和社交聊天等领域提供语音解决方案;语音准确率达到 90% 以上。

百度语音识别通过 API 的方式给开发者提供一个通用的接口,通过上传录音文件,可将语音转换成文本。

使用百度的语音识别功能的步骤如下:

(1)注册百度云的账号,然后登录 AI 开放平台(https://ai.baidu.com/tech/speech),如图 4-9(a)所示。

(2)在控制台中创建应用,获取到 API Key 和 Secret Key,如图 4-9(b)所示。

应用是调用 API 服务的基本操作单元,基于应用创建成功后获取的 API Key 及 Secret Key,进行接口调用操作及相关配置。

(a)语音识别界面　　　　　　　　　　(b)创建应用,获得 ID 和 Key

图 4-9　百度云 AI 开放平台

【例 4-5】Python 使用百度 API 实现语音识别。

对语音识别最好的体验是实践。下列程序简短的几行代码,就可对【例 4-2】录音的 output.wav 语音文件进行识别,并转换成文字。

In[4]:	`from aip import AipSpeech`
	`APP_ID='* * * * * * * *'  ＃输入你的 APP_ID`
	`API_KEY='* * * * * * * *'  ＃输入你的 APP_KEY`
	`SECRET_KEY='* * * * * * * * * * * * * * *'  ＃输入你的 SECRET_KEY`
	`client＝AipSpeech(APP_ID,API_KEY,SECRET_KEY)`
	`file_handle＝open('output.wav','rb')`
	`file_content＝file_handle.read()`
	`result＝client.asr(file_content,'pcm',16000,{'dev_pid':'1536'})`
	`if result['err_no']==0:`
	`    print("语音识别输出>>"＋result['result'][0])`

Out[4]:	语音识别输出>>语音识别技术是指将人说话的语音信号被计算机识别的文字信息,从而识别说话人的语音指令以及文本内容的技术。

【例 4-6】Python 使用百度 API 实现语音合成。

下列程序用简短的几行代码,可将文字转换成合成语音文件输出,完整代码参考课程资源。

In[5]:	`from aip import AipSpeech`
	`client＝AipSpeech(APP_ID,API_KEY,SECRET_KEY)＃具体值略过`
	`result＝client.synthesis(text='语音合成技术',options={'vol':5})`
	`if not isinstance(result,dict):`
	`    with open('audio.mp3','wb') as f:`
	`        f.write(result)`
	`else:print(result)`

Out[5]:	audio.mp3 ＃输出语音文件

4.4　数字图像处理

图像是平面媒体,其最大特点就是直观可见、形象生动。计算机图像处理技术是一门非常成熟且发展十分迅速的实用性科学,其应用遍及科技、教育、商业和艺术等领域。图像又与视频技术关系密切,实际应用中的许多图像就来自视频采集。

计算机数字图像处理研究的主要内容是如何对一幅连续图像取样、量化以产生数字图像,如何对数字图像做各种变换以方便处理,如何滤去图像中的无用噪声,如何压缩图像数据以便存储和传输、图像边缘提取、特征增强和提取、计算机视觉和模式识别等。

4.4.1　数字图像的表示

图像是人类用来表达和传递信息的最重要的手段。现代图像既包括可见图像(visible image,可见光范围的图像),也包括不可见光范围内借助于适当转换装置转换成人眼可见的图像(如红外成像技术),还包括视觉无法观察的其他物理图像和空间物体图像,以及由数学函数和离散数据所描述的连续或离散图像。

二维数字图像一般用矩阵形式来表示,把数字图像表示成矩阵的优点在于能应用矩阵理论对图像进行分析处理。数字图像中的每一个像素对应于矩阵中相应的元素,矩阵中的每一个元素就是像素值。

假设有一幅图像,在图像平面建立二维坐标系。用(x,y)表示图像中任一像素的二维平面位置,函数$f(x,y)$表示位置为(x,y)的像素的灰度,这样一幅完整的数字图像就可以用很多离散的数字像素点的组合分布来表示了。因此,用$f(x,y)$可以将一幅数字图像抽象为一个相应的数学模型。

一幅$M \times N$的数字图像可用矩阵表示为:

$$g(i,j) = \begin{pmatrix} f(0,0) & f(0,1) & \cdots & f(0,n-1) \\ f(1,0) & f(1,1) & \cdots & f(1,n-1) \\ \vdots & \vdots & & \vdots \\ f(m-1,0) & f(m-1,1) & \cdots & f(m-1,n-1) \end{pmatrix}$$

4.4.2　黑白图像、灰度图像与彩色图像

根据其描述的方式,图像可以分为以下三类:

1. 黑白图像

黑白图像是指图像的每个像素只能是黑或者白,没有中间的过渡,故又称为二值图像,如图4-10所示。黑白图像的像素值为0和1。每个像素只需用1位存储。

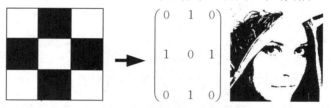

图4-10　Lena黑白图像与示例

2. 灰度图像

灰度图像是指每个像素的信息由一个量化的灰度级来描述的图像。灰度图像没有彩色信息(无色调的灰度),只有亮度信息。

灰度图像的灰度级,是指在显示图像时,将从最暗像素点的值到最亮像素点的值的区间分成若干个级别,然后对亮度用某种码字来表示。灰度级是以位(bit)为单位来度量的。图4-11为不同灰度级的图像效果。

5位（32级灰度）　　4位（16级灰度）　　3位（8级灰度）　　2位（4级灰度）　　1位（2级灰度,黑白图像）

图4-11　不同灰度级别的Lena图像效果

雷娜(Lena)图的诞生

她的照片是图像处理领域使用最为广泛的标准测试图；她是让无数专家为之痴迷和痛苦的研究对象；她是充斥着枯燥数学公式的论文中最吸引眼球的光芒；翻开任何一本关于计算机图像处理的教材，你都能看到她动人的微笑——她就是雷娜(Lena)。

1973年的夏天，美国南加州大学信号与图像处理研究所的研究者们欲寻找一张适合测试压缩算法的图片，标准最好是人脸，因为表面光滑，内容多层次。当发现这张有着光滑面庞和繁杂饰物的图片时，他们认为正好符合要求，于是将这个图片的上半部扫描成一张512×512大小的图片，雷娜图就此诞生。

《IEEE图像处理》(IEEE Transactions on Image Processing)期刊的主编认为：这张图片有细节部分、平坦区域、阴影和纹理，图片含有丰富的频段，包括处于低频的光滑皮肤和处于高频的羽毛，有利于测试各种不同的图像处理算法，很适合作为测试图片。当然还有另外一个重要的原因——这是一个非常迷人的女郎。

【例 4-7】用 Python 实现将彩色图像转换成灰度图像。

PIL(Python Image Library)是 Python 的第三方图像处理库，该库支持多种文件格式，提供强大的图像处理功能。PIL 非常适合于图像归档以及颜色空间转换、图像滤波等图像处理任务。

本示例是用 Python 实现将 Lena 标准彩色图像(512×512)转换成灰度图像。Lena 样本图片可在教学资源上获得。

注：convert()函数有不同的模式，模式"L"为灰色图像，它的每个像素用 8 位表示，0 表示黑，255 表示白，其他数字表示不同的灰度。

In[6]:	```python
	from PIL import Image # 导入 PIL 模块
	import matplotlib.pyplot as plt # 导入绘图模块
	img＝Image.open('D:/data_analysis/Lena.png')
	gray＝img.convert('L') # 参数 L 表示转换为灰度图片
	plt.imshow(gray,cmap='gray')
	plt.axis('off')
	plt.show()
	``

Out[6]:	　　＃将彩色图像转换成灰度图像

3. 彩色图像

彩色图像是指除亮度信息外，还包含颜色信息的图像，即有色调的图像。彩色图像的表示与所用的颜色空间有关。

例如，一幅采用 RGB 模型表示的彩色图像是由红、绿、蓝三个灰度(或亮度)矩阵组成的

（图 4-12）。通常,三元组的每个数值在 0～255 之间,0 表示相应的基色在该像素中没有,而 255 则代表相应的基色在该像素中取得最大值。

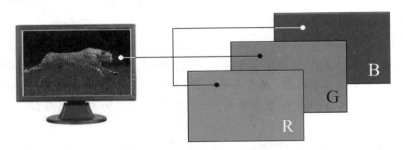

图 4-12　用 R、G、B 三个灰度矩阵表示彩色图像

【例 4-8】用 Python 实现将 RGB 彩色图像转换为数字矩阵。

通过以下简单的例子,可以直观地了解到彩色图像是如何用数字矩阵表示的,并加深对图像表示形式的理解。

In[7]:	``` from PIL import Image import numpy as np img＝np.array(Image.open('D:/data_analysis/Lena.png')) ♯图像转化为数字矩阵 print(img.shape) ♯显示数字矩阵的维度 print(img.size) ♯显示数字矩阵的大小 print(img[0]) ♯显示数字矩阵的像素值 ```
Out[7]:	(512,512,3) 786432 [[226　137　125]　[226　137　125]　[223　137　133]…[230　148　122]　[221　130　110]　[200　99　90]]

该程序的输出信息表明:数字图像是由三个 512×512 矩阵的数字矩阵组成,是一个三维矩阵,图像总共有 512×512×3＝786 432 个像素值,每个像素值的取值范围为 0～255.

4.4.3　颜色模型

在进行数字图像处理时,常常会采用不同颜色模型(或色彩模型)表示图像的颜色。使用颜色模型的目的是尽可能有效地描述各种颜色,以便需要时能方便地加以选择。各个应用领域一般使用不同的颜色模型。

1. RGB 模型

人眼的视觉是主观视感对客观色彩存在的反映;视觉包括光觉和色觉,也就是亮度视觉和彩色视觉基色(primary color)。基色是指互为独立的单色,任一基色都不能由其他两种基色混合产生。

自然界常见的各种颜色都可以由红(red)、绿(green)、蓝(blue)三种颜色光按不同比例相配而成。同样,绝大多数颜色光也可以分解成红、绿、蓝三种色彩。由于人眼对这三种色光最为敏感,红、绿、蓝三种颜色相配所得到的彩色范围也最广,所以一般都选这三种颜色作为基色,这就是色度学的基本原理——三基色(tri-chrominance primary)原理。

RGB 模型是通过红(R)、绿(G)、蓝(B)三个颜色通道的变化以及它们相互之间的叠加来得到各种颜色的。这个标准几乎包括人类视力所能感知的所有颜色,是目前运用最广的颜色系统之一。计算机中的 24 位真彩图像,就是采用 RGB 模型。RGB 模型在图像处理和各类显示设备中扮演着重要的角色。一般来说,无论是 CRT(cathode ray tube,阴极射线管)显示器,还是液晶显示器,色彩的表示都是基于 RGB 模型。

【例 4-9】用 Python 将彩色图像分离成 RGB 通道。

通道层中的像素颜色是由一组原色的亮度值组成的。

In[8]:	``` from PIL import Image import matplotlib.pyplot as plt img=Image.open('D:/data_analysis/Lena.png') ＃打开图像 r,g,b=img.split() ＃分离三通道 plt.imshow(r,cmap='gray')＃显示 r 通道,其他通道类似 pic=Image.merge('RGB',(r,g,b)) ＃合并三通道 plt.imshow(pic)＃显示通道合成后的图像 ```

从图 4-13 中可以看出,RGB 模型实际有 4 个通道,3 个分别代表红色、绿色、蓝色的通道,还有 1 个复合通道(RGB 通道)。

Red　　　　Green　　　　Blue　　　　Merge

图 4-13　RGB 通道图片及复合通道

2. CMYK 颜色模型

计算机屏幕显示彩色图像时采用的是 RGB 模型,而在打印时一般需要转换为 CMY 模型。CMY 模型(cyan magenta yellow)是采用青、粉红、黄色三种基本颜色按一定比例合成颜色的方法。CMY 模型和 RGB 模型不同,因为色彩不是直接来自光线,而是由照射在颜料上反射回来的光线所产生。颜料会吸收一部分光线,而未吸收的光线会反射出来,成为视觉判定颜色的依据。这种色彩的产生方式称"减色法",因为所有的颜料都加入后才能成为纯黑,当颜料减少时才开始出现色彩,颜料全部除去后才成为白色。

虽然理论上利用 CMY 三原色混合可以制作出所需要的各种色彩,但实际上同量的 C、M、Y 混合后并不能产生完美的黑色或灰色。因此在印刷时必须加上一个黑色(black),这样又称为 CMYK 模型。

四色印刷便是依据 CMYK 模型发展而来的。以常见的彩色印刷品为例,所看到的五颜六色的彩色印刷品,其实在印刷的过程中只用了四种颜色。在印刷之前先通过计算机或电子分色机将一件艺术品分解成四色,并打印成胶片。一般地,一张真彩色图像的分色胶片是四张透明的灰度图,单独地看一张单色胶片时不会发现什么特别之处;但如果将这几张分色胶片分别以 C(青)、M(品红)、Y(黄)和 K(黑)四种颜色叠印到一起观察时,就产生了一张绚丽多彩的照片。

4.4.4 图像的数字化过程

数字化是将一幅图像从其原来的形式转换为数字形式的处理过程。转换是非破坏性的，因原始图像未被破坏掉。数字化的逆过程是显示，即由一幅数字图像生成一幅可见的图像，常用的等价词有"回放"和"图像重建"。

现实中的图像是一种模拟信号。图像数字化的目的是把真实的图像转变成计算机能够接受的显示和存储格式，更有利于计算机进行分析处理。图像的数字化过程分为采样、量化与编码三个步骤。

1. 图像的采样

计算机要感知图像，就要把图像分割成离散的小区域，即像素。计算机使用相应的软硬件技术把含有许多像素点的特征数据组织成行列，整齐地排列在一个矩形区域内，形成计算机可以识别的图像，即数字化图像。

图像采样就是将二维空间上连续的图像分割成网状的过程（图 4-14）。网状中的每个小方形区域称为像素点。像素点是计算机生成和再现图像的基本单位，用像素点的连续亮度（即灰度）值或色彩值来表示图像。若被分割的图像水平方向上有 M 个间隔，垂直方向上有 N 个间隔，则一幅图像画面就被表示成 $M \times N$ 个离散像素点构成的集合，$M \times N$ 表示图像的分辨率。

图 4-14　图像采样示例

在进行采样时，采样点间隔的选取是一个重要的问题，因为这决定了采样后的图像真实地反映原图像的程度。很明显，网格点之间的距离影响图像表示的精确程度，决定了可以表现的细节层次。一般说来，原图像中的画面越复杂，色彩越丰富，则采样间隔应越小。由于二维图像的采样是一维的推广，根据信号的采样定理，要从样本中精确地复原图像，图像采样的频率必须大于或等于源图像最高频率（即原始图像的波长）分量的两倍。

在数字设备上，数字图像的采样通常由光电转换器件完成，即将大量的光电转换单元以阵列形式排列，将所获得的光线强度转换成与其成正比的电压值。具有这种光敏感特性的元件称为电荷耦合器件（CCD），这也是数码相机和数字摄像机上的关键部件。将上千万个 CCD 单元封装为二维阵列，每一个 CCD 单元对应一个图像的像素点，这样就获得二维数字图像。

2. 图像的量化

可以把图像看作平面区域上各个点光强值的函数，采样后得到的亮度值（或灰度值）在取值空间上仍然是连续的。把采样后所得到的这些连续量表示的像素值离散化为整数值的操作叫量化。图像量化实际就是将图像采样后的样本值的范围分为有限多个区域，把落入某区域中的所有样本值用同一值表示，它是用有限的离散数值量来代替无限的连续模拟量的一种映射操作。

为此，把图像的颜色的取值范围分成 K 个子区间，在第 i 个子区间中选取某一个确定的灰度值 G_i，落在第 i 个子区间中的任何灰度值都以 G_i 代替，这样就有 K 个不同的灰度值，即灰度值的取值空间被离散化为有限个数值（图4-15）。

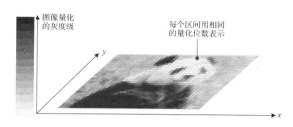

图 4-15　图像量化示意

与音频量化类似，我们把在图像量化时所确定的离散取值的个数称为量化等级，它实际表示的是图像所具有的颜色总数或灰度值。为得到量化等级所需的二进制位数称为量化字长（也称颜色深度），如用 8 位、16 位、24 位来表示。这样，图像可表示的量化等级（颜色数或灰度值）就为 2 的幂次方，即 2^8、2^{16}、2^{24} 种颜色。由此可知，量化字长越大，所得到的量化级数也就越多，则越能真实地反映原有图像的颜色。

【例4-10】假设一幅由 40 个像素组成的灰度图像共有 5 级灰度，每一级灰度都是一种信源发出的符号，分别用 A～E 表示。40 个像素中有 15 个灰度为 A，7 个灰度为 B，7 个灰度为 C，6 个灰度为 D，5 个灰度为 E。试求该灰度图像的熵。

［解］
$$H(X) = \sum_{j=1}^{n} P(x_j) \times I(x_j) = -\sum_{j=1}^{n} P(x_j) \times \log_2 P(x_j)$$
$$= -\frac{15}{40} \times \log_2 \frac{15}{40} - \frac{7}{40} \times \log_2 \frac{7}{40} - \frac{7}{40} \times \log_2 \frac{7}{40} - \frac{6}{40} \times \log_2 \frac{6}{40} - \frac{5}{40} \times \log_2 \frac{5}{40}$$
$$= 2.196 (\text{bit})$$

3. 数字图像存储容量的计算

数字化图像以文件形式保存后称为图像文件。图像文件的大小与图像的分辨率和量化位数（颜色深度）有关。图像分辨率越高，量化位数越大，则图像的质量越好，图像的存储容量也就越大。

一幅未经压缩的图像文件的存储容量可以按照下面的公式进行估算：

图像存储容量＝分辨率×颜色深度/8

【例4-11】一幅分辨率为 800×600 的真彩色（24 位）图像的存储容量为多少？

［解］图像的存储容量为：

$800 \times 600 \times 24/8 = 1\ 440\ 000 (\text{B}) \approx 1.37 (\text{MB})$

由此可见，数字化图像数据量十分巨大，必须进行压缩，以减少图像的数据量。

4.4.5　图像的压缩与编码

1. 图像信息为什么能压缩

数字化后得到的图像数据量十分巨大，必须采用编码技术来压缩这些数据。在一定意义上,压缩编码技术是实现图像传输与存储的关键。

压缩编码的理论基础是信息论。香农曾在他的论文中给出了信息的度量公式,将"信息"定义为熵的减少。换句话说,"信息"可定义为"用来消除不确定性的东西"。从信息论的角度来看,压缩就是去掉信息中的冗余,即保留不确定的信息,去除确定的信息(可推知的),也就是用一种更接近信息本质的描述来代替原有冗余的描述。所以,将香农的信息论观点运用到图像信息的压缩,所要解决的问题就是如何将图像信息压缩到最少,但仍携有足够信息以保证能复制出与原图近似的图像。

图像信息之所以能进行压缩是因为信息本身通常存在很大的冗余量。以视频连续画面为例(图 4-16),它的每一帧画面是由若干个像素组成的,因为动态图像通常反映的是一个连续的过程,所以它的相邻帧之间存在着很大的相关性,从一幅画面到下一幅画面,背景与前景可能没有太多的变化,也就是说,连续多帧画面在很大程度上是相似的,而这些相似的信息(或称作"冗余信息")为数据的压缩提供了基础。

图 4-16 连续的多帧画面示意

2. 数据压缩与编码分类

数据压缩方法有许多种,根据解码后数据与原始数据是否完全一致可以分为两大类:无损压缩和有损压缩。

无损压缩算法是为保留原始多媒体对象(包括图像、语音和视频)而设计的。在无损压缩中,数据在压缩或解压缩过程中不会改变或损失,解压缩产生的数据是对原始对象的完整复制。

有损压缩是指使用压缩后的数据进行重构,重构后的数据与原来的数据有所不同,但不会使人对原始资料表达的信息产生误解。当考虑到人眼不易觉察失真的生理特征时,有些图像编码不严格要求熵保存,信息可允许部分失真以换取高的数据压缩比,这种编码是有损压缩。通常声音、图像与视频的数据压缩都采用有损压缩。有损压缩方法通常需要在压缩速度、压缩数据大小以及质量损失这三者之间进行折中。

4.4.6 图像识别中的深度学习

图像识别是指利用计算机对图像进行处理、分析和理解,以识别各种不同模式的目标和对象的技术,它是人工智能的重要方面。

深度学习与传统图像模式识别方法的最大不同在于它所采用的特征是从大数据中自动学习得到,而非手工设计的。好的特征可以提高模式识别系统的性能。

现有的深度学习模型属于神经网络。深度学习模型的"深"字意味着神经网络的结构深,由很多层组成。神经网络近年来能够得到广泛应用的原因有几个方面。首先,大规模训练数据的出现在很大程度上缓解了训练过拟合的问题。例如,ImageNet 训练集拥有上百万个有标注的图像。其次,计算机硬件的飞速发展为其提供了强大的计算能力。如一个 GPU 芯片可以集成上千个核,这使得训练大规模神经网络成为可能。再次,神经网络的模型设计和训练方法都取得了长足的进步。[①]

有关人工智能与深度学习的内容,本书第 10 章将做较为详细的介绍。

【例 4-12】Python 利用百度 API 实现图像识别。

实现步骤如下:

(1)登录 AI 开放平台,选择图像识别。

URL:ai.baidu.com/tech/imagerecognition

(2)在控制台中创建应用,获取到 API Key 和 Secret Key。

(3)取得该应用授权,参看 http://ai.baidu.com/docs#/Auth/top。

获得 Access Token 后,在应用程序中向授权地址发出请求,形式为:https://aip.baidubce.com/oauth/2.0/token? grant _ type = client _ credentials&client _ id = API Key&client_secret=Secret Key。

示例程序如下,完整代码请访问课程资源。

| In[9]: | ```python
f=open('D:/data_analysis/animal_demo.png','rb')#读图像文件
img=base64.b64encode(f.read())    #图像数据用 base64 编码
host='https://aip.baidubce.com/rest/2.0/image-classify/v2/advanced_general'
headers={'Content-Type':'application/x-www-form-urlencoded'}
access_token='24.9550543****'#获得的 access_token
host=host+'? access_token='+access_token
img_dict={}    #定义 img_dict 字典
img_dict['access_token']=access_token
img_dict['image']=img  #图片信息添加至字典
res=requests.post(url=host,headers=headers,data=img_dict)#请求网址
req=res.json()    #json 格式返回图像识别信息
print(req['result'])
``` |
|---|---|
| Out[9]: | #显示被识别的图片
[{'score':0.459992,'root':'动物-其他'},{'score':0.342996,'root':'动物-哺乳类','keyword':'猎豹'},{'score':0.231818,'root':'动物-哺乳类','keyword':'豹子'},{'score':0.125964,'root':'动物-其他','keyword':'虫子'}] |

在返回值中,score 表示置信度,root 表示识别结果的上层标签,keyword 表示图片中的物体或场景名称。当然,同学们可以传入任意类型的图片,以检测人工智能图像识别的准确度。

4.5　视频信息处理

视觉是人类感知外部世界一个最重要的途径,而计算机视频技术是把我们带到近于真实世界的最强有力的方法。在多媒体技术中,视频信息的获取及处理无疑占有举足轻重的地位,视频处理技术在目前以至将来都是多媒体应用的一种核心技术。

[①]　王晓刚.图像识别中的深度学习[J].中国计算机学会通讯,2018(8).
```

4.5.1 "视频"的定义

人类接受的信息70%来自视觉,其中活动图像是信息量最丰富、直观、生动、具体的一种承载信息的媒体。视频(video)就其本质而言,是其内容随时间变化的一组动态图像,所以视频又叫作"运动图像"或"活动图像"。

从物理上来讲,视频信号是从动态的三维景物投影到视频摄像机图像平面上的一个二维图像序列,一个视频帧中任何一点的彩色位记录了所观察的景物中一个特定的二维点所发出或反射的光;从观察者的角度来讲,视频记录了从一个观测系统(人眼或摄像机)所观测的场景中的物体发射或反射的光的强度,一般地说,该强度在时间和空间上都有变化;从数学角度描述,视频指随时间变化的图像,或称为时变图像。时变图像是一种时空密度模式(spatial-temporal intensity pattern),可以表示为$S(x,y,t)$,其中(x,y)是空间位置变量,t是时间变量,如图4-17所示。由图可见,视频由一幅幅连续的图像帧序列构成,沿时间轴若一帧图像保持一段时间Δt,由于人眼的视觉暂留作用,可形成连续运动图像(即视频)的感觉。

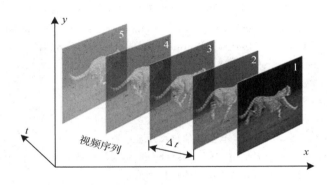

图4-17 时变图像示意

图像与视频是两个既有联系又有区别的概念:静止的图片称为图像,运动的图像称为视频。就数字媒体的语境而言,数字视频中的每帧画面均形成一幅数字图像,对视频按时间逐帧进行数字化得到的图像序列即为数字视频。因此,可以说图像是离散的视频,而视频是连续的图像。

视频与动画都是动态的图像,其主要区别在于帧图像画面的产生方式。视频是使用摄像设备捕捉的动态图像帧;而动画是采用计算机图形技术,借助于编程或动画制作软件生成的一组连续画面。

4.5.2 视频的数字化过程

要让计算机处理视频信息,首先要解决的是视频数字化的问题。视频数字化是将模拟视频信号经模数转换和彩色空间变换转为计算机可处理的数字信号。与音频信号数字化类似,计算机也要对输入的模拟视频信息进行采样与量化,并经编码使其变成数字化图像。

与其他媒体的数字化过程类似,视频数字化首先必须把连续的图像函数$S(x,y,t)$进行空间和幅值的离散化处理,空间连续坐标(x,y)的离散化叫作采样;$S(x,y)$颜色的离散化称为量化。两种离散化结合在一起叫作数字化,离散化的结果得到数字视频。其过程与图像的数字化过程有类似之处,这里不再赘述。

需要指出的一点是,现在数字化的视频设备越来越多,可以很方便地获取视频。例如,通过数字摄像机和手机摄录的视频本身已是数字信号,只不过在处理时需从相关设备上转入计算机中。所以,视频数字化操作更多的是对视频进行各种数字化的录制、编辑、处理、格式转换的过程。

4.5.3　视频压缩的基本思想

视频压缩编码的理论基础是信息论。信息压缩就是从时间域、空间域两方面去除冗余信息,将可推知的确定信息去掉。视频编码技术主要包括 MPEG 与 H.26x(包括 H.261～H.264 等)标准。编码技术主要分成帧内编码和帧间编码:前者用于去掉图像的空间冗余信息,后者用于去除图像的时间冗余信息。

以图 4-18 为例,对基于时间域的差分编码来说,只有第一个图像(I 帧)是将全帧图像信息进行编码,在后面的两个图像(P 帧)中,其静态部分(即房子)将参考第一个图像,而仅对运动部分(即正在行走的人)使用运动矢量进行编码,从而减少发送和存储的信息量。

图 4-18　基于时间域的视频帧间编码

【例 4-13】对于电视画面的分辨率 800×600 的真彩色图像,每秒 30 帧,试计算一秒钟的视频数据量是多少? 一张 650 MB 的光盘可以存放多长时间未经压缩的视频数据?

[解]一秒钟的视频数据量为:

$800 \times 600 \times 24/8 \times 30 \approx 41$(MB)

$650/41 \approx 16$(s)

所以,一张 650 MB 的光盘可以存放大约 16 s 的未经压缩的视频。

4.5.4　视频编码标准:MPEG 家族与 H.26X 家族

ITU-T(国际电信联盟远程通信标准化组织)与 ISO/IEC(国际标准化组织/国际电工委员会)是制定视频编码标准的两大国际组织。ITU-T 的标准包括 H.261、H.262、H.263、H.264、H.265,主要应用于实时视频通信领域,如会议电视。MPEG(运动图像专家组)系统标准由 ISO/IEC 制定,主要包括 MPEG-1、MPEG-2、MPEG-4 和 MPEG-7 等(图 4-19)。MPEG-1 和 MPEG-2 已经是相当成熟的编码标准,现在的研究与应用热点主要集中在 MPEG-4 和 MPEG-7 上。

如今,H.264 已成为主流视频编解码格式。H.264 最大的优势是具有很高的数据压缩比率,在同等图像质量的条件下,H.264 的压缩比是 MPEG-2 的 2 倍以上,是 MPEG-4 的 1.5～2.0 倍。此外,由于 HTML5 格式的兴起,新一代浏览器已可以直接播放视频或 HTML5 格式矢量动画,免去了安装插件的麻烦。

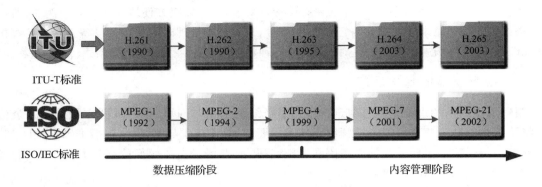

图 4-19 MPEG 家族与 H.26X 家族

【例 4-14】Python 利用 OpenCV 捕获视频帧并生成 AVI 文件。

在很多应用场景中,都需要通过摄像头实时捕获连续图像画面,而 OpenCV 提供了一个非常简单的接口。下面程序展示一个从摄像头捕获视频,并将其保存为 AVI 文件的例子。

示例代码如下,按"q"键退出。完整程序请访问本课程资源。

| In[10]: | ```
import cv2 as cv  # 导入 OpenCV 库
cap = cv.VideoCapture(0)  # 捕获摄像头
fourcc = cv.VideoWriter_fourcc( * 'XVID')  # 定义编解码器,创建 VideoWriter 对象
out = cv.VideoWriter('D:/data_analysis/output.avi', fourcc, 20.0, (640,480))
while (cap.isOpened()):
    ret, frame = cap.read()  # 开始捕获,通过 read()函数获取捕获的帧
    if ret == True:
        frame = cv.flip(frame, 1)
        out.write(frame)  # write the flipped frame
cap.release()  # 退出时,释放资源
out.release()
``` |
|---|---|

4.5.5 计算机视觉

计算机视觉(computer vision)是一个研究计算机如何"看"世界的学科,是指用摄影机和计算机代替人眼对目标进行识别、跟踪和测量,并进一步做图形处理。在人像识别上,计算机甚至能比人类做出更精准的判断。计算机通过运用类似照相机的原理,对被拍摄对象的数据进行深度学习,提取出我们所需要的信息。

计算机视觉被视为人工智能的重要分支。在人工智能中,视觉信息比听觉、触觉重要得多。人类大脑皮层的 70% 活动都在处理视觉信息,而由于人工智能旨在让机器可以像人那样思考、处理事情,因此计算机视觉技术可发挥很大的作用。

计算机视觉有五大技术,分别是图像分类、对象检测、目标跟踪、语义分割和实例分割。例如,通过镜头下各行人的脸部特征和行为举动等,计算机视觉技术能够快速定位潜在人脸图像,捕捉后将其与已上传的人脸进行匹配比对;也能通过捕捉人的动作来判断该人是否有暴力举动等。

进入人工智能时代,人们关注的无人机、无人驾驶和机器人技术背后,都有计算机视觉技术的强大支持。这些无人参与操作的智能设备有什么共性? 首先是要有一个"大脑",即用计算机代替人脑来处理大量复杂的信息数据。其次都需要"眼睛"来感应周围环境并做出及时且
```

正确的反应。这些智能机器的"大脑"由一组高性能 CPU 芯片组成,其"眼睛"则是由摄像头、视觉处理器(VPU)和专有的软件系统实现。这种"眼睛"背后的驱动力就是我们所讨论的计算机视觉或机器视觉技术。

例如,无人驾驶技术基本可分为三个阶段:感知、决策和控制。计算机视觉技术主要应用在无人驾驶的感知阶段(图 4-20),其基本原理大致如下:

(1)使用双目视觉系统获取场景中的深度信息,以探索可行驶区域和目标障碍物。

(2)通过视频来估计每一个对象的运动方向和运动速度。

(3)对物体进行检测与追踪。

(4)对于整个场景进行理解。

(5)同步地图构建及定位。

图 4-20　计算机视觉在无人驾驶中的应用

未来,计算机视觉在各领域将会有无限的应用前景,并在技术理论上会有更大突破。

4.5.6　人脸识别

计算机视觉领域另一个重要的挑战是人脸识别。一个模式识别系统包括特征和分类器两个主要的组成部分,二者关系密切。在传统的方法中,特征表示和分类器的优化是分开的;而在神经网络的框架下,它们是联合优化的,从而最大限度发挥二者联合协作的性能。[1]

深度学习的关键就是通过多层非线性映射将这些因素成功分开,例如在深度模型的最后一个隐含层,不同的神经元代表不同的因素。如果将这个隐含层当作特征表示,人脸识别、姿态估计、表情识别、年龄估计就会变得非常简单,因为各个因素之间变成了简单的线性关系,不再彼此干扰。目前深度学习可以达到 99% 的识别率。

GitHub 开源项目 face_recognition 是一个用于人脸识别的第三方库,是一个强大、简单、易上手的人脸识别平台,并且配备了完整的开发文档和应用案例,开发者可以使用 Python 和命令行工具提取、识别、操作人脸。

face_recognition 使用 dlib 深度学习人脸识别技术构建,将人脸的图像数据转换成一个长度为 128 的向量,这 128 个数据代表了人脸的 128 个特征指标,用 Labeled Faces in the Wild 人脸数据集进行测试时的准确率高达 99.38%[2]。

项目 URL:https://github.com/ageitgey/face_recognition。

---

① 王晓刚.深度学习在图像识别中的研究进展与展望[J/OL].电子工程世界,(2017-03-13)[2019-04-30]http://www.eeworld.com.cn/qrs/article_2017031334124_3.html.

② Python 的人脸识别库 Face Recogniton [EB/OL].(2017-08-04)[2019-04-30].https://www.oschina.net/p/face-recognition.

【例4-15】利用 face_recognition 库实现人脸关键点识别。

演示程序的完整代码请访问本课程资源例 4-15 及其扩展程序。

| In[11]: | ```
import face_recognition   # 导入 face_recogntion 模块
image＝face_recognition.load_image_file("Pierce_Brosnan_0001.jpg")   # 读取源图像文件
# 查找图像中所有面部的所有面部特征
face_landmarks_list＝face_recognition.face_landmarks(image)
for face_landmarks in face_landmarks_list：# 图像中每个面部特征的位置
    facial_features＝['chin','left_eyebrow','right_eyebrow',…..]
pil_image＝Image.fromarray(image)
d＝ImageDraw.Draw(pil_image)   #
pil_image.show()  # 显示识别的人脸特征点
``` |
|---|---|
| Out[11]: |    |

【注】测试样本图片取自国际开放的人脸识别数据库 Labeled Faces in the Wild。

【例4-16】利用 face_recognition 库实现人脸识别并匹配。

在这个程序演示中，有两张图片中的人物是已知的，有一张图片中的人物是未知的，要求实现人脸识别并匹配。如果要对上万张图片进行人脸识别，其实现过程也是一样的。

| In[12]: | ```
image1＝face_recognition.load_image_file(".\lib\picture\Pierce_Brosnan_0003.jpg")
image2＝face_recognition.load_image_file(".\lib\picture\Jose_Maria_Aznar_0002.jpg")
unknown_image＝face_recognition.load_image_file("./lib/picture/unknown.jpg")
image1_encoding＝face_recognition.face_encodings(image1)[0]
image2_encoding＝face_recognition.face_encodings(image2)[0]
unknown_encoding＝face_recognition.face_encodings(unknown_image)[0]
results＝face_recognition.compare_faces([image1_encoding,image2_encoding],unknown_encoding)
print('results:'＋str(results))  # 输出匹配结果，用 True 或 False 表示
``` |
|---|---|
| Out[12]: |   
Pierce_Brosnan　　Jose_Maria　　unknown
results:[True,False]
The person is:Jose_Maria |

4.6 计算机图形处理技术

4.6.1 什么是计算机图形学

谈及计算机图形学,我们可能会与计算机视觉、图像处理等学科混淆。但是,如果告诉大家图形学技术是支持各种影视特效、三维动画影片、计算机游戏、虚拟现实以及手机上各种照片视频美化特效的技术基础,相信大家都不会再觉得陌生。

在计算机诞生后,如何在计算机中有效地表达、处理以及显示三维信息很快变成了计算机应用研究中的一个重要问题。针对这一需求,计算机图形学在 20 世纪 60 年代应运而生。在过去的几十年中,计算机图形学取得了长足的发展,并深深地影响了很多产业的发展和人们的生活、工作和娱乐方式。

在硬件上,图形学的发展促进了专用图形处理器 GPU 的产生与普及。在软件上,图形学的基本绘制流水线已成为操作系统的一部分,为各种计算机平台提供显示和图形处理。在应用上,图形学催生了影视特效、三维动画影片、数据可视化、计算机游戏、虚拟现实、计算机辅助设计与制造等一系列产业,并为这些产业的发展提供了核心技术和算法支持。

4.6.2 计算机图形学研究的主要内容及应用场景

计算机图形学研究的主要内容包括以下三个方面:

一是获取和建模。主要研究如何有效地构建、编辑、处理不同的三维信息在计算机中的表达,以及如何从真实世界中有效地获取相应的三维信息。这既包括三维几何建模和几何处理这一研究方向,也包含材质和光照建模、人体建模、动作捕捉这些研究课题。

二是理解和认知。主要研究如何识别、分析并抽取三维信息中对应的语义和结构信息。这个方向有很多图形学和计算机视觉共同感兴趣的研究课题,如三维物体识别、检索、场景识别、分割以及人体姿态识别跟踪、人脸表情识别跟踪等。

三是模拟和交互。主要研究如何处理和模拟不同三维对象之间的相互作用和交互过程。这既包含流体模拟和物理仿真,也包含绘制、人体动画、人脸动画等方面的研究。

随着硬件设备的发展和普及,以及计算机视觉和机器学习技术的进步,图形学的应用场景得到扩展。面向真实世界,机器人和三维打印将成为新的应用场景;面向虚拟世界、虚拟现实,混合可视媒体将成为新兴的应用场景,带给人们更丰富的娱乐体验。

4.6.3 图形与图像处理技术的区别与联系

应当指出,从历史上来看,图形和图像有很大不同,不能混为一谈。目前,计算机图形学和数字图像处理还是作为两门课程分别讲授的。

计算机图形学是指将点、线、面、曲面等实体生成物体的模型,然后存放在计算机中,并可通过修改、合并、改变模型和选择视点来显示模型的一门学科。计算机图形学的另一个研究重点是如何将数据和几何模型转变成计算机图像。计算机图形技术主要应用于 CAD、物理实体建模(图 4-21)、可视化、虚拟现实,以及计算机动画、游戏等领域。图形学的逆过程是分析和识别输入的图像并从中提取二维或三维的数据模型(特征),例如手写体识别、机器视觉。

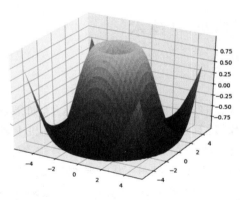

图 4-21　三维图形模型示例

在实际应用中,图形图像技术是相互关联的。图形处理技术和图像处理技术相结合可以使视觉效果和质量更好。在计算机中,图形和图像的表示都是以像素为基础,且都是数字形式表示,这就便于在同一系统中进行两种处理。随着图形图像技术的发展,两者之间相互交叉,相互渗透,其界限也越来越模糊。

【例 4-17】用 Python 绘制三维曲面图形。

Python 的 Matplotlib 库广泛用于二维图形绘制,也可以绘制三维图形,主要通过mplot3d 模块实现。三维图形实际上是在二维画布上的展示。绘制三维图形时,需要载入 ax-es3d()模块。

In[13]:	```from mpl_toolkits.mplot3d import Axes3D ♯ 载入三维模块 fig＝plt.figure() ♯定义画布 ax＝Axes3D(fig) ♯ 创建三维图形对象 ♯ 生成三维数据 X＝np.arange(－2,2,0.1) Y＝np.arange(－2,2,0.1) X,Y＝np.meshgrid(X,Y) Z＝np.sqrt(X ＊＊ 2 ＋ Y ＊＊ 2) ax.plot_surface(X,Y,Z,cmap＝plt.cm.winter) ♯绘制曲面并使用 cmap 着色 plt.show() ♯ 显示图形```
Out[13]:	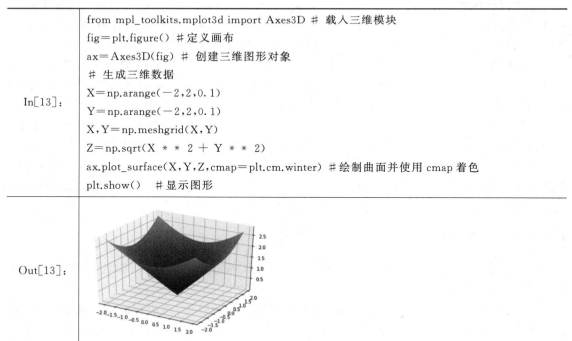

4.6.4　矢量图和位图的比较

客观世界中,图可分为两类:一类是可见的图像,例如照片、图纸和人们创作的各种美术作品等,对于这一类图,只能靠使用扫描仪、数字照相机或摄像机进行数字化输入后,才能由计算机进行间接处理;另一类是可用数学公式或模型描述的图形,这一类图可由计算机直接进行创作与处理。由此对应的图文件有两种,一种是存储图像信息的位图(bit graphics)文件,另一种是存储图形信息的矢量图(vector graphics)文件。

位图的表现力强,可适于任何自然图像,其表现细腻,层次多,色彩丰富,细节精细(如明暗变化、场景复杂和多种颜色等)。

矢量图主要是把图形元素当作矢量来处理。矢量图中的图形元素又称为图形对象,每个对象都是一个自成一体的实体,如直线、曲线、圆、方框、图表等。对象以数学方法描述,每个对象都具有颜色、形状、轮廓、大小和屏幕位置等属性,通过计算机指令来绘制。既然每个对象都是一个自成一体的实体,我们就可以多次移动和改变它的属性,而不影响图形中的其他对象。这些特征使基于矢量的图形技术特别适用于图案设计和三维建模。

矢量图形的特点是精度高,灵活性大,并且用它们设计出来的作品可以任意放大、缩小而不变形失真,而不像位图格式那样在进行高倍放大后会不可避免地方块化。用矢量图制作的作品可以在任意输出设备上输出而不用考虑其分辨率。

为了节省内存和磁盘空间,图像文件通常是以压缩的方式进行存储的。

4.7　新一代人机交互技术

人机交互是研究人与计算机之间以有效方式进行通信、交流与对话,最大限度地为人们完成信息管理、服务和处理等功能的一门技术科学。

新一代(第四代)人机交互技术具有四个标志性特征[①],即:

(1)具有多模感知(听觉、视觉、手势、笔势等)功能的人机交互方式;

(2)可进行基于智能体的听、视觉对话,作为人机交互的界面;

(3)具有基于内容检索的知识处理能力,作为人机交互内容;

(4)可以在虚拟的三维环境中实现人机通信,作为人机交互的环境。

4.7.1　虚拟现实技术

虚拟现实(virtual reality,VR)技术是一种可以创建和体验虚拟世界的计算机仿真系统。它利用计算机生成一种模拟环境,使用户沉浸到该环境中。

虚拟现实涉及计算机图形学、人机交互技术、传感技术、人工智能等领域。该技术集成了计算机图形技术、计算机仿真技术、人工智能、传感技术、显示技术、网络并行处理技术等的最新发展成果,是一种由计算机技术辅助生成的高技术模拟系统。

虚拟现实是综合集成技术,包括实时三维计算机图形技术,广角(宽视野)立体显示技术,对观察者头、眼和手的跟踪技术,以及触觉/力觉反馈、立体声、网络传输、语音输入输出技术等。

虚拟现实用计算机生成逼真的三维视、听、嗅觉等感觉,使人作为参与者通过适当装置,自然地体验虚拟世界并产生交互作用。使用者进行位置移动时,计算机可以立即进行复杂的运

---

① 袁保宗,阮秋琦,王延江,等.新一代(第四代)人机交互的概念框架特征及关键技术[J].电子学报,2003(Z1):1945-1954.

算,将精确的三维世界影像传回以产生真实感。

　　虚拟现实头戴显示器设备,简称 VR 头盔或 VR 眼镜(图 4-22),是仿真技术、计算机图形技术、人机接口技术、多媒体技术、传感技术、网络技术等多种技术集合的产品,是借助计算机及最新传感器技术创造的一种崭新的人机交互手段。

　　在虚拟现实系统中,双目立体视觉起了很大作用。VR 眼镜的显示原理是左右眼屏幕分别显示左右眼的图像,两只眼睛看到的不同图像是分别产生的,人眼获取这种带有差异的信息后在脑海中产生立体感。头戴式设备还可以追踪头部动作,用户可通过头部的运动去观察周围的环境。

　　虚拟现实系统中另外一个重要设备是 VR 手套(图 4-23)。在一个虚拟现实环境中,用户可以看到一个虚拟的杯子,使用 VR 手套感觉到杯子的存在,并设法去抓住它。这是因为在手套内层安装了一些可以模拟触觉的振动的触点。

图 4-22　VR 眼镜　　　　　　　　　　图 4-23　VR 手套

　　虚拟现实在各个领域都有着广阔的应用前景。虚拟现实在模拟训练、军事对抗演练、航天航空、CAD、三维游戏等方面已经实用化。例如在医学教学中,可以建立虚拟的人体模型,借助于跟踪球、HMD(head mounted display,头戴式显示器)、数据感觉手套,使人们很容易了解人体内部各器官结构,这比现有的采用教科书的方式要有效得多。

　　目前在虚拟现实的基础上又发展出了两种新的技术,即 AR(argumented reality,增强现实)和 MR(mix reality,混合现实)。增强现实是通过计算机技术将虚拟的信息应用到真实世界,使真实的环境和虚拟的物体实时地叠加到同一个画面或空间而同时存在。混合现实包括增强现实和增强虚拟,指的是合并现实和虚拟世界而产生的新的可视化环境。

4.7.2　可穿戴技术

　　可穿戴技术主要是指探索和创造能直接穿在身上或是整合进用户的衣服或配件的设备的科学技术。可穿戴技术是 20 世纪 60 年代美国麻省理工学院媒体实验室提出的创新技术,利用该技术可以把多媒体、传感器和无线通信等技术嵌入人们的衣着中,可支持手势和眼动操作等多种交互方式。

　　可穿戴设备多以具备部分计算功能、可连接手机及各类终端的便携式配件形式存在,主流的产品形态包括以手腕为支撑的 watch 类(包括手表和腕带等产品),以脚为支撑的 shoes 类(包括鞋、袜子或者将来的腿上佩戴产品),以头部为支撑的 glass 类[包括眼镜(图 4-25)、头盔、头带等],以及智能服装、书包、拐杖、配饰等各类非主流产品形态。可穿戴设备产品需要硬件与软件共同配合才具备智能化的功能。

健康领域是可穿戴设备优先发展的领域。可穿戴健康设备的本质是干预及改善人体健康。例如,许多智能手表和智能腕带都是为健身或健康而设计的,主要用于日常健康监测(图 4-26)。

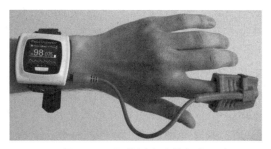

图 4-25　谷歌的智能眼镜　　　　图 4-26　可监测心率的智能手表

思考与练习

一、思考题

1. 什么是媒体？媒体是如何分类的？

2. 什么是多媒体？多媒体技术有哪些关键特性？

3. 汉字在计算机中是如何编码的？

4. 什么是中文分词？Python 使用的典型分词库叫什么？

5. 在本章中,Python 使用百度翻译 API 实现机器翻译,你认为翻译的结果可靠吗？

6. 什么是音频信号？决定音频信号波形的参数有哪些？

7. 人耳能识别的声音频率范围大约是多少？

8. 音频的采样和量化有什么区别？

9. 在数字化过程中,音频的质量与采样和量化有何关系？

10. 二维数字图像是如何表示的？

11. 图像的数字化过程的基本步骤是什么？

12. 图像的采样与分辨率的关系是怎样的？

13. 什么图像量化？量化级数与量化字长有什么关系？

14. 常见的数字图像文件有哪些？

15. 什么是 RGB 模型？如何用数字矩阵表示？

16. 图像信息为什么能压缩？

17. 数据的有损压缩和无损压缩有什么不同？

18. 图像识别中采用的主要技术是什么？

19. 什么是视频？数字化视频的优点有哪些？

20. 视频编码主要有哪些标准？

21. 计算机图形学研究的主要内容包括哪些方面？

22. 图形与图像处理技术的主要区别是什么？

23. 虚拟现实技术可能给人们带来什么体验？

24. 可穿戴设备主要有哪些产品？

二、计算题

1. 根据奈奎斯特定理,若原有声音信号的频率为 20 kHz,则采样频率应为多少?

2. 若一个数字化声音的量化位数为 16 位,则其能够表示的声音幅度等级是多少?

3. 用 44.1 kHz 的采样频率进行采样,量化位数选用 8 位,则录制 2 min 的立体声节目,其波形文件所需的存储量是多少?

4. 假设音乐信号是均匀分布的,采样频率为 44.1 kHz,采用 16 位的量化编码,试确定存储 50 min 时间段的音乐所需要的存储容量。

5. 一帧 640×480 分辨率的彩色图像,图像深度为 24 位,不经压缩,则一幅画面需要多少字节的存储空间? 按每秒播放 30 帧计算,播放一分钟需要多大存储空间? 一张容量为 650 MB 的光盘,在数据不压缩的情况下能够播放多长时间?

6. 为了使电视图像获得良好的清晰度和规定的对比度,需要用 $5×10^5$ 个像素和 10 个不同的亮度电平,所有的像素是独立的,且所有亮度电平等概率出现。求此图像所携带的信息熵。

*7. 现有一幅已离散量化的图像,图像的灰度量化分成 8 级,如下图所示。图中数字为相应像素上的灰度级。现有一个无噪声信道,单位时间(1 s)内传输 100 个二元符号。要使图像通过给定的信道传输,不考虑图像的任何统计特性,并采用二元等长码,问需多长时间才能传送完这幅图像?

```
1 1 1 1 1 1 1 1 1 1
1 1 1 1 1 1 1 1 1 1
1 1 1 1 1 1 1 1 1 1
1 1 1 1 1 1 1 1 1 1
2 2 2 2 2 2 2 2 2 2
3 3 3 3 3 3 3 3 3 3
4 4 4 4 4 4 4 4 4 4
5 5 5 5 5 5 5 5 5 5
```

三、练习与实践

1. 计算机语音识别与语音合成技术已经相当普及,请举出几例说明其应用场景。

2. 人脸识别技术已经广泛用于社会许多方面,请举出几例说明它的应用场景。

3. 在教师的指导或演示下,运行本章的演示程序,了解人工智能技术在处理媒体信息中的作用。

第5章

数据科学

数据科学家：21世纪"最性感的职业"。

——《哈佛商业评论》

大数据时代已经来临。数据资源是重要的现代战略资源,其重要程度将越来越凸显。如何组织和利用庞大的数据资源,成为信息时代亟须解决的技术问题之一。

教育部 2015 年设立了数据科学与大数据分析本科新专业,目前全国已有数百所高校开设了此专业。社会对数据科学人才的需求是明确和巨大的。

为顺应大数据时代以及数据学科的兴趣,本章简要地介绍数据科学、数据库技术的基本概念以及技术与方法,并通过一个 Python 语言实现的具体案例直观地了解数据科学的应用。

5.1　数据科学与 Python

据 JetBrains 联合 Python 软件基金会针对全球 150 个国家和超过 2 万名开发者做的一项最新调查(接受调查的对象都是正在使用 Python 的开发者和学生),84% 的调查对象把 Python 作为第一语言使用。调查表明,使用 Python 最多的领域是数据分析,超过 58%,其次才是 Web 开发、运维、机器学习、网络爬虫、测试等。

随着数据科学在各个领域的应用普及,以及大数据技术的不断推进,Python 已经成为当之无愧的大数据第一编程语言。Python 的第三方库 NumPy、SciPy、Matplotlib、pandas、scikit-learn 成为数据科学家的重要工具箱,其研究内容覆盖了从科学计算到深度学习的全栈环境,构成了基于 Python 语言的数据科学生态圈。

5.1.1　数据科学的发展与定义

数据科学在 20 世纪 60 年代已被提出,只是当时并未获得学术界的注意和认可。1974 年,彼得·诺尔(Peter Naur)出版的《计算机方法的简明调查》中将"数据科学"定义为:"处理数据的科学,一旦数据与其代表事物的关系被建立起来,将为其他领域与科学提供借鉴。"2001 年美国统计学教授威廉·克利夫兰(William Cleveland)发表了《数据科学:拓展统计学的技术领域的行动计划》,这时数据科学才作为单独的学科得以发展。

数据科学是一门正在兴起的学科。作为交叉学科,它涉及范围广,横跨多个领域,包含大量应用技术,与应用数学、统计学、运筹学等多个学科相关,又与最新的技术领域,如机器学习、深度学习、人工智能、物联网等有密切关系。

现在,各个专业领域都会产生各类独具特色的数据,所以有人说任何一个专业都会和数据科学打交道。数据科学的发展前景非常广阔。

严格来讲,数据科学作为一个新兴学科,许多理论问题都尚待研究,有关"数据科学"的定义也是模糊的。一般来说,数据科学以各类数据作为研究对象,是关于对数据进行分析、抽取信息和知识的过程提供指导和支持的基本原则和方法的科学。[①]

简而言之,数据科学的核心任务是从数据中抽取信息,发现知识。

5.1.2　数据科学研究的内容

数据科学主要以统计学、机器学习、数据可视化以及领域知识为理论基础,其主要研究内容包括以下几点:

1. 数据科学基础理论

科学的基础是观察和逻辑推理,同样要研究数据科学的理论体系、技术和方法。

---

① 覃雄派,陈跃国,杜小勇.数据科学概论[M].北京:中国人民大学出版社,2018.

2. 实验和逻辑推理方法研究

数据科学是实践性很强的学科,需要建立数据科学的实验方法和理论体系,从而认识数据的各种类型、状态、属性及变化形式和变化规律。

3. 领域数据学研究

将数据科学的理论和方法应用于许多领域,从而形成专门领域的数据学,例如脑数据学、行为数据学、生物数据学、气象数据学、金融数据学、地理数据学。

4. 技术与工具

数据科学又是一门实践性很强的科学,着重解决领域内的数据问题。技术与工具涉及数据获取、数据存储与管理、数据安全、数据分析、数据可视化等各个方面,具有较强的专业性。

5.1.3 数据科学视角下的数据系统架构

数据处理系统基于计算机系统的存储和计算能力而建立。从数据科学的系统视角来看,整个系统可以分成三个主要层次,如图 5-1 所示。

1. 数据库和数据中心

数据库是以一定方式储存在一起、能与多个用户共享、与应用程序彼此独立的数据集合。

数据中心是一整套复杂的设施。它不仅包括计算机系统和其他与之配套的设备(例如通信和存储系统),还包含冗余的数据通信连接、监控设备以及各种安全装置等。

2. 数据科学工具与软件

借助于数据科学软件或程序,对该数据集进行勘探,发现整体特性;进行数据研究分析(例如使用数据挖掘技术)或者数据分析,得到有价值的数据。

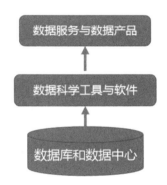

图 5-1 数据处理系统示意

数据科学工具与软件包括数据科学软件和数据编程语言(如 Python),例如商业化的统计分析软件 SAS、MATLAB,甚至 Excel 办公软件等,都属于数据处理的应用软件。

3. 数据服务与数据产品

数据服务是指面向各种业务需求的操作型业务,大数据就是数据服务的一种形式。

数据产品是可以发挥数据价值以辅助用户更优地做决策的一种产品形式。它在用户的决策和行动过程中,可以充当信息的分析展示者和价值的发现者。

5.1.4 数据科学视角下的数据分析流程

数据分析的流程如图 5-2 所示。

图 5-2　数据分析流程

1. 数据采集与存储

面向特定的问题,把相关的业务数据采集起来,然后以某种格式记录在计算机内部或外部存储介质上。

2. 数据清洗

数据清洗是指发现并纠正数据文件中可识别的错误,包括检查数据一致性,处理无效值和缺失值等。通常由计算机程序自动完成。

3. 数据集成

数据集成是把不同来源、格式、类型的异构数据在逻辑上或物理上有机地集中,从而为数据分析、处理与共享做准备。

4. 数据分析

利用统计分析、数据挖掘和机器学习方法,对数据进行分析处理,获得分析结果,是数据分析处理流程的重要步骤。

5. 数据可视化

不管是对数据分析专家还是普通用户,数据可视化是数据分析工具最基本的要求。数据可视化借助于图形化手段,将数据分析结果直观、清晰、有效地展现出来,使用户可以从不同的维度观察数据,对数据有更深入的理解。

6. 基于数据的决策

对于任何问题的处理最终都要进行决策,而正确决策又依赖充足的信息及准确的判断。通过对数据分析结果进行解读,用户可以进行科学的决策。

5.1.5　数据科学、数据库与大数据技术之间的关系

数据库(database)是按照数据结构来组织、存储和管理数据的仓库。数据库经历了层次型、网络型到关系型的发展过程。从 20 世纪 70 年代到现在,关系型数据库一直一统江湖。直到大数据时代,由于非结构化数据大量涌现,才诞生了非关系型数据库。但是,传统的关系型数据库仍然占据数据存储的相当份额。

传统数据库的主要功能是对事务(或业务)信息进行增加、删除、修改、查询等操作,支持业务的运行。业务数据库的持续运行积累了大量的基础数据,为数据科学提供了重要的数据源。

大数据是数据科学的一个分支,是数据科学的重要组成。但是,我们不能把数据科学等同于大数据分析。另外,大数据的"大"其实应该是相对于当前的存储技术和计算能力而言的。在大数据时代,大数据特有的价值源于其规模效应——当数据量足够大时,其价值能够产生从量变和质变的效应。另外,从技术的发展来看,现在的大数据在将来可能不再称为大数据了。

从大数据专业课程体系看,为了区分和凸显新专业的特殊性,在每个课程的名称中简单机械地增加了"大数据"字样,如"大数据系统与算法"等。但是,从国外经验可以看出,数据科学专业的课程不一定要打"大数据"的旗号。[1]

有关大数据的基本知识与综合应用案例将在第 8 章中介绍。

5.1.6 想成为数据科学家吗?

2017 年末,Python 软件基金会与 JetBrains 一起开展了 Python 开发人员调查,目标是确定最新趋势,并深入了解 Python 在开发界的使用情况。调查时将"数据分析和机器学习"结合到一个单一的"数据科学"类别之中,结果显示很多受访者都在使用 Python 进行数据科学研究。

《哈佛商业评论》曾有文章将数据科学家评价为 21 世纪"最性感的职业"[2]。那么,要想成为一名数据处理专家或数据科学家,需要什么样的知识背景和具体技能呢?

Ed Jones 提出,出色的数据科学家应具备三种能力:用数学的思维方式看待数据的能力;使用程序进行数据的获取、开发以及建模的能力;具有较强的计算机科学和软件工程能力。

从技术的角度来说,为了完成数据分析任务,并利用数据解决各领域的问题,数据科学家需要拥有一系列的知识和技能,其中包括一定的数学基础。具体能力要求可概括为以下六方面:

(1)数据提取与综合能力;

(2)统计分析能力;

(3)信息挖掘能力;

(4)机器学习能力

(5)软件开发能力;

(6)数据的可视化表示能力。

除了以上方面,数据科学家还需要对待解决的领域问题有深入的理解,具备全流程数据处理的能力,例如理解任务需要和业务数据,收集数据,集成数据,数据挖掘,能够和业务部门沟通,并将可视化结果展示给用户。

5.1.7 数据科学家从 Python 开始

"数据科学家"这个名称在 2009 年由邱南森(Yau Nathan)首次提出,数据科学家是指能采用科学方法、运用数据挖掘工具对复杂多量的数字、符号、文字、网址、音频或视频等信息进行数字化重现与认识,并能寻找新的数据洞察的工程师或专家。

1. 什么是 Python

随着人工智能、大数据、数据科学时代的到来,Python 成为目前最流行的语言之一,无论是在数据采集与处理方面还是在数据分析与可视化方面都有独特的优势。我们可以利用 Python 便捷地开展与数据相关的项目。

Python 是一门解释型、面向对象、带有动态语义的高级程序设计语言。Python 将许多机器层面上的细节隐藏,交给编译器处理。Python 程序员可以花更多的时间思考程序的逻辑,而不是具体的实现细节。

得益于 Python 社区的发展壮大,世界各地的程序员或机构通过开源社区贡献了十几万个

---

[1] 朝乐门,刑春晓,王雨晴.数据科学与大数据技术专业特色课程研究[J].计算机科学,2018,45(3):1-8.

[2] 达文波特,帕蒂尔.数据科学家:21 世纪"最性感的职业"[J].哈佛商业评论,2012.

第三方函数库,使得 Python 的应用领域得到了极大的扩展,如各种数据分析与处理场合。很多大公司和机构,包括谷歌、雅虎(Yahoo)、百度、NASA(美国宇航局)等,都在大量地使用 Python。

Python 是数据科学的重要工具,它具有以下特点,其中一些特征是 Python 所独有的。

(1)简单易学

Python 的定位是优雅、明确、简单。Python 语法简洁而清晰,阅读一个良好的 Python 程序感觉像是在读英语一样。Python 的这种简洁特征使用户能够专注于解决问题而不是去搞明白语言本身。

(2)Python 的计算生态

Python 解释器提供了几百个内置类和函数库,具备良好的编程生态。几乎覆盖了计算机技术的各个领域。程序员在编写 Python 程序时可以大量利用已有内置或第三方代码。

(3)Python 是自由/开放源码软件

Python 是开源运动的一个成功案例,这使得众多的程序员和软件机构在此基础上共享和进一步开发,Python 自身也因此变得更好。

另外,Python 常被昵称为"胶水语言",因为它能够很轻松地把用其他语言制作的各种模块(尤其是 C、C++)联结在一起。

(4)可移植性

由于 Python 的开源本质,Python 程序可以在任何安装解释器的计算机环境中执行,并已经被移植在许多平台上。

(5)支持面向过程和面向对象的编程

Python 既支持面向过程的函数编程,也支持面向对象的抽象编程。与其他主要的语言如 C++和 Java 相比,Python 可以用一种非常强大又简单的方式实现面向对象编程。

(6)Python 应用领域广泛

Python 的应用领域极其广泛,可以说几乎是无所不包,主要有人工智能与机器学习、数据科学、Web 与移动应用、科学计算和工程计算。

5.1.8 数据科学家的工具箱

工具、技术和解决方案是数据科学家洞察数据的利器。数据科学家在选择大数据、数据挖掘和数据分析工具时,更倾向于有一定生态基础的工具,这样各个工具间可以相互支持。Python 是计算生态的天然产物,Python 社区拥有大量成熟的工具箱。图 5-3 所示为数据科学家工具箱中的主要工具。

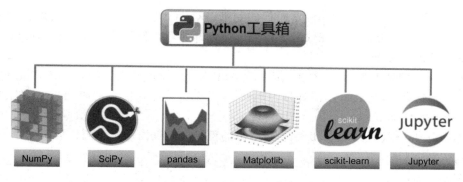

图 5-3 数据科学家的工具箱

1. NumPy：数值计算

NumPy(Numeric Python)专为进行严谨的数值计算而开发，是 Python 的一种开源的数值计算扩展。NumPy 可用来存储和处理大型矩阵，并提供许多高级的数值编程工具，如矩阵数据类型、矢量处理，以及精密的运算库。

2. SciPy：科学计算

SciPy 是 Python 科学计算程序的核心包，含致力于科学计算中常见问题的各个工具箱，例如插值、积分、优化、图像处理、特殊函数。SciPy 有效地利用了 NumPy 矩阵，与 NumPy 协同工作。

3. pandas：数据分析

pandas 是基于 NumPy 的一种工具，最初被作为金融数据分析工具而开发出来，因此，pandas 为时间序列分析提供了很好的支持。pandas 库提供一些标准的数据模型和大量的函数、方法，使人们能够高效地操作大型数据集，快速便捷地处理数据任务。

pandas 也可以生成各种高质量的图形。

4. Matplotlib：图形绘制

Matplotlib 库是 Python 优秀的数据可视化第三方库，它以各种硬拷贝格式和跨平台的交互式环境生成出版质量级别的图形。通过 Matplotlib，开发者仅需要几行代码，便可以绘制各种常见图形，包括直方图、条形图、折线图、饼图、散点图等，也可以绘制简单的三维图形。

5. scikit-learn：机器学习

scikit-learn(简称 sklearn)是目前最受欢迎，也是功能最强大的用于机器学习的 Python 第三方库。sklearn 的基本功能主要被分为六大部分：分类、回归、聚类、数据降维、模型选择和数据预处理。由于其强大的功能、优异的拓展性以及易用性，sklearn 目前是数据科学最重要的工具之一。

6. Jupyter Notebook

Jupyter Notebook 是数据科学/机器学习社区内一款非常流行的工具。Jupyter Notebook 提供了一个环境，编程者无须离开这个环境就可以在其中编写代码、运行代码、查看输出；提供了在同一环境中执行数据可视化的功能。因此，这是一款可执行端到端的数据科学工作流程的便捷工具，其中包括数据清理、统计建模、构建和训练机器学习模型、可视化数据等等。

Jupyter Notebook 允许数据科学家创建和共享他们的文档，从代码到全面的报告都可以。它能帮助数据科学家简化工作流程，获得更高的生产力和实现更便捷的协作，因而成了数据科学家最常用的工具之一。

5.2　数据库技术

数据库技术是数据科学的重要组成部分，它研究如何组织和存储数据，如何高效获取和处理数据，并将这种方法用软件技术实现，为信息时代提供安全、方便、有效的信息管理手段。因此,了解数据库技术的基本原理,对于科学地组织和存储数据、高效地获取和处理数据、方便而充分地利用宝贵的信息资源是十分重要的。

5.2.1　数据库系统的组成

数据库系统(database system,DBS)是一个整体的概念,从根本上说,它是一个提供数据存储、查询、管理和应用的软件系统,是存储介质、处理对象和管理系统的集合体。从数据库系统组成的一般概念而言,它主要包括数据库(database)、数据库管理系统(database management system,DBMS)、数据库应用系统和数据库用户,各部分之间的关系如图 5-4 所示。

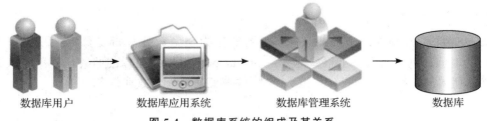

数据库用户　　　　数据库应用系统　　　　数据库管理系统　　　　数据库

图 5-4　数据库系统的组成及其关系

1. 数据库

"数据库"从字面上可理解为数据的仓库,但事实上它并非通常意义上的仓库。数据库中的数据不是杂乱无章的堆集,而是以一定结构存储在一起且相互关联的结构化数据集合。数据库不仅存放了数据,而且还存放了数据与数据之间的关系。

一个数据库系统中通常有多个数据库,每个库由若干张表(table)组成。例如要创建一个学生成绩的数据库,就要建立一个学生表、开设的课程表、学生成绩表,还要为授课的教师建立一个教师表,这些表之间存在着某种关系。每个表具有预先定义好的结构,它们包含的是适合于该结构的数据。表由记录组成,在数据库的物理组织中以文件形式存储。

2. 数据库管理系统

数据库管理系统是用于描述、管理和维护数据库的软件系统,是数据库系统的核心组成部分。数据库管理系统建立在操作系统的基础上,对数据库进行统一的管理和控制。它接受用户的操作命令并予以实施,用户借助这些命令就可以完成对数据库的管理操作。总之,对数据库的一切操作都是在数据库管理系统控制下进行的。无论是数据库管理员还是终端用户,都不能直接访问或操作数据库,而必须利用数据库管理系统提供的操作语言来使用或维护数据库中的数据。从这个意义上说,数据库管理系统是用户和数据库之间的接口。

数据库管理系统的功能可以概括为下列三个方面:

(1)描述数据库:描述数据库的逻辑结构、存储结构、语义信息和保密要求等。

(2)管理数据库:控制整个数据库系统的运行,控制用户的并发性访问,检验数据的安全性、保密性与完整性,执行数据的检索、插入、删除、修改等操作。

(3)维护数据库:控制数据库初始数据的装入,记录工作日志,监视数据库性能,修改更新数据库,重新组织数据库,恢复出现故障的数据库。

3. 数据库应用系统

数据库应用系统是程序员根据用户需要在数据库管理系统支持下运行的一类计算机应用系统。在微型计算机上的数据库应用系统一般都使用通用数据库管理系统,例如 MySQL 等。程序员只须进行数据库和应用程序的设计,而其他功能由数据库管理系统提供。

近年来,许多数据库管理系统提供了多种面向用户的数据库应用程序开发工具,如各种向导、查询、窗体、报表等,这些工具可以简化使用数据库管理系统的过程,在很大程度上减少了编程量,使一般用户也可以进行数据库应用系统的开发。

4. 数据库用户

数据库系统中有多种用户,他们分别扮演不同的角色,承担不同的任务,如图 5-5 所示。

终端用户具体使用和操作数据库应用系统,通过应用系统的用户界面使用数据库来完成其业务活动。数据库对最终用户是透明的,他们不必了解数据库系统实现的细节。

应用程序员以用户需求为基础编制具体的应用程序,操作数据库。

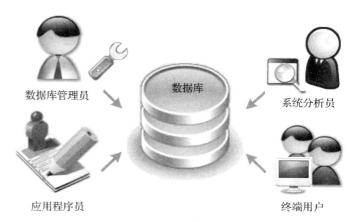

图 5-5　各类数据库用户

数据库的模式结构保证了他们不必考虑具体的存储细节。

系统分析员要负责应用系统的需求分析与规范说明,需要从总体上了解、设计整个系统,因此他们必须与用户及数据库管理员合作,确定系统的软硬件配置并参与数据库各级模式的概要设计。

数据库管理员(database administrator,DBA)负责全面管理和控制数据库系统,数据库管理员的素质在一定程度上决定了数据库应用的水平,所以他们是数据库系统中最重要的人。

5.2.2　数据库系统的特点

1. 可实现数据共享

数据库技术的根本目标之一是要解决数据共享的问题。共享是指数据库中的相关数据可为多个不同的用户所使用,这些用户中的每一个都可存取同一块数据并可将它用于不同的目的。由于数据库实现了数据共享,因而避免了用户各自建立应用文件,减少了大量重复数据。

2. 可减少数据冗余

数据冗余是指数据之间的重复,或者说是同一数据存储在不同数据文件中的现象。冗余数据和冗余联系容易破坏数据的完整性,给数据库维护增加困难。

3. 可实施标准化

标准化的数据存储格式是进行系统间数据交换的重要手段,是解决数据共享的重要课题之一。如果数据的定义和表示没有统一的标准和规范,同一领域不同数据集、不同领域相关数据集的数据描述不一致,就会严重影响数据资源的交换和共享。

5. 可保证数据安全

有了对工作数据的全部管理权,数据库管理员就能确保只能通过正常的途径对数据库进行访问和存取,还能规定存取机密数据时所要执行的授权检查。对数据库中每块信息进行的各种存取(检索、修改、删除等),可建立不同的检查。

6. 可保证数据的完整性

数据的完整性问题是对数据库的一些限定和规则,通过这些规则可以保证数据库中的数据合理性、正确性和一致性。

5.2.3 由现实世界到数据世界

获得一个数据库管理系统所支持的数据模型的过程,是一个从现实世界的事物出发,经过人们的抽象,以获得人们所需要的概念模型和数据模型的过程。信息在这一过程中经历了三个不同的世界,即现实世界、概念世界和数据世界(图5-6)。

图 5-6 从现实世界到数据世界的过程

1. 现实世界

现实世界就是人们通常所指的客观世界,事物及其联系就处在这个世界中。一个实际存在并且可以识别的事物称为个体。个体可以是一个具体的事物,比如一个人、一台计算机、一个企业网络;也可以是一个抽象的概念,如某人的爱好与性格。通常把具有相同特征的个体的集合称为全体。

2. 概念世界

概念世界又称信息世界,是指现实世界的客观事物经人们的综合分析后,在头脑中形成的印象与概念。现实世界中的个体在概念世界中称为实体。概念世界不是现实世界的简单映像,而是经过选择、命名、分类等抽象过程产生的概念模型。或者说,概念模型是对信息世界的建模。

3. 数据世界

数据世界又称机器世界。因为一切信息最终是由计算机进行处理的,进入计算机的信息必须是数字化的。由信息世界进入数据世界后,相应于信息世界的实体和属性等在数据世界中要进行数据化的表示。例如,每一个实体在数据世界中称为记录,相应的属性称为数据项或字段,相应的实体集称为文件。

5.2.4　关系数据库模型

当人们描述现实世界时,通常采用某种抽象模型来描述。广义地讲,模型(model)是对客观世界中复杂对象的抽象描述,获取模型的抽象过程叫作建模(modeling)。例如,用数学的观点来描述现实世界,可以建立一个数学模型;用物理学的观点来描述现实世界,就得到了关于它的物理模型。在数据库系统中,用数据的观点来描述现实世界,就获得了它的数据模型。

数据库模型(database model)是数据库系统中用于提供信息表示和操作手段的形式构架。从构成上看,数据结构、数据操作与数据的约束条件是数据模型三要素。模型的结构部分规定了数据如何被描述(例如树、表等);模型的操作部分规定了数据的添加、删除、显示、维护、打印、查找、选择、排序和更新等操作。数据的约束条件是一组完整性规则的集合。例如,常见的关系数据库模型就是由关系数据结构、关系操作集合和关系完整性约束三部分组成。

1970 年,关系数据库的奠基人科德(Codd)提出了关系模型。关系模型能够较全面地处理数据之间的关系而且结构明确,是数据库领域的一次革命。关系模型是一种用二维表表示实体集、主键标识实体、外键表示实体间联系的数据模型。关系模型的主要优点是数据表达简单,即使是比较复杂的查询也很容易表达出来,因而得到广泛的使用。使用关系模型的数据库称为关系数据库。

5.2.5　关系数据库中概念模型的表示方法:E-R 图

有很多方法可以表示概念模型,其中最常用的一种是 E-R 图(entity-relationship diagram),也称为实体-联系图。E-R 图是用来描述现实世界的模型,是关系模型数据设计的有力工具。

构成 E-R 图的基本要素是实体、属性和联系,用到的符号包括矩形、椭圆形、菱形及连线,如图 5-7 所示。

实体　　　属性　　　联系　　　连线

图 5-7　E-R 图的表示符号

1. 实体(entity)

在信息世界中,客观存在并且可以相互区别的事物称为实体。例如,某个学生、某一门课程、某个教师均可以看成是实体。

实体在 E-R 图中用矩形表示,矩形框内写明实体名。

2. 属性(attribute)

属性用于描述实体的某些特征。一个实体可由若干个属性来刻画。例如,"学生"实体可用学号、姓名、性别、出生日期等属性来描述。

唯一标识实体的属性或属性集称为键(key)。如学生的学号可以作为学生实体的键。由于学生的姓名有可能有重名,因此不能作为学生实体的键。

每个属性都有自己的取值范围,属性的取值范围叫作该属性的值域。例如"成绩"属性的值域可能是0~100,而"性别"属性的取值只能是"男"或"女"。

在E-R图中,属性用椭圆形表示,并用无向边连线将其与相应的实体连接起来。如图5-8(a)所示的是学生实体及其属性,图5-8(b)所示的是成绩实体及其属性。

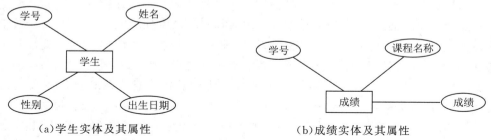

(a)学生实体及其属性　　　　　　(b)成绩实体及其属性

图5-8　学生实体与成绩实体

3. 值域(domain)

属性的取值范围称为该属性的值域,实体的属性值是数据库中存储的主要数据。例如,学号的域为字母和数字的组合,姓名的域为字符串集合,性别的域为"男"或"女"。

4. 实体集(entity set)

同一类型实体的集合称为实体集。例如,全体学生就是一个实体集。

5. 联系(relationship)

正如现实世界中事物之间存在着联系一样,实体之间也存在着联系。实体之间的联系通常是指不同实体集之间的联系。实体间的联系可分为一对一、一对多与多对多三种联系类型,如图5-9所示。

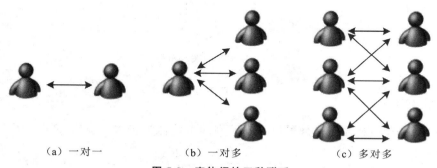

(a) 一对一　　　　　　(b) 一对多　　　　　　(c) 多对多

图5-9　实体间的三种联系

设A、B为两个实体集,则每种联系类型的简单定义可叙述如下:

(1)一对一联系(1:1)

若实体集A中的每个实体至多和实体集B中的一个实体有联系,则称A与B是一对一的联系,记作1:1。例如,一个学校只有一个校长,并且一个校长只能在一所学校任职,则学校与校长之间是一对一的联系。

（2）一对多联系（$1:n$）

如果实体集 A 中的每一个实体和实体集 B 中的多个实体有联系，且实体集 B 中的每个实体至多只和实体集 A 中一个实体有联系，则称 A 与 B 是一对多的联系，记作 $1:n$。例如，一个学校有很多个学生，而每个学生只能在一个学校注册。

（3）多对多联系（$m:n$）

若实体集 A 中的每一个实体和实体集 B 中的多个实体有联系，且实体集 B 中的每个实体也可以与实体集 A 中的多个实体有联系，则称实体集 A 与实体集 B 是多对多的联系，记作 $m:n$。例如，一个学生可以选修多门课程，而每一门课程也有多名学生选修，课程与学生两个实体间是多对多的联系。

联系在 E-R 图中用菱形表示，菱形框内写明联系名，并用无向边分别与有关实体连接起来，同时在无向边旁标上联系的类型（$1:1$、$1:n$ 或 $m:n$）。

【例 5-1】分析教师与学生两个实体的联系，并画出 E-R 图。

教师给学生授课存在"授课"关系，学生选修课程存在"选课"关系，各实体间通过联系相关联，且存在着多对多的联系（$m:n$），如图 5-10 所示。

图 5-10　多对多联系示例

表 5-1 列出了从现实世界到数据世界有关术语的映射与对照，有助于同学们理解这些概念之间的联系与区别。

表 5-1　三个不同世界术语对照表

现实世界	概念世界	数据世界
组织（事务及其联系）	实体及其联系	数据库
事物类（总体）	实体集	文件
事物（对象、个体）	实体	记录
特征	属性	数据项（字段）

5.2.6　关系模型的基本概念及性质

鉴于关系模型的重要性和普及性，本节将重点介绍关系的一些基本概念，这些知识点对于理解什么是关系模型十分重要。

1. 关系模型的基本概念

（1）关系：对应通常所说的表，它由行和列组成。

（2）关系名：每个关系要有一个名称，称之为关系名。

（3）元组：表中的每一行称为关系的一个元组，它对应于实体集中的一个实体。

（4）属性：表中的每一列对应于实体的一个属性，每个属性要有一个属性名。

（5）值域：每个属性的取值范围称为它的值域。关系的每个属性都必须对应一个值域，不同属性的值域可以相同或不同。

（6）主键：又称主码。为了能够唯一地定义关系中的每一个元组，关系模型需要用表中的某个属性或某几个属性的组合作为主键。按照关系完整性规则，主键不能取空值（NULL）。

（7）外键：在关系模型中，为了实现表与表之间的联系，通常将一个表的主键作为数据之间联系的纽带放到另一个表中，这个起联系作用的属性称为外键。

【例 5-2】在成绩管理库中，有"学生表"和"成绩表"，要求在两个表中，设计各自的主键，实现这两个表的关联。

这个公共属性就是"学号"，在"学生表"中设置为主键，在"成绩表"中成为外键，如表 5-2 和表 5-3 所示。

表 5-2　学生表

学号	姓名	性别	生源	专业编号
S01001	王小闽	男	福建	P01
S01002	陈京生	男	北京	P01
S02001	张渝	男	四川	P02
S02002	赵莉莉	女	福建	P02

表 5-3　成绩表

学号	课程号	成绩
S01001	C001	87
S01001	C003	90
S02001	C006	80
S02001	C002	76

对关系及其属性的描述可用下列形式表示：

关系名（属性 1，属性 2，…，属性 n）

例如，学生关系可描述为：

学生（学号，姓名，性别，生源，专业编号）

2. 关系模型的性质

关系是一个二维表，但并不是所有的二维表都是关系。关系应具有下列性质，这些性质又可以看成是对关系基本概念的另一种解释：

（1）关系中每个属性值是不可分解的。

（2）关系中每个元组代表一个实体，因此不允许存在两个完全相同的元组。

（3）元组的顺序无关紧要，可以任意交换，不会改变关系的意义。

（4）关系中各列的属性值取自同一个域，故一列中的各个分量具有相同性质。

（5）列的次序可以任意交换，不改变关系的实际意义，但不能重复。

3. 关系模型支持的三种基本运算

（1）选择（selection）

选择运算是根据给定的条件，从一个关系中选出一个或多个元组（表中的行）。被选出的元组组成一个新的关系，这个新的关系是原关系的一个子集。

（2）投影（projection）

投影就是从一个关系中选择某些特定的属性（表中的列）重新排列组成一个新关系，投影之后属性减少，新关系中可能有一些行具有相同的值。如果这种情况发生，重复的行将被删除。

【例 5-3】从"学生表"的关系中选取部分属性得到新的关系。

在"学生表"关系中选取"性别"为"男"性的记录,组成新的关系,如表 5-4、表 5-5 所示。

表 5-4　选择运算

学号	姓名	性别	生源	专业编号
S01001	王小闽	男	福建	P01
S01002	陈京生	男	北京	P01
S02001	张渝	男	四川	P02

表 5-5　投影运算

学号	姓名	性别	生源
S01001	王小闽	男	福建
S01002	陈京生	男	北京
S02001	张渝	男	四川

（3）连接(join)

连接运算是从两个或多个关系中选取属性间满足一定条件的元组,组成一个新的关系。

【例 5-4】将"学生表"(表 5-2)和"成绩表"(表 5-3)按条件(学号)进行连接,生成一个新关系。

使用 SQL 命令,进行连接而生成的新关系如表 5-6 所示

表 5-6　连接运算

学号	姓名	性别	课程号	成绩
S01001	王小闽	男	C001	87
S01002	陈京生	男	C003	90
S02001	张渝	男	C006	80
S02002	赵莉莉	女	C002	76

5.2.7　关系完整性

关系模型的完整性规则是对关系的某种约束条件。为了保持数据库中数据与现实世界的一致性,关系数据库的数据与更新操作必须遵循三类完整性规则,即实体完整性、参照完整性和用户定义完整性。

（1）实体完整性(entity integrity)

实体完整性是针对基本关系的,一个基本表通常对应现实世界中的一个实体集。实体完整性规定关系的所有元组的主键属性不能取空值,如果出现空值,那么主键值就起不了唯一标识元组的作用。例如,当选定学生表中的"学号"为主键时,则"学号"属性不能取空值。

（2）参照完整性(referential integrity)

现实世界中的实体之间往往存在某种联系,这样就会存在关系之间的引用。参照完整性实质上反映了主键属性与外键属性之间的引用规则。例如,"学生表"和"成绩表"之间存在着属性之间的引用,即"成绩表"引用了"学生表"中的主键"学号"。显然,"成绩表"中的"学号"属性的取值必须存在于"学生表"中。

（3）用户定义完整性(user-defined integrity)

实体完整性和参照完整性是任何关系数据库系统都必须支持的。除此之外,不同的关系数据库系统根据应用环境的不同,往往还需要一些特殊的约束条件。用户定义的完整性就是针对某一具体关系的数据库的约束条件,它反映某一具体应用所涉及的数据必须满足的语义要求。例如,可以根据具体的情况规定学生成绩应在 0~100 分之间。

由以上介绍可知,实体完整性和参照完整性是关系模型必须满足的完整性约束条件,被称为关系的两个不变性,应该由关系数据库系统自动支持;用户定义完整性是应用领域需要遵循的约束条件,体现了具体领域中的语义约束。

5.2.8　数据库应用系统设计

数据库应用系统的设计是指创建一个性能良好、能满足不同用户使用要求的、又能被选定

的数据库管理系统所接受的数据库以及基于该数据库的应用程序。实践表明,数据库设计是一项软件工程,开发过程必须遵循软件工程的一般原理和方法。

数据库不是独立存在的,它总是与具体的应用相关,为具体的应用而建立。数据库设计的目标是:对于一个给定的应用环境,构造出最优的数据库模式,进而建立数据库及其应用系统,满足各种用户的应用要求。设计一个数据库需要耐心收集和分析数据,仔细理清数据间的关系,消除对数据库应用不利的隐患,等等。一个数据库设计的好坏将直接影响将来基于该数据库的应用。在整个设计过程中,必须按步骤认真完成。

关系数据库的设计过程可按以下步骤进行:

(1)数据库系统需求分析;

(2)数据库概念设计;

(3)数据库逻辑设计;

(4)关系的规范化;

(5)数据库的创建与维护。

在最初的设计中,不必担心发生错误或遗漏。数据库设计的初始阶段出现的一些错误是极易修改的。但一旦数据库中拥有大量数据,并且被用到查询、报表、窗体或 Web 访问页中,再进行修改就非常困难了。所以在确定数据库设计之前一定要做适量的测试和分析工作,排除其中的错误和不合理的设计。

1. 数据库系统需求分析

系统需求分析,是为了了解系统到底需要什么样的功能,以便设计数据库系统。数据库设计的最初阶段必须对用户的需求有较清楚的了解,设计前与用户深入沟通。与有经验的设计人员交流是十分重要的。

下面简单分析学生成绩管理系统的功能需求。

学生成绩管理是学校教务管理现代化的重要环节,系统的设计目标是对学生成绩等相关数据实现信息化管理,以提高工作效率,方便用户。该系统的基本要求是采用数据库对学生成绩进行管理,以方便地查询到相关的教学信息,包括学生的基本信息、选课成绩、课程信息、教师信息以及专业信息等,并且能够对这些数据进行添加、修改、删除、查询等操作。系统还应该考虑对数据库的完整性要求,保证数据的一致性。

2. 数据库概念设计

在需求得到确认后,就进入数据库设计过程的第二阶段——数据库概念设计。概念设计是对现实世界的一种抽象,它抽取了客观事物中人们所关心的信息,忽略了非本质的细节,并对这些信息进行精确描述。概念模型设计是根据用户需求设计的数据库模型,可用实体-联系模型(E-R 模型)表示。

E-R 模型是在数据库设计中被广泛用作数据建模的工具。它所表示的概念模型与具体的数据库管理系统所支持的数据模型相独立,是各种数据模型的共同基础。在进行数据库概念设计时,应对各种需求分而治之,即先分别考虑各个用户的需求,形成局部的概念模型(又称为局部 E-R 模式),其中包括确定实体、属性。然后根据实体间联系的类型,将它们综合为一个全局的结构。全局 E-R 模式要支持所有局部 E-R 模式,合理地表示一个完整的、一致的数据库概念结构。

概念模型是对用户需求的客观反映,并不涉及具体的计算机软、硬件环境。因此,在这一阶段中必须将注意力集中在怎样表达出用户对信息的需求,而不考虑具体实现问题。

【例 5-5】对学习成绩管理系统进行需求分析,画出全局 E-R 图。

[分析]根据需求分析,全局 E-R 图设计了四个实体,分别是学生、课程、教师与专业,各实体通过联系关联起来,如图 5-11 所示。

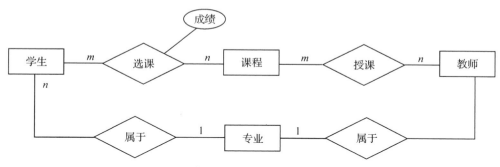

图 5-11 学习成绩管理系统的全局 E-R 图

在联系确定后也要命名,命名应该反映联系的语义,如"选课""任课"等。联系本身也可以产生属性,如"选课"联系的"成绩"属性。

3. 数据库逻辑设计

概念设计阶段完成后,就得到了数据库的 E-R 模式。在这个环节,必须选择一个数据库管理系统来实现数据库设计,将数据库概念设计转换为数据库管理系统支持的关系模式,完成逻辑结构的设计。因此,数据库逻辑设计的主要任务就是将 E-R 模式转化为关系数据库模式。

E-R 模式是由三个要素组成的,即实体型、实体的属性和实体型之间的联系。所以将 E-R 图转换为关系模型实际上就是要将实体型、实体的属性和实体型之间的联系转换为关系模式,这种转换遵循的原则是:一个实体型转换为一个关系模式。实体的属性就是关系的属性,实体的键就是关系的键。

对于实体型间不同类型的联系,转换的规则是:

(1)若实体间联系是 1∶1,可以在由两个实体类型转换成的两个关系模式中任意一个的属性中加入另一个关系模式的键和联系类型的属性。

(2)若实体间联系是 1∶n,则在由 n 端实体类型转换成的关系模式中加入"1"端实体类型的键和联系类型的属性

(3)若实体间联系是 $m∶n$,则将联系类型也转换成关系模式,其属性为两端实体类型的键加上联系类型的属性,而键为两端实体键的组合。

(4)三个或三个以上实体间的多元联系可以转换为关系模式。与该多元联系相连的各实体键以及联系本身的属性均转换为关系的属性,各实体键组成关系的键或关系键的一部分。

【例 5-6】由学生成绩管理系统全局 E-R 图,按照 E-R 图向关系模型的转换规则,将实体、实体的属性和实体之间的联系转换为关系模式。

按照转换规则,得到的关系模式如下:

学生(学号,姓名,性别,出生日期,专业编号) 主键:学号;外键:专业编号

课程（<u>课程编号</u>,课程名称,学时,学分,学期,教师编号）　　主键:课程编号;外键:教师编号

专业（<u>专业编号</u>,专业名称,专业负责人）　　主键:专业编号

教师（<u>教师编号</u>,姓名,性别,出生年月,职称,专业编号）　　主键:教师编号;外键:专业编号

成绩（<u>学号,课程编号</u>,成绩）　　外键:学号,课程编号

其中"成绩"关系由"选课"联系而得来,并包括本身的属性"成绩"。

4. 关系的规范化

设计关系数据库时,关系模式不可以随意建立,而是必须满足一定的规范化要求。在关系数据库中,这种规则就是范式(normal form)。范式是符合某一种级别的关系模式的集合。目前关系数据库有六种范式:第一范式(1NF)、第二范式(2NF)、第三范式(3NF)、第四范式(4NF)、第五范式(5NF)和第六范式(6NF)。满足最低要求的范式是第一范式。在第一范式的基础上进一步满足更多要求的称为第二范式,其余范式依此类推。一般说来,数据库只须满足第三范式就行了。

5. 数据库的创建与维护

完成数据模型的建立后,最后一个阶段是建立与维护数据库,并创建表等其他数据库对象。

*5.2.9　利用 MySQL 创建数据库系统

MySQL 是一种开放源代码的关系型数据库管理系统,使用结构化查询语言(SQL)进行数据库管理。当今的所有关系型数据库管理系统都是以 SQL 作为核心的。

下面以学生成绩管理系统数据库为例,简要介绍建库建表的实现过程。通过这个示例,学习者可以基本了解 SQL 是如何完成数据库系统基本操作的。

1. 创建数据库

命令格式:create database<数据库名>

```
mysql>create database scoredb;//创建名为 scoredb 的数据库
Query OK,1 row affected(0.01 sec)//返回信息
mysql> show databases;//显示已建立的数据库
Database //返回信息
scoredb
```

2. 连接数据库

命令格式:use <数据库名>

```
mysql>use scoredb;
Database changed//返回信息
mysql>select database();//当前选择的数据库
database() //返回信息
scoredb
```

3. 在数据库中创建表

命令格式：create table<表名>(<字段名1><类型1>[,…<字段名n><类型n>]);

表是数据库中用来存储和管理数据的对象,是整个数据库的基础,也是查询、报表等其他对象的数据来源。只有数据库中建立了表,才能往表中输入数据。

例如,要建立一个名为"student"的学生信息表,定义表结构如下(字段名不建议用中文)：

字段名	字段含义	数字类型	数据宽度	是否为空	是否主键	是否外键
stu_ID	学号	int	4	否	primary key	
Name	姓名	char	20	否		
Sex	性别	char	4	否		
Birthday	出生日期	date	16	否		
Major_ID	专业代码	char	4	否		

创建 student 的表命令如下(提示符"－>"表示输入命令续行)：

mysql > create table stu(Stu_ID char(10) not null primary key,
　　－> Name char(10) not null,
　　－> Sex char(10)not null,
　　－> Birthday date not null,
　　－> Major_ID char(10) not null);//
Query OK,0 rows affected(0.62 sec) //返回信息

依此可建立其他的表,删除数据表的命令：drop table<表名>。

4. 向表中插入数据

命令格式：insert into<表名>[(<字段名1>[,…<字段名n>])]values(1)[,(值n)]

例如,向 student 表中添加两条记录：

mysql> insert into stu values('S01001','王小闽','男','2000-10-01','P01');
Query OK,1 rows affected(0.62 sec)//返回信息
insert into stu values('S01002','陈京生','男','1998-08-09','P01');
Query OK,1 row affected(0.36 sec)　//返回信息

5. 查询表中的数据

查询是数据库最重要和最常见的操作,命令格式为：
select<字段1,字段2,…>from<表名>where<表达式>
例如,查询 student 表中的所有记录：

mysql>select * from student;

Stu_ID	Name	Sex	Birthday	Major_ID
S01001	王小闽	男	2000-10-01	P01
S01002	陈京生	男	1998-08-09	P01
S02002	赵莉莉	女	1999-01-29	P02
S05001	白云	女	2000-06-01	P05

4 rows in set(0.00 sec) //返回信息

根据 where 子句的条件表达式，可以从表中找出满足条件的记录。例如，查找所有性别为"女"的记录：

mysql＞select ＊ from student where Sex='女';

Stu_ID	Name	Sex	Birthday	Major_ID
S02002	赵莉莉	女	1999-01-29	P02
S05001	白云	女	2000-06-01	P05

2 rows in set(0.00 sec) //返回信息

6. 修改表中的数据

命令格式：update 表名 set 字段＝新值，…where 条件

例如，对 Stu_ID 为 S02002 记录的出生日期修改为"1999-01-29"。

mysql＞update set Birthday='1999-02-16' where Stu_ID='S02002';
Rows matched：1 Changed：1 Warnings：0 //返回信息
//修改后记录显示如下：

Stu_ID	Name	Sex	Birthday	Major_ID
S02002	赵莉莉	女	1999-02-16	P02

【例 5-8】用 Python 访问 SQL 数据库。

利用 Python 的 pymysql 库，可以建立 MySQL 数据库的连接，并实现数据库的各种操作。

本示例中的 cursor 对象其实是调用了 cursors 模块下的 Cursor 的类，这个模块主要的作用就是用来和数据库交互的。

| In[1]： | ```
import pymysql
♯ 连接数据库
connect＝pymysql.Connect(
    host='127.0.0.1',port=3306，♯ port 默认值
    user='root',passwd='david618',db='scoredb',charset='utf8')
cursor＝connect.cursor()♯获取游标
sql＝"SELECT * FROM student" ♯ SQL 查询语句
cursor.execute(sql)♯执行 SQL 命令
for row in cursor.fetchall()：♯fetchall()返回多个记录，
    print(row)
print('共查找出',cursor.rowcount,'条数据')
``` |
| Out[1]： | ('S01001','王小闽','男',datetime.date(2000,10,1),'P01')
('S01002','陈京生','男',datetime.date(1998,8,9),'P01')
('S02002','赵莉莉','女',datetime.date(1999,2,16),'P02')
('S05001','白云','女',datetime.date(2000,6,1),'P05')
共查找出 4 条数据 |
```

*5.3 数据科学应用案例及可视化表示

本案例的任务是通过数据分析对影响波士顿房价的因素进行分析,利用机器学习工具 sklearn 自带的一个典型的数据集(Boston Housing),介绍如何用数据建立各种统计学或机器学习模型等常见数据科学任务,构建一个波士顿房价的预测模型,并通过可视化技术展示,使得读者对数据科学解决问题的流程有个大概的了解。

本节主要着眼于整个数据分析的流程,其目的是为初学者打开数据科学领域的大门,理解可视化图形传达的数据意义,初探数据分析的奥秘。特别要提醒的是,读者不必理解或纠结于 Python 代码的功能细节,因为这并不是我们的目的。

5.3.1 回归模型介绍

线性回归是利用数理统计中回归分析来确定两种或两种以上变量间相互依赖的定量关系的一种统计分析方法,运用十分广泛。在统计学中,线性回归是利用称为线性回归方程的最小二乘函数对一个或多个自变量和因变量之间关系进行建模的一种回归分析。简单线性回归是研究一个因变量与一个自变量间线性关系的方法。当研究的因果关系涉及因变量和两个或两个以上自变量时,叫作多元回归分析。此外,依据描述自变量与因变量之间因果关系的函数表达式是线性的还是非线性的,回归分析又分为线性回归分析和非线性回归分析。

给定一个随机样本,线性回归模型假设的自变量和因变量之间的关系可能是不完美的。这里加入一个误差项(也是一个随机变量)e,用来减少其他因素对 y 的影响。

以简单线性回归模型为例,可表示为以下形式:

$$y = a + bx + e$$

其中,y 为因变量,x 为自变量,a 为常数项(回归直线在 y 轴上的截距),b 为回归系数(回归直线的斜率),e 为随机误差(随机因素对因变量所产生的影响)。e^2 也称为误差,服从均值为 0 的正态分布,是判断线性回归拟合好坏的重要指标之一。

要建立回归模型,就要先估计出回归模型的参数 a 和 b。那么如何得到最佳的 a 和 b,使得尽可能多的数据点落在或者更加靠近这条拟合出来的直线上呢? 答案就是采用最小二乘法。

最小二乘法(又称最小平方法)是一种数学优化技术。利用最小二乘法可以简便地求得未知的数据,并使其与实际数据之间误差的平方和为最小。

Python 的一个主要特征是有丰富的第三方库支持,为此我们把回归分析的相关运算交给用于机器学习领域的 sklearn 库完成。sklearn 库的算法主要有四类:分类、回归、聚类和降维。

5.3.2 导入 sklearn 数据集

从实践的角度出发,数据科学的一项重要工作就是在已有的数据集上建立一个或者多个模型。在导入数据集之前,要导入所需要的 Python 库。

```
import numpy as np
import pandas as pd
import seaborn as sns  ♯导入绘图库
from matplotlib import pyplot as plt  ♯导入绘图库
from sklearn import datasets  ♯导入数据集
♯以下导入机器学习的相关类
from sklearn.feature_selection import SelectKBest,f_regression
from sklearn.linear_model import LinearRegression
from sklearn.svm import SVR
from sklearn.ensemble import RandomForestRegressor
```

对于确定的任务,首先要提供分析的数据集。sklearn中包含大量的优质数据集,主要有两部分:一是一些常用的数据集,可以通过方法加载;一是sklearn生成的所设定的数据。

Boston Housing数据集(波士顿房价数据集)来源于美国一份经济学杂志,是研究波士顿房价的数据报告。数据集中的每一行数据都是对波士顿周边或城镇房价的描述。该数据集也是研究回归问题的经典数据集,使用sklearn.datasets.load_boston即可加载相关数据。

可以把该数据集看成一个二维表,每个类的观察值数量是均等的,每列共有506个观察数据,共14列[13个输入变量和1个输出变量,即PRICE作为目标变量(因变量),其他变量作为自变量]。

为方便数据分析处理,要把Boston Housing数据集转换成pandas的DataFrame二维数据结构,命令框中的"♯"号是对该行代码的注释。

```
boston=datasets.load_boston()           ♯加载load_boston()中所有数据
boston_data=pd.DataFrame(boston.data)   ♯转换成pandas的DataFrame数据格式
boston_data.columns=boston.feature_names ♯feature_names作为DataFrame的列名称
```

在pandas DataFrame数据格式下,这个表是506×14的二维数据表,如图5-12所示。

	CRIM	ZN	INDUS	CHAS	NOX	RM	AGE	DIS	RAD	TAX	PTRATIO	B	LSTAT	PRICE
0	0.00632	18.0	2.31	0.0	0.538	6.575	65.2	4.0900	1.0	296.0	15.3	396.90	4.98	24.0
1	0.02731	0.0	7.07	0.0	0.469	6.421	78.9	4.9671	2.0	242.0	17.8	396.90	9.14	21.6
2	0.02729	0.0	7.07	0.0	0.469	7.185	61.1	4.9671	2.0	242.0	17.8	392.83	4.03	34.7
3	0.03237	0.0	2.18	0.0	0.458	6.998	45.8	6.0622	3.0	222.0	18.7	394.63	2.94	33.4
4	0.06905	0.0	2.18	0.0	0.458	7.147	54.2	6.0622	3.0	222.0	18.7	396.90	5.33	36.2
5	0.02985	0.0	2.18	0.0	0.458	6.430	58.7	6.0622	3.0	222.0	18.7	394.12	5.21	28.7

图5-12　具有14项特征值的Boston Housing数据集

表中各列名称的含义如表5-7:

表 5-7　Boston Housing 数据集各列名称的含义

序号	列名称	含义	序号	列名称	含义
1	CRIM	城镇人均犯罪率	8	DIS	到波士顿五个中心区域的加权距离
2	ZN	住宅用地超过 25 000 英尺的比例	9	RAD	到高速公路的便利指数
3	INDUS	城镇非零售商用土地的比例	10	TAX	每 10 000 美元不动产税率
4	CHAS	查尔斯河虚拟变量,用于回归分析	11	PTRATIO	城镇师生比例
5	NOX	一氧化氮浓度(环保指标)	12	B	城镇中黑人的比例
6	RM	住宅平均房间数	13	LSTAT	人口中地位低下者的比例
7	AGE	1940 年之前建成的自用房屋比例	14	PRICE	自有住房房价的中位数,以千美元计

在学习数据科学的过程中,可以通过使用这些数据集完成不同的模型,从而提高实践能力,以及加深对理论知识的理解和把握。

5.3.3　统计性描述和可视化

根据前面的数据,画出自变量与因变量的散点图,看看是否可以建立回归方程。在简单线性回归分析中,我们只需要确定自变量与因变量为强相关性,即可建立简单线性回归方程。

1. 查看变量之间的相关性

由 pandas 库提供的 corr( )函数,可以看到各特征值之间的相关性数据,从而大体了解 Boston Housing 数据集的整体分布情况。相关系数越大(0~1 之间),说明自变量与因变量的相关性越高(Jupyter Notebook 交互显示格式)。

In[2]:	new＝pd.DataFrame(boston_data,columns＝["RM","CHAS","LSTAT","PRICE"]) new.corr( )			
		RM	CHAS	LSTAT	PRICE
	RM	1.000000	0.091251	−0.613808	0.695360
Out[2]:	CHAS	0.091251	1.000000	−0.053929	0.175260
	LSTAT	−0.613808	−0.053929	1.000000	−0.737663
	PRICE	0.695360	0.175260	−0.737663	1.000000

2. 相关性数据的可视化

热力图就是把二维数组的数字用不同的颜色值来表示,使用绘图库 sns.heatmap 方法可以很方便地实现。

In[3]:	new＝pd.DataFrame(boston_data,columns＝["RM","CHAS","LSTAT","PRICE"]) sns.heatmap(new.corr(),annot＝True)
Out[3]:	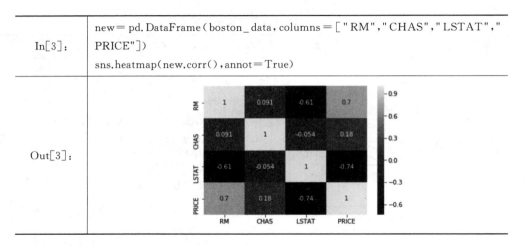

3. 显示描述性统计指标

由 pandas 库提供的 describe()函数,可显示描述性统计指标,包括 count(记录数)、mean(平均值)、std(标准差)、min(最小值)、max(最大值)等。

In[4]:	new＝pd.DataFrame(boston_data,columns＝["RM","CHAS","LSTAT","PRICE"]) new.describe()		
Out[4]:		RM	CHAS	LSTAT
	count	506.000000	506.000000	506.000000
	mean	6.284634	0.069170	12.653063
	std	0.702617	0.253994	7.141062
	min	3.561000	0.000000	1.730000
	max	8.780000	1.000000	37.970000

4. 特征选择

由于数据集的特征维度较大,单纯地依靠方差来判断可能效果不好。为了保证模型的高效预测,需要进行特征选择。

通过相关系数法进行特征选择,直接使用与目标变量相关性强的变量作为最终的特征变量。

In[5]:	Select_Best＝SelectKBest(f_regression,k＝3) bestFeature＝SelectKBest.fit_transform(boston_data,boston.target) Select_Best.get_support() boston_data.columns[Select_Best.get_support()]
Out[5]:	Index(['RM','PTRATIO','LSTAT'],dtype='object')

这表示,RM、PTRATIO、LSTAT 三个特征变量与目标变量 boston.target(即房价PRICE)有较强的相关性。

5. 绘制各个特征值的散点图

选取部分特征值,用以下命令即可以查看各个特征的散点图。

In[6]:	`new = pd.DataFrame(boston_data, columns = ["RM","LSTAT","PRICE"])`
	`pd.plotting.scatter_matrix(new, alpha = 0.7,`
	　　`figsize = (10,10), diagonal = ' kde ')`

Out[6]:	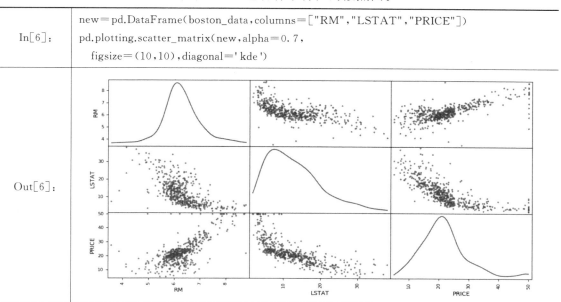

6. 绘制特征变量与目标变量的散点图

选择 RM(住宅平均房间数)与 LSTAT(人口中地位低下者的比例)两个特征变量,绘制与 PRICE(房价)的散点分布图。

In[7]:	`plt.scatter(boston_data.RM, boston_data.PRICE)` `plt.scatter(boston_data.LSTAT, boston_data.PRICE)`
Out[7]:	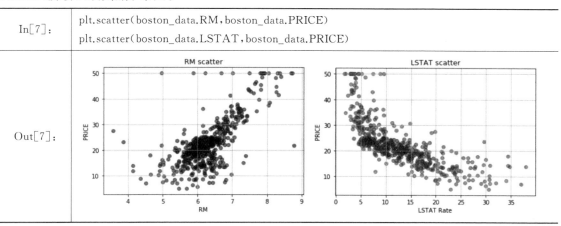

由绘制的散点图可以直观地看出:RM(住宅平均房间数)与 PRICE(房价)呈正相关性,即住宅平均房间数越多,房价越高;LSTAT(人口中地位低下者的比例)与 PRICE(房价)呈负相关性,即人口中地位低下者的比例越低,房价越高。

7. 用箱体图表示 CHAS 变量

箱体图(boxplot)是一种用于表示分布的图像,由 5 个分位数组成,从上到下分别表示最大值、上四分位、均值、下四分位、最小值。

在数据集中,有一个特别的特征值,即 CHAS(查尔斯河虚拟变量)。CHAS 变量只取 0 或 1 两个值(如果河流经过,则取值为 1;否则为 0),其实是判定住房是否在河道旁的逻辑变量,反映的是能看见河景的房子与房价的关系。

CHAS 变量显然不能用散点图或其他方式展示,而适合用箱体图分析。

In[8]:	sns.boxplot(data=boston_data,x="CHAS",y="PRICE") plt.show()
Out[8]:	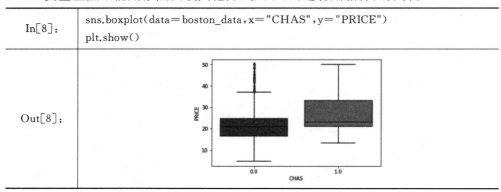

用绘图命令可得到箱体图。从输出结果可以看出,右侧的箱体图表示住房旁有河流经过(变量值为 1),房价比左侧(变量值为 0)的要高。这个结论与实际是符合的。

8. 其他因素对房价的影响

接下来再看看其他因素对房价的影响。对数据排序后,挑出 PRICE 目标值排列在前 10 位的进行分析,得到如下可视化结果,其中虚线是该特征值的平均水平,纵轴表示房价的高低。

In[9]:	TOP10=boston_data.sort_values(by='PRICE',ascending=False)[:10] fig=plt.figure(figsize=(12,5)) plt.barh(np.arange(10),TOP10.CRIM,height=0.5) plt.axvline(x=boston_data.CRIM.mean(),color='r',linestyle='——') plt.axvline(x=boston_data.LSTAT.mean(),color='r',linestyle='——')
Out[9]:	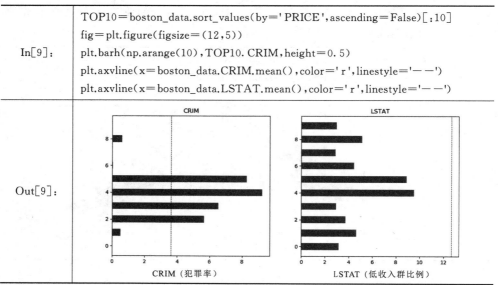

这个直方图直观地传达了某些信息。例如,从犯罪率直方图来看,房价较高的地方(富人区)犯罪率高于平均值;在低收入人群比例图中,这个区域远远低于平均数(平均收入)。

9. 用 seaborn 库 implot 方法分析回归模型

seaborn 绘图库的 implot 方法是一种集合基础绘图与基于数据建立回归模型的绘图方

法,通过它可以创建一个方便拟合数据集的回归模型,并利用参数来控制绘图变量。

从输出结果可以看出,房价(PRICE)与 LSTAT 之间的关系是非线性的,因此直线是欠拟合的,可以考虑通过包含更高阶的项来得到更好的拟合。

In[10]:	sns.lmplot("PRICE","LSTAT",boston_data,size=5.2,aspect=2) plt.show()
Out[10]:	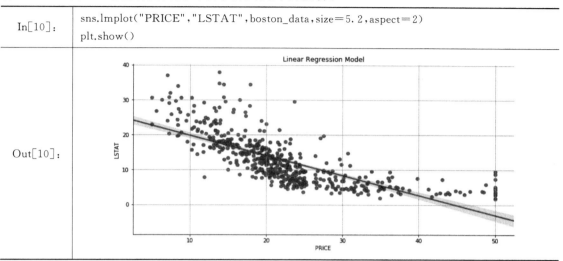

如果回归模型的因变量是自变量的一次以上函数形式,回归规律在图形上表现为形态各异的各种曲线,称为非线性回归。这类模型称为非线性回归模型。在许多实际问题中,回归函数往往是较复杂的非线性函数。在本案例中,指定参数 order=2,说明这是一个二次曲线的非线性回归。

In[11]:	sns.lmplot("PRICE","LSTAT",boston_data,size=5,order=2,aspect=2) plt.show()
Out[11]:	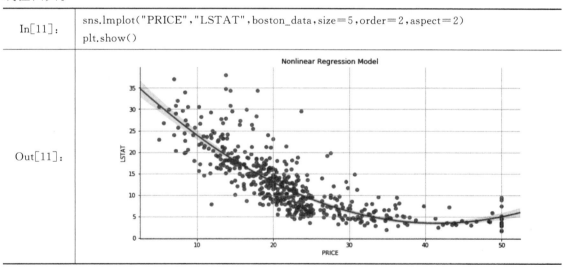

5.3.4　用机器学习库 sklearn 建立线性回归方程模型

sklearn 已经成为 Python 重要的机器学习库。sklearn 支持分类、回归、降维和聚类四大机器学习算法,还包含特征提取、数据处理和模型评估三大模块。

利用 sklearn 建立回归模型并进行预测的主要步骤有:

1. 建立模型

（1）导入 sklearn 库及相关的类，加载数据集

In[12]：	boston＝datasets.load_boston()　♯加载 load_boston()中所有数据 boston_data＝boston.data ys＝boston.target

（2）数据降维

数据降维是指使用主成分分析（principal component analysis，PCA）、非负矩阵分解（non-negative matrix factorization，NMF）或特征选择等降维技术来减少要考虑的随机变量的个数，其主要应用场景包括可视化处理和效率提升。

用 SelectKBest 类可选出相关性最强的一个特征，也就是一个向量。采用 fit()方法对数据进行拟合，然后用 get_support()将数据缩减成一个向量，即数据降维。

In[13]：	♯ 选出相关性最强的 SelectKBest 类作为特征 selector＝SelectKBest(f_regression,k＝1) selector.fit(boston_data,ys)　♯采用 fit()方法进行数据拟合 ♯ 采用 get_support()将数据缩减成一个向量，即数据降维 xs＝boston_data[:,selector.get_support()] print(xs.shape)
Out[13]：	(506,1)

2. 训练模型

用 LinearRegression 类的 fit(xs,ys)方法对模型进行训练，并返回模型参数

In[14]：	regressor＝LinearRegression(normalize＝True).fit(xs,ys) alpha＝regressor.intercept_　♯返回一元线性方程截距 bata＝np.array(regressor.coef_)♯返回特征值线性系数 print('线性方程截距:',alpha) print('线性方程系数:',bata)
Out[14]：	线性方程截距:34.55384087938309 线性方程系数:[−0.95004935]

3. 模型检验与评估

使用 LinearRegression 类，得到 lr_Model 的模型变量。

In[15]:	lr_Model＝LinearRegression(normalize＝True) lr_Model.fit(xs,ys) lr_Model.score(x,y)♯模型检验与评估
Out[15]:	0.5441462975864797

4. 模型预测

使用 lrModel.predict(x)方法进行模型预测,并绘制一元线性回归模型。

In[16]:	regressor＝LinearRegression(normalize＝True).fit(xs,ys) plt.scatter(xs,ys,s＝32,marker＝'o',alpha＝0.5,facecolors＝'blue') plt.plot(xs,regressor.predict(xs),color＝'red',linewidth＝2) plt.show()
Out[16]:	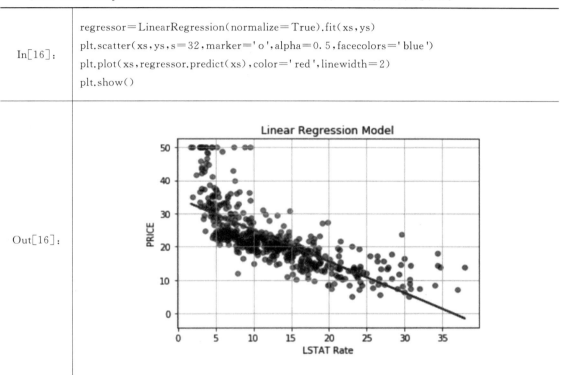

5.3.5　用机器学习库建立 SVM 与随机森林预测模型

1.SVM:向量机回归器

支持向量机(support vector machine,SVM)回归器具有良好的稳定性,对未知数据具有很强的泛化能力,其关键在于从大量样本中选出对模型训练最有用的一部分向量。特别是在数据量较少的情况下,支持向量机相较其他传统机器学习算法具有更优的性能。

In[17]:	SVM:support vector machine 回归模型 regressor＝SVR().fit(xs,ys) plt.scatter(xs,ys,s＝32,marker='o') plt.scatter(xs,regressor.predict(xs)) plt.show()
Out[17]:	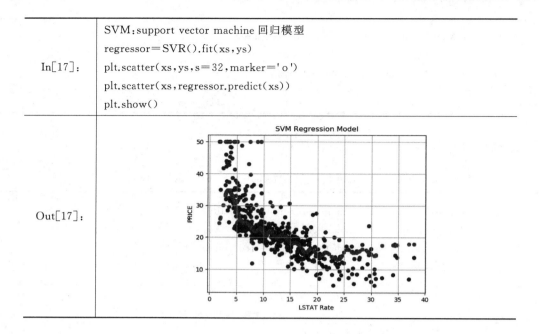

2. 随机森林

决策树是一种基本的分类方法,当然也可以用于回归。

在机器学习中,随机森林(random forest)是一个包含多个决策树的分类器,并且其输出的类别是由个别树输出的类别的众数而定。利用相同的训练数搭建多个独立的分类模型,然后通过投票的方式,以少数服从多数的原则做出最终的分类决策。

其实这就是随机森林的主要思想:一个决策树称为树,那么成百上千棵树就可以叫作森林了。这样的比喻还是很贴切的。

In[18]:	♯随机森林回归模型 regressor＝RandomForestRegressor().fit(xs,ys) plt.scatter(xs,ys,s＝32,marker='o',alpha＝0.5) plt.scatter(xs,regressor.predict(xs),color='red') plt.show()
Out[18]:	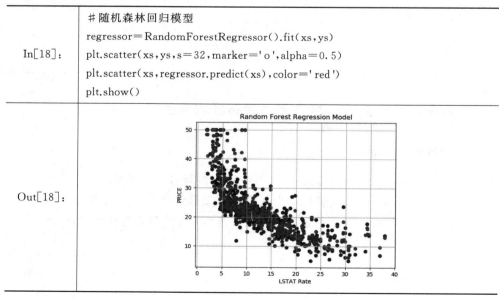

思考与练习

一、思考题

1. 数据科学的核心任务是什么？

2. 数据分析的流程是什么？

3. 数据科学家的主要工作任务是什么？

4. Python 是数据科学的重要工具，它具有哪些特点？

5. 数据科学家的工具箱包括哪些工具（库）？

6. 数据库系统由哪几部分组成？请解释各组成部分的作用与区别。

7. 数据库系统的特点有哪些？

8. 构成 E-R 图的基本要素是什么？简述 E-R 图的基本画法。

9. 实体集之间存在哪些联系类型？各适用什么情况？

10. 什么是数据库模型？常用的数据模型有哪些？

11. 关系模型有什么特点？请解释关系模型的主要术语。

12. 关系完整性约束包括哪些内容？请举例说明。

13. 数据库应用系统的设计包括哪些步骤？

14. 如何用结构化查询语言（SQL）创建一个库？

15. 在数据库中创建表的命令是什么？

16. 查询是数据库最常见的操作，SQL 用于查询操作的关键字是什么？

17. 什么是线性回归模型和非线性回归模型？

18. 回归模型在数据分析中的作用是什么？

19. 在数据科学应用案例 Boston Housing 数据集分析中，所使用的机器学习库是什么？

20. pandas 的 DataFrame 是什么数据形式？

21. 导入 Python 第三方库（模块）的命令是什么？

二、练习与实践

1. 某集团公司下属若干分厂，每个工厂由一名厂长来管理，厂长的信息用厂长号、姓名、年龄来反映，工厂的情况用厂号、厂名、地点来表示。请根据题意画出 E-R 图，并转化为关系模型。

2. 某工厂有一个仓库，存放若干种产品，每一种产品都有具体的存放数量，仓库的属性是仓库号、地点、面积，产品的属性是货号、品名、价格。请根据题意画出 E-R 图，并转化为关系模型。

* 3. 在教师的指导下，安装 MySQL 数据库，将以上第 2 题的关系模型用 SQL 命令建库、建表，体验 MySQL 数据库的应用。

* 4. 在教师的指导或演示下，运行本章的数据科学案例，了解如何使用 Boston Housing 数据集，以及如何用数据建立各种统计模型和实现数据可视化。

问题求解方法：

## 第 6 章

算法与程序

如果我们真正理解了问题，就会自然而然得到答案，
因为答案和问题总是分不开的。

——麦克维克斯、福格尔：《如何求解问题：现代启发式方法》

随着科学技术的日益进步,人类面临的问题越来越复杂,有效地解决问题的重要性越来越强烈。所谓"解决问题",是指人们在活动中面临新情境与新课题又没有现成的有效对策时,所引起的一种积极寻求问题答案的活动过程。各学科领域的专业人员都面临着各种问题,如何培养解决问题的能力是至关重要的。

算法(algorithm)是指解决方案的准确而完整的描述,是一系列解决问题的清晰指令。算法代表着用系统的方法描述解决问题的策略机制。算法是问题解决的程序化方案,其发现过程与一般问题求解过程之间存在着紧密的联系。

6.1　问题解决与过程

6.1.1　什么是问题解决

1. 什么是问题

在人类社会的各个实践领域中,存在着各种各样的矛盾和问题。不断地解决这些问题是人类社会发展的需要。问题求解的技术以及思维过程,不只是专业人员要掌握的技能,更是与几乎任何领域、任何人都有关的话题。

问题意味着个体处于这样一种情境:对于面对的问题,试图解决它,但运用已有的知识或现成的方法又不能解决。这种情境称为问题情境(problem-setting)。纽厄尔(Newell)和西蒙(Simon)[①]认为,问题虽然有简单或复杂、具体或抽象之分,但每个问题都包含三个要素:

(1)起始状态:一组关于问题已知条件的描述。

(2)目标状态:即问题要求的答案。

(3)障碍:在起始状态与目标状态之间存在一系列需要加以克服的因素。

由此,可以将"问题"定义如下:问题(problem)是在起始状态与目标状态之间存在某些障碍需要加以克服的情境。

2. 问题的类型

现实生活中的问题各种各样,但研究者倾向于将问题分为两类:

(1)结构良好问题

结构良好问题有两个基本特征:一是问题的明确性即问题界定清晰,条件清楚,目标明确;二是解法的确定性,即问题解决过程中的每一个步骤都是有明确定义的,不允许有模棱两可的解释。在各学科中,结构良好问题一般都是与一定的知识领域相联系的。

(2)结构不良问题

这类问题在结构上具有不明确性。例如问题界定模糊,条件不清楚,目标不明确,在解法规则和答案上具有模糊性和开放性。在实际情境中的真实问题,许多都是结构不良问题。为了解决这种问题,学习者要自己明确问题的目标,并确定解决问题所需要的信息和技能。

---

①　人工智能符号主义学派的创始人。

3. 问题解决的特征

问题解决(problem solving)是指利用某些方法和策略,使问题研究者从初始状态的情境达到目标状态的情境的过程。

问题解决具有三个基本特征:

(1)目的性。问题解决具有明确的目标,它总是要达到某种特定目标。问题解决是按照指导性思维的特有规律进行的,思维过程始终指向一定的目标,由要解决的问题以及由此问题所设定的目标所支配和指导。没有明确目标指向的心理活动,如漫无目的的幻想,不能称为问题解决。

(2)认知性。问题解决是通过一系列认知操作实现的。有些自动化的操作或活动,如做操等,虽然也有目的及一系列操作,但没有认知成分,不能称为问题解决。

(3)序列性。问题解决包含一系列认知操作,如分析、联想、比较、推论等,仅仅是简单的记忆提取等单一的认知活动不能称为问题解决。

6.1.2　问题解决的过程

解决问题的活动是十分复杂的,不但包括整个认识活动,而且也渗透了许多非智力因素的作用。思维活动是解决问题的核心要素。

关于问题解决过程的模式,存在着许多不同的观点。这里,结合罗伯特·斯滕伯格[①]等用问题解决循环(problem-solving cycle)方法,我们认为问题解决的过程可以大致划分为如下几个阶段(图6-1):

1. 发现问题

发现问题指认识到问题存在,并产生解决问题的动机。发现问题是问题解决的初始阶段和前提。在人类社会的各个实践领域中,存在着各种各样的矛盾和问题。"问题是接生婆,它能帮助新思想诞生。"(苏格拉底语)发现和提出问题,激励和推动人们投入解决问题的活动之中,是人类社会发展的需要。历史上许多重大发明和创造都是从发现问题开始的。

2. 分析问题

分析问题是指明确问题的条件和要求以及它们之间的关系。通过分析问题,人们可以明确问题的关键,确定问题的范围及解决的方向。

分析问题是一个非常复杂的思维活动过程。一般来说,人们最初遇到的问题往往是混乱、笼统、不确定的。要顺利解决问题,就必须对问题所涉及的各种因素进行具体分析,以充分了解和揭露问题的本质,区分主要矛盾和次要矛盾,使问题症结具体化、明朗化。

3. 提出假设

提出假设是指在分析问题的基础上提出问题解决的方案,包括问题解决的方法和途径。提出假设是问题解决的关键步骤,它是具有创造性的阶段,需要对已有的知识经验进行重新组

---

① Robert J. Sternberg,20世纪美国著名心理学家和认知心理学家,是智力三元理论(triarchic theory of intelligence)的建构者。他认为智力包括三个部分——成分、经验和情境,它们代表了智力操作的不同方面。

织,以适应问题的解决。

提出假设为解决问题搭起了从已知到未知的桥梁。假设的提出依赖于一定的条件。已有的知识经验、直观的感性材料、尝试性的实际操作、语言的表述和重复、创造性构想等都对提出假设有重要的影响。

4. 检验假设

检验假设是指通过一定的方法,确定所提出的假设是否可以有效地解决问题。检验假设的方法有两种。一种是实践检验,即按照假设具体进行实验解决问题,再依据实验结果直接判断假设的真伪。如果问题得到解决,就证明假设是正确的;否则,假设就是无效的。另一种是通过创造性思维活动来进行检验,即根据公认的科学原理、原则,利用思维进行推理论证,从而在思想上考虑问题对象可能发生什么变化,将要发生什么变化。在不能用实践检验的情况下,在头脑中用思维活动来检验假设具有特别重要的作用。

5. 监控和评估

从问题解决一开始问题解决者就应进行监控,即检查自己正在做的事是否一步步地接近目标,以及时发现错误。在解决问题的过程中还要对答案进行评估。通常,评估会带来重大进展。通过评估,可能发现新问题,也可能对原先的问题进行重新定义,可能会形成新的策略,发现新的资源,或更充分利用已有资源。

图 6-1 问题解决循环过程

问题解决一般是一个循环的过程,过程中的每一次顺序的通过称为一次迭代。因此,一个过程的循环是过程中所有步骤的一次完整的经过。当问题解决开始新一轮循环时,这次问题解决的循环便完成了。

6.1.3 问题解决的艺术

1. 导致问题求解困难的一些原因

实际问题难以求解,通常有以下一些原因:

(1)搜索空间中可能解的数目太多以至于无法采用穷举法找到最优解。

(2)问题很复杂以至于为了得到解答,不得不采用问题的简化模型,而实质上所得的结果可能是无用的。

(3)有些问题的可能解被严格约束以至于哪怕构造一个可行解都是困难的,更不用说找最优解了。

(4)世界上一切事物都在变化之中。复杂问题求解的条件也是随时间而变化的。它们可能在建模之间发生了变化,也可能在求解过程中发生变化,因此求解过程必须适应这些变化,而不可能是一个静态的方案。

(5)复杂问题通常可能有多个解决方案,即存在着一个解的集合(解集)。

(6)求解问题的人没有做好充分准备或存在某种心理障碍,因而难以找到解答。

2. 正确理解问题解决的步骤

从人们对事物的认知过程来看,对一个问题的理解需要反复多次的认识才能逐渐地接近事物的本质,坚持在提出解决方案之前必须对问题有完全了解的想法未免过于理想化。

解决问题时不一定完全按步骤依次完成。这些步骤不是刻板的,各个步骤之间可以交叉,有时可以改变顺序,甚至可以跳过或增加某些步骤。例如,成功解决问题的人常常在完全理解整个问题之前就开始构想解决问题的策略了。如果这些策略失败了,研究者会重新审视这个问题的复杂程度,以更加深入地理解问题。当他们再次制定问题解决策略时,则更有希望成功。这也反映出解决问题是一个迭代的过程。

3. 给问题建模

无论何时求解一个实际问题,都要先抽象出问题的模型,然后用这个模型来找到解,即"问题→模型→解"。通常所处理的模型与实际问题并不完全相同,因此找到两者之间的区别很重要。每个模型只是实际问题的简化,所以都会与实际问题有一些出入,否则模型就会像现实问题本身一样复杂和令人困惑。确切地说,人们实际上只是在找问题的模型的解。每一个解仅仅是能有效地表示所解决的实际问题模型的一个方案。

需要指出的是:如果模型有高度的精确性,那么由其得出的解会更有意义;相反,如果模型含太多不能满足的假设条件和大量的估计数据,那么这个解可能就毫无意义。

4. 选择正确的搜索空间

选择正确的搜索空间非常关键。如果一开始就没有选择正确的搜索空间而开始搜索,可能会增加很多不变的或重复的解,或者根本就找不到正确的答案。

有一个也许很多人知道的例子。桌上有 6 根火柴棒,要求以它们为边搭建 4 个等边三角形。我们很容易用 5 根火柴棒搭 2 个这样的三角形(图 6-2),但很难将它扩展到 4 个三角形,特别是只剩余一根火柴棒的时候,不知从何入手。

这个问题的困惑来自我们习惯性地在二维空间(桌子平面上)考虑,如果从这个错误的搜索空间开始,永远不可能找到正确答案。为了解决这个问题,必须在三维空间中考虑问题(图 6-3)。

图 6-2　二维空间(2 个三角形)

图 6-3　三维空间(4 个三角形)

6.2　问题求解的方法

学习求解问题的最好方法是动手实践。应当对不同的想法进行实验,把它们应用于问题并评价结果。下面介绍问题求解的常用思维方法。

6.2.1 穷举法

1. 穷举法的基本思想

穷举法也称为枚举法。在寻找一个问题的解时,一个直观的方法是:从可能的解的集合中列出所有候选解,用题目给定的检验条件进行判定。能使命题成立的,即为解。在检查完部分或全部候选解后,便可得出该问题或者有解,或者没有解。这就是所谓的穷举法。

众所周知,爱迪生是近代伟大的发明家,白炽灯是他最重要的发明之一。他先后尝试了多达 6000 多种不同灯丝材料,最后发现钨丝可以作为电灯材料。这是典型的将穷举法用于科学发明的范例。

穷举法常用于解决"是否存在"或"有多少种可能"等类型的问题。在理论上,这种方法似乎是可行的,但是在实际应用中较少使用。这是因为如果解空间的数量非常大,即便采用最快的计算机,也只能解决规模很小的问题。

穷举法的特点是算法比较简单,并不就意味着它是没有头绪的尝试。求解问题将会有许多方案,而不同的方案可能导致解决的效率有很大的差异。因此,穷举法也有它的解题思路。首先要确定穷举对象、穷举范围和判定条件,对实际问题进行详细的分析,然后对问题解空间进行分类、简化,列举可能的解,排除不符合条件的解,并使方案优化,尽量减少运算工作量。

2. 穷举法示例

【例 6-1】一个银行密码由 6 位数字组成,最多要尝试多少次才能找到密码?

[分析]一个银行密码由 6 位数字组成,其组合方式有 1 000 000 种(10^6),也就是说解空间为{000000,…,999 999},所以最多尝试 999 999 次才能找到真正的密码。如果不考虑时间和成本,即使是用人工逐一尝试破解密码,也只是时间问题。

当然,使用计算机可大大提高解题的效率。以下 Python 程序可以生成 000000~999 999 的全部 6 位数字的集合,相信你的银行密码一定在这个范围内。

| In[1]: | ```#生成全部的 6 位数字密码
f=open(' passdict6. txt',' w') #创建 txt 文件
for id in range(1000000):
    password=str(id).zfill(6)+'\n'   #生成 6 位数字
    f.write(password)   #写入文件
f.close()   #文件关闭``` |
|---|---|
| Out[1]: | 000000,000001,000002,……999998,999999 |

但如果破译一个有 12 位而且有可能有大小写字母、数字以及其他各种符号的密码,其组合方法可能有几千万亿种。即使用计算机推算,也可能会用到数月或数年的时间,这在时间或空间上显然是不能接受的。

【例 6-2】有一个四位数,前两位数字相同,后两位数字相同,而且这个四位数恰好是一个整数的平方。求该数字。

[分析]由已知条件,通过分析,可以减少解空间的变量取值范围。

(1)将四位数假定为 aabb,a,b 的变化范围是 1~9;

(2)四位数的范围是 1 000～9 999,某整数的平方是四位数;

(3)预估整数的范围:32 的平方是 1 024,95 的平方是 9 025。

根据以上分析,可以将解空间的取值范围限定在{32,…,95},这样就减少了 1/3 的解空间。

下面用 Python 编程解决此问题,程序采用多重循环结构,分别遍历从 32 至 95 的平方才能得到符合条件的结果。

In[2]:	```
	result＝[]#定义结果列表
	    for i in range(1,10):
	        for j in range(1,10):
	            if i＝＝j:
	                continue
	            for k in range(32,95):
	                if k * k＝＝(1000 * i＋100 * i＋10 * j＋j):#判定公式是否成立
	                    result.append((i,i,j,j)) #将结果添加至列表中
	    for item in result:#输出结果
	        print("前两位数是{},后两位数是{}".format(item[0],item[2]))
	``

Out[2]:	前两位数是 7,后两位数是 4

该题的答案是 7 744,即 88 的平方。

这里要强调的一点是:一旦找到问题的一个解后,还要继续思考,看看是否真正穷尽了所有可能解,是否还能找到效率更高的方案。所以请同学们分析一下,本题是否还存在更好的算法?

【例 6-3】求满足表达式 $A＋B＝C$ 的所有整数解,其中 A、B、C 为 1～3 之间的整数。

[分析]本题非常简单,即枚举变量 A、B、C 的所有可能取值情况,对每种取值情况判断是否符合表达式即可。

例中的解变量有 3 个:A,B,C。其中解变量 A 的可能取值 $A\in\{1,2,3\}$,解变量 B 的可能取值 $B\in\{1,2,3\}$,解变量 C 的可能取值 $C\in\{1,2,3\}$,从而问题的可能解有 $3\times3\times3＝27$ 个,可能解集:

$(A,B,C)\in\{(1,1,1),(1,1,2),(1,1,3),…,(3,3,1),(3,3,2),(3,3,3)\}$

在上述可能解集中,满足题目给定的检验条件$(A＋B＝C)$的解元素即为问题的解。

6.2.2 归纳法

1. 归纳法的基本思想

归纳法又称为归纳推理,或归纳逻辑。人们的认识运动总是从认识个别事物开始,从个别中概括出一般,因此,归纳法是人们广泛使用的基本的思维方法,在科学认识中具有重要的意义。很多的科学发现都是通过观察、研究个别事实并对它们进行总结的结果,自然科学中的一些定律和公式也都是运用归纳法得出来的。例如,门捷列夫运用归纳法等方法,对 63 种元素的性质和原子之间的关系进行研究,总结出了化学元素周期律,揭示了化学元素之间的因果联系。其他如关于气体压强、体积和温度的波义耳定律,关于电磁相互作用的法拉第定律,关于生物进化的生存竞争规律,都和归纳法分不开,或至少说在很大程度上运用了归纳法。

从定义上讲,归纳法是指人们以一系列经验事物或知识素材为依据,寻找出其服从的基本规律或共同规律,并假设同类事物中的其他事物也服从这些规律,从而将这些规律作为预测同类事物的其他事物的基本原理的一种认知方法。所以,简单地理解,归纳法是一种由个别到一般、从特殊到普遍、从经验事实到事物内在规律性的认识手段和模式。可以说在人类认识的发展过程中,归纳法起着极为重要的作用。

归纳法是一种或然性推理。归纳法的前提是一些关于个别事物或现象的认识,而结论则是关于该类事物或现象的普遍性认识。归纳法的结论所断定的知识范围超出了前提所给定的知识范围,因此,归纳法的前提与结论之间的联系不是必然性的,而是或然性的。也就是说,归纳法的前提真而结论假是可能的。

所以,尽管归纳法所提供的只是一种或然性的结论,但并不意味着这种推理是无价值的。事实上,在直觉观察和经验概括基础上形成一般性结论的归纳推理过程,是对客观世界的新探索过程,是获得对客观世界的新认识的过程,没有这个过程,科学的发展几乎是不可能的。

归纳法有很多形式,在归纳逻辑上主要分为完全归纳法和不完全归纳法。下面简单介绍这两种方法。

2. 完全归纳法

完全归纳法是从全部对象的一切情形中得出关于全部对象的一般结论。完全归纳推理过程可表示为:

S_1 是 P

S_2 是 P

…

S_i 是 P

(S_1, S_2, …, S_i 都是 S 类中的全部对象)

所有 S 是 P

例如,根据直角三角形的内角之和等于 180°,钝角三角形的内角之和等于 180°,锐角三角形的内角之和也等于 180°,从而推出所有三角形的内角之和都等于 180°。

完全归纳法的前提无一遗漏地考察了一类事物的全部对象,断定了该类中每一对象都具有(或不具有)某种属性,结论断定的是整个这类事物具有(或不具有)该属性。也就是说,前提所断定的知识范围和结论所断定的知识范围完全相同。因此,前提与结论之间的联系具有必然性,只要前提真实,形式有效,结论必然真实。完全归纳法是一种前提蕴含结论的必然性推理。

3. 不完全归纳法

由于完全归纳法具有一定的局限性和不可实现性(很多情况下不可能枚举所有对象),所以在实际情况中还用到不完全归纳法。

不完全归纳法是以关于某类事物中部分对象(不是全部)的判断为前提,推出关于某类事物全体对象的判断做结论的推理。不完全归纳法有两种逻辑形式:一是简单枚举归纳推理,这是或然性推理;二是科学归纳推理,这是必然性推理。

不完全归纳法在现实生活中具有极大的意义,是统计推理归纳对象中比较常用的一种方法。例如,“金导电,银导电,铜导电,铁导电,锡导电,所以一切金属都导电”。前提中列举的金、银、铜、铁、锡等部分金属都具有导电的属性,从而推出“一切金属都导电”的结论。

不完全归纳法只依靠所枚举的事例的数量,因此,它所得到的结论的可靠程度较低;一旦遇到一个反例，结论就会被推翻。例如列举部分鸟类对象的行为，使用简单枚举归纳推理：麻雀会飞，燕子会飞，喜鹊会飞，鸽子会飞，白鹭会飞，从而得出结论"所有鸟类都会飞"。这个结论当然不成立，如鸵鸟就不会飞，结论因而就被推翻了。

但是，不完全归纳法仍有一定的作用，通过不完全归纳得到的结论可作为进一步研究的假说。

6.2.3　演绎法

1. 什么是演绎法

所谓演绎法（或称演绎推理），是指人们以一定的反映客观规律的理论认识为依据，就是从一般性的前提出发，通过推导即演绎，得出具体陈述或个别结论的过程。所以，演绎法是认识"隐性"知识的方法。从普遍性结论或一般性事理推导出个别性结论的论证方法，是从服从该认识的已知部分推知事物的未知部分的思维方法。

演绎法是现代科学研究中常用的方法，历史上许多著名的科学发现都是利用该方法。欧几里得[①]是第一个将亚里士多德[②]用三段论形式表述的演绎法用于构建实际知识体系的人。欧氏的贡献在于他从公理出发，用演绎法把几何学的知识贯穿起来，揭示了一个知识系统的整体结构。他开辟了另一条大路，即建立了一个演绎法的思想体系。直到今天，他所创建的这种演绎系统和公理化方法仍然是科学工作者须臾不可离开的东西。后来的科学巨人——英国物理学家、经典电磁理论的奠基人麦克斯韦（James Clerk Maxwell）、牛顿（Isaac Newton），爱因斯坦（Albert Einstein）等，在创建自己的科学体系时无不成功运用了这种方法。

演绎法有多种逻辑形式，如三段论、假说推理、选言推理、关系推理等。

2. 演绎法的三段论

三段论推理是演绎法中的一种简单推理判断。三段论是以两个含有一个共同项的性质判断做前提、得出的一个新的性质判断为结论的演绎推理。它包含三个部分：

（1）大前提——已知的一般原理；

（2）小前提——所研究的特殊情况；

（3）结论——根据一般原理，对特殊情况做出判断。

最为著名的例子是苏格拉底的三段论：

所有的人都是要死的　　　　　（大前提）

苏格拉底是人　　　　　　　　（小前提）

所以苏格拉底是要死的　　　　（结论）

为方便理解和记忆，这里给出三段论公理的基本形式：

M→P（M 是 P）　　（大前提）

S→M（S 是 M）　　（小前提）

S→P（S 是 P）　　　（结论）

依照三段论公理，我们可以写出许多符合三段论推理的句式。再举一例：

---

① 欧几里得，古希腊数学家，被称为"几何之父"。数学巨著《几何原本》的作者，亦是世界上最伟大的数学家之一。

② 亚里士多德，古希腊人，世界古代史上最伟大的哲学家、科学家和教育家之一，堪称希腊哲学的集大成者。

知识分子都应该受到尊重；

人民教师是知识分子；

所以人民教师是应该受到尊重的。

在三段论示例中，含有大项的前提叫大前提，如上例中的"知识分子都应该受到尊重"；含有小项的前提叫小前提，如上例中的"人民教师是知识分子"。两个前提中共有的项叫作中项，用 M 表示，如上例中的"知识分子"。结论中的主项要包括小前提，用 P 表示，如本例中的"人民教师"。

三段论推理的依据也可以用集合的观点来理解：

若集合 M 的所有元素都具有性质 P；

S 是 M 的一个子集；

那么 S 中所有元素也都具有性质 P。

3. 假说—演绎法

在观察和分析基础上提出问题后，通过推理和想象提出解释问题的假说，根据假说进行演绎推理，再通过实验检验演绎推理的结论。如果实验结果与预期结论相符，就证明假说是正确的；反之，则说明假说是错误的。这是现代科学研究中常用的一种科学方法，叫作假说—演绎法。

DNA 双螺旋结构模型提出后，DNA 分子复制方式的提出与证实、遗传密码的破译，也都是采用假说—演绎法。假说—演绎法不仅是科学家进行科学研究的方法，也是学生认识客观事物、发现客观规律的重要科学探究方法。

4. 归纳法和演绎法的区别与联系

归纳法是从认识个别的、特殊的事物推出一般原理和普遍事物；而演绎则由一般（或普遍）到个别。这是归纳法与演绎法两者之间最根本的区别。

归纳的结论超出了前提的范围，而演绎结论则没有超出前提所断定的范围。归纳法根据已有前提，进行归纳并逻辑推导，得到新的结论；演绎法主要验证开始所列举的前提假设，最后验证的结论一般不会超出前提假设的范围。

从两者的联系来看，演绎法的一般性知识（大前提）来自归纳法概括和总结，从这个意义上说，没有归纳法也就没有演绎法。

5. 演绎法示例

【例 6-4】"二次函数 $y=x^2+x+1$ 的图形是一条抛物线"，试将其用完整的三段论来描述。

[解] 二次函数的图形是一条抛物线　　　　　　　　　　　（大前提）

函数 $y=x^2+x+1$ 是二次函数　　　　　　　　　　　　（小前提）

函数 $y=x^2+x+1$ 的图形是一条抛物线　　　　　　　　（结论）

【例 6-5】分析下列推理是否正确，说明为什么。

序号	大前提	小前提	结论
（1）	自然数是整数	3 是自然数	3 是整数
（2）	整数是自然数	-3 是整数	-3 是自然数
（3）	自然数是整数	-3 是自然数	-3 是整数
（4）	自然数是整数	-3 是整数	-3 是自然数

[分析]本题序号(2)～(4)的演绎推理错误,主要原因是:(2)的大前提错误,(3)的小前提错误,(4)的推理形式错误。

所以,只有在前提和推理形式都正确时,所得到的结论才是正确的。

6.2.4 递归法

1. 对"递归"的理解

先来看看大家熟知的一个的故事:"从前有座山,山上有座庙,庙里有个老和尚在给小和尚讲故事,他说从前有座山,山上有座庙,庙里有个老和尚在给小和尚讲故事,他说……"很显然,这个故事是一层套一层的,即所谓的嵌套结构,但故事这么讲就会一直嵌套下去,因为没有交代如何终止及退出的条件。

获普利策奖的图书《哥德尔、艾舍尔、巴赫——集异璧之大成》(*Gödel,Escher,Bach:An Eternal Golden Braid*)[①]在第五章开门见山解释道:"递归就是嵌套(nesting),各种各样的嵌套。"这里有一个大家熟悉的示例。美国影片《盗梦空间》是一部关于现实与梦境交互影响的电影,讲述的是主人公(希里安·墨菲)的多层梦境。影片中出现了四层梦境,即从现实进入第一层梦境,从第一层梦境进入第二层梦境,直至进入第四层梦境。然后从第四层返回第三层,从第三层梦境返回第二层……故事其实是一个递归的过程,如图 6-4 所示。

图 6-4 《盗梦空间》的梦境层次

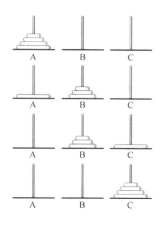

图 6-5 汉诺塔问题移动示例

2. 与递归相关的概念与术语

递归实现与堆栈有着密切的关系(堆栈的具体内容可参看 6.3 节),这里简单介绍三个相关的术语:推入(pushing)、弹出(popping)、堆栈(stack)。

推入(压栈)就是暂停手头工作,标记停止地点,开始另一项工作,新工作比原工作要"低一个层次"。

弹出(出栈)就是结束低层次的工作,在上一层次暂停的地方恢复原工作。

---

   ① 《哥德尔、艾舍尔、巴赫——集异璧之大成》(侯世达,商务印书馆)是一本杰出的科普名著。它通过对哥德尔的数理逻辑、艾舍尔的版画和巴赫的音乐三者的综合阐述,引人入胜地介绍了数理逻辑学、可计算理论、人工智能学、语言学、遗传学、音乐、绘画的理论等方面,构思精巧,含义深刻,视野广阔,富有哲学韵味。

堆栈用来记录暂停地点的环境信息。例如，接电话过程中有新电话进来，于是暂停第一个电话开始接第二个电话，不一会又暂停第二个电话来接第三个电话……堆栈可以记录结束当前电话后该回到第几个电话、该电话是谁打来的、暂停时谈到哪儿了。

显然，《盗梦空间》中多重嵌套的梦就是"递归"，入梦机器负责"推入"，穿越（kick）操作用来"弹出"，每层梦中留守的人就是"堆栈"，负责维持现场环境以确保成功穿越。

从上面的递归事例不难看出，递归算法存在的两个必要条件：

(1)可以通过自身调用来缩小问题规模，且新问题与原问题具有相同的形式；

(2)必须有一个终止处理或计算的结束条件。

实际中，有许多问题就是用递归来定义的，数学中的许多函数也是用递归来定义的，递归是解决较复杂问题的强有力的工具。

3. 递归法示例

汉诺塔问题源自印度神话。传说上帝创造世界的时候做了三根金刚石柱子，在一根柱子上从下往上按大小顺序摆着 64 片黄金圆盘（图 6-5）。上帝命令婆罗门（婆罗门是祭司贵族，主要掌握神权，占卜祸福）把圆盘从下面开始按大小顺序重新摆放在另一根柱子上，并且规定小圆盘上不能放大圆盘，三根柱子之间一次只能移动一个圆盘。

显然，这是一个递归求解的过程。汉诺塔问题可以通过以下三个步骤实现：

(1)将 A 柱上的 $n-1$ 片圆盘借助 C 柱先移到 B 柱上；

(2)把 A 柱上剩下的一片圆盘移到 C 柱上；

(3)将 $n-1$ 片圆盘从 B 柱借助 A 柱移到 C 柱上。

【例 6-6】用 Python 递归程序计算汉诺塔问题。

In[3]:	`def move(n,a,c,b):`
	`if n==1:`
	`    print(a,'-->',c)`
	`    return`
	`else:`
	`    move(n-1,a,b,c)`
	`    move(1,a,c,b)`
	`    move(n-1,b,c,a)`
	`move(3,'A','C','B')`

Out[3]:	A→C A→B C→B A→C B→A B→C A→C

通过分析，要完成 64 片圆盘从 A 柱移动到 C 柱，需要移动 $2^{64}-1$ 次。假设圆盘每秒移动一次，需要的时间是 $2^{64}-1$ s，这相当于多少年呢？我们用 Python 算一下。

In[4]:	`second=2**64-1    #每秒移动一片圆盘`
	`year_secs=365*24*60*60    #计算 1 年有多少秒`
	`years=second/year_secs    #将 1 年时间换算成秒`
	`print(years)`

Out[4]:	584942417355.072

答案是需要约5 849亿年！而宇宙至今也不过大约138亿年，且太阳系预计在20亿年后会毁灭，看来这个汉诺塔问题是无法完成的任务！

6.2.5 分而治之法

1. 分而治之法的基本思想

古人早已有"分而治之"的思想，《孙子兵法》上有："凡治众如治寡，分数是也。"

分而治之法（简称分治法）是一种系统分析与划分方法。它将一个难以直接解决的大问题划分成一些规模较小的子问题，以便各个击破，分而治之。更一般地说，将要求解的原问题划分成 k 个较小规模的子问题，对这 k 个子问题分别求解。如果子问题的规模仍然不够小，则再将每个子问题划分为 k 个规模更小的子问题，如此分解下去，直到问题规模足够小，很容易求出其解为止。

2. 分而治之法的求解过程

一般来说，分而治之法的求解过程由以下三个阶段组成：

（1）划分。既然是分治，当然需要把规模为 n 的原问题划分为 k 个规模较小的子问题，并尽量使这 k 个子问题的规模大致相同。

（2）求解子问题。各子问题的解法与原问题的解法通常是相同的，可以用递归的方法求解各个子问题，有时递归处理也可以用循环来实现。

（3）合并。把各个子问题的解合并起来，成为一个更大规模的问题的解，自下而上逐步求出原问题的解。分而治之算法的有效性在很大程度上依赖于合并的实现。

3. 分而治之法在软件开发中的应用

分而治之法的思想在软件开发中得到了广泛使用。例如，结构化设计方法就是将待开发的软件系统划分为若干个相互独立的基本单元，即模块（图6-6），一个模块可以是一条语句、一段程序、一个函数等。由于模块相互独立，因此在设计其中一个模块时不会受到其他模块的牵连，从而可将原来较为复杂的问题简化为一系列简单模块的设计。模块的独立性还为扩充已有的系统、建立新系统带来了不少的方便，因为可以充分利用现有的模块做积木式的扩展。按照结构化设计方法设计出的程序具有结构清晰、可读性好、易于修改和容易验证的优点。

图6-6 结构化设计示意

当然，只有当经过问题分解、求解各个子问题、合并它们的解所花费的成本（时间与工作量等）比直接解决原始问题成本少时，这种方法才是有效的。

【例6-7】用Python实现二分法查找。

二分法查找（也称为折半法）是分而治之法的实际应用，是一种在有序数据中查找特定元素的搜索算法。二分法查找前，数据需要先排好顺序，Python的列表数据类型很容易实现。

二分法查找的算法如下：

（1）将查找的值key与列表中间位置上元素的值进行比较，如果相等，则检索成功；

(2)若 key 小,则在列表前半部分中继续进行二分法检索;

(3)若 key 大,则在列表后半部分中继续进行二分法检索。

这样,经过一次比较就缩小一半的检索区间,如此进行下去,直到检索成功或检索失败。为提高查找效率,本示例采用递归程序实现。

In[5]:	```def search(data_list,key): data_list.sort() #对列表进行排序 mid=len(data_list)//2 #mid 记录 data_list 的中间位置 if data_list[mid]==key: return True elif data_list[mid]> key: return search(data_list[:mid],key) elif data_list[mid]<key: return search(data_list[mid+1:],key) print(search(temp,temp[30])) #查找第 30 个元素```
Out[5]:	True

6.2.6 回溯法

1. 回溯法的基本思想

前面讨论的穷举法在理论上似乎是可行的,但是在实际应用中很少使用。这是因为候选解的数量非常多,通常是指数级的,甚至是阶乘级的,即便采用最快的计算机,也只能解决规模很小的问题。

回溯法也叫试探法,它是一种系统地搜索问题的解的方法。复杂问题常常有很多的可能解,这些可能解构成了问题的解空间。解空间也就是进行穷举的搜索空间,所以解空间中应该包括所有的可能解。确定正确的解空间很重要,如果没有确定正确的解空间就开始搜索,可能会增加很多重复解,或者根本就搜索不到正确的解。因此需要一种系统化的检查候选解的方法,将搜索空间减小到最低程度,这种系统且有组织的搜索方法称为回溯法。

在解空间中,问题的求解就是搜索。在包含问题的所有解的解空间树中,按照深度优先搜索的策略,从根结点出发深度探索解空间树。当探索到某一结点时,要先判断该结点是否包含问题的解;如果包含,就从该结点出发继续探索下去;如果该结点不包含问题的解,则逐层向其祖先结点回溯。满足回溯条件的某个状态的点称为回溯点。

回溯法的基本思想是:

(1)针对所给问题,定义问题的解空间;

(2)确定易于搜索的解空间结构;

(3)以深度优先方式搜索解空间,并在搜索过程中用剪枝函数避免无效搜索。

回溯法的一个显著特征是在搜索过程中动态产生问题的解空间。在任何时刻,算法只保存从根结点到当前扩展结点的路径。

2. 回溯法示例

*【例 6-8】旅行售货员问题。

某售货员要到若干城市去推销商品,已知各城市之间的
路程(或旅费)(图 6-7)。他要选定一条从驻地出发,经过每
个城市一遍,最后回到驻地的路线,使总的路程(或总旅费)
最小。

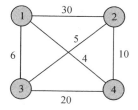

所谓旅行售货员问题就是要在一个图中找出一条费用
最小的周游路线。

图 6-7　旅行售货员的周游路线

算法搜索得到最优值为 25,相应的最优解是从根结点
到结点 N 的路径(1,3,2,4,1)。

6.2.7　计算思维

2011 年,美国国际教育技术协会(ISTE)联合计算机科学教师协会(CSTA)共同给出了
"计算思维"的操作性定义。计算思维是一个问题解决的过程,该过程包括确认问题、分析数
据、抽象、设计算法、选择最优方案、推广六大要素。

从这个概念中可以看出,计算思维是某种思维活动,它独立于技术而存在;另外,它的形成
基于问题的解决过程,这个过程指向的就是学生对问题的分析与解决。

计算思维可以通过计算工具来实现。1972 年图灵奖得主迪杰斯特拉说:"我们所使用的
工具影响着我们的思维方式和思维习惯,从而也将深刻地影响我们的思维能力。"[1]这就是著
名的"工具影响思维论"。所以我们不仅要注重研究和运用工具,还要注重研究工具对思维的
影响,通过学习和应用计算机,改变旧的思维方式,逐步培养现代的科学思维方式和工作方式,
懂得在信息社会中处理问题的科学方法。

学习数学的过程就是培养理论思维的过程,学习物理的过程就是培养实证思维的过程,而
计算思维涉及运用计算机科学的基础概念去求解问题、设计系统和理解人类的行为。计算思
维涵盖了反映计算机科学之广泛性的一系列思维活动。计算思维是人类求解问题的一条途
径,但绝非试图使人类像计算机那样思考。[2]

事实上,人们在学习和应用计算机解决问题的过程中,就是在不断地培养计算思维。尤其
是在学习程序设计中,算法和程序设计就是计算思维的具体实践。

计算思维的核心是算法,算法是计算机科学美丽的体现之一。[3]　算法不是用来背诵的,而
是要理解的。

【例 6-9】Python 分形算法的作品

以数学中的分形算法为例,分形就是研究无限复杂的具备自相似结构的几何学。在数学
意义上,分形的生成是基于一个不断迭代的方程式,即一种基于递归的反馈系统。分形有几种
类型,可以分别依据表现出的精确自相似性、半自相似性和统计自相似性来定义。分形虽然是
一种数学构造,但同样可以在自然界中找到,这使得分形被划入艺术作品的范畴。

---

① 王飞跃.从计算思维到计算文化[C]//教育创新与创新人才培养.北京:中国科学技术出版社,2007.

② WING J M.Computational thinking[J].Communications of ACM,2007,39(3):33-35.

③ 沙行勉.计算机科学导论:以 Python 为舟[M].2 版.北京:清华大学出版社,2017.

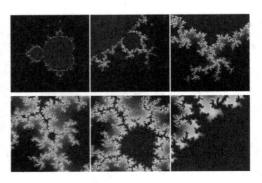

图 6-8　用 Python 程序绘制的基于分形算法的作品(源代码参考课程资源)

这种递归的思想(或算法)是把一个复杂的大问题层层转化为一个与原问题相似的小问题,利用小问题的解来构筑大问题的解。递归算法不仅适用于求解汉诺塔和分形问题,而且能描述所有相似问题间的关系,即用简单的描述解决复杂问题。

另外,计算思维求解问题的方式与数学上求解问题的方式不同。在计算机科学中,有了递归表达式,就可以编写程序得到问题的解。但是在数学上,有递归式还不够,需要通过推导得到一种称为闭合式(close form)的式子。

有关算法和程序方面的内容,本章 6.3 节和 6.4 节将有所介绍。

6.2.8　思想实验

思想实验是指运用想象力去进行的实验,所做的都是在现实中无法做到(或现实未做到)的实验。

历史上的许多伟大物理学家都曾设计过发人深思的思想实验,伽利略、牛顿、爱因斯坦便是其中的代表。这些思想实验不仅对物理学的发展有着不可磨灭的作用,更是颠覆了人们对世界、对宇宙的认识。

爱因斯坦曾说:"理论的真理在你的心智中,不在你的眼睛里。"[1]其有关相对论的一系列理论都是著名的思想实验,在当时(或即使在现在),许多都是在现实世界中无法通过实验方法验证的。伽利略的实验大多数也是思想实验,历史已经证明他并没有从比萨斜塔上同时扔两个铁球来证明亚里士多德的错误。

在计算科学中,图灵机的诞生也是思想实验的一个著名案例,因为在现实世界中并不存在这样的机器。图灵机是对计算的高度抽象,在对计算的基本逻辑进行定义后,它可以不依赖于物质的计算机而完成每一个计算状态的演算,从而提出计算机的基本结构和工作原理。

从上述对思想实验的考察中我们可以看到,思想实验是按真实实验的格式展开的一种复杂的思维推理活动,这样不必物化就可得到确定的结论。其思想操作包括以下几个层面[2]:

(1)对从未进行过的或潜在的可以实现的实验进行预想;

(2)为形成理想实验,对真实实验进行理想化的抽象;

(3)对现实中不存在、与经验相矛盾的现象进行合乎逻辑、有意义的想象。

---

①　世界十大著名思想实验[J].科学 24 小时,2013(1):55-56.

②　王荣良.思想实验:一种适合计算思维的教学方法[J].中国信息技术教育,2016(18):16-20.

6.3 算法

算法是计算机学科中的核心概念。研究算法能使我们深刻理解问题的本质，进而找到可能的求解技术。算法设计的优劣决定着程序甚至软件系统的性能。无论用计算机解决哪一方面的问题，我们都必须设法用数学方法来描述或模拟这些实际问题，把对实际问题的可行解决方案归结为计算机能够执行的若干步骤，再把这些步骤用一组计算机指令进行描述，形成所谓的计算机程序，最后交给计算机执行。

算法的发现通常是软件开发过程中富有挑战性的步骤。毕竟发现一个解决问题的算法还需要找到解决该问题的方法。于是，要理解算法是如何发现的就是要理解问题的求解过程。有效地求解问题需要的不仅是对算法的了解，还要考虑到解决问题的各种约束条件、时间复杂性和空间复杂性，以及各种解决方案的选择或最佳组合。

6.3.1 算法的基本概念

1. 传统意义上的"算法"

计算机科学界普遍认为算法是指对解题方案准确而完整的描述。可以将"算法"理解为是对问题解决步骤的描述。如果这个问题用计算机来实现，则可以通过一个计算机程序，在有限的存储空间内运行有限长的时间而得到正确的结果。

计算机系统中的任何软件都是由大大小小的各种软件构成，各自按照特定的算法来实现，算法的好坏直接决定软件性能的优劣。在设计一个软件时，用什么方法来设计算法，所设计算法需要什么样的资源，需要多少运行时间、多少存储空间，如何判定一个算法的优劣，都是必须予以解决的问题。计算机系统中的操作系统、语言编译系统、数据库管理系统以及各种各样的计算机应用系统中的软件，都必须通过具体的算法来实现。因此，算法设计与分析是计算机科学与技术的一个核心问题。

2. 算法胜利，自由意志将终结

《未来简史》的作者对算法有着另类的描述：人类千百年来一直在追求自由意志，但是计算机算法的强大，很可能会让人丢掉"听从自己内心"的自由，转而把更多事情交由机器决定。最终，人们可能会授权算法来替他们做生命中最重要的决定。[1]

3. 算法的特征

算法一般应具有以下几个基本特征。

（1）可行性

算法中执行的任何计算步骤都是可以被分解为基本的可执行的操作步，即每个计算步都可以在有限时间内完成。（也称之为有效性）

---

[1] 尤瓦尔·赫拉利.未来简史[M].林俊宏,译.北京:中信出版集团,2017.

（2）确定性

算法的确定性，是指算法中的每一个步骤都必须是有明确定义的，不允许有模棱两可的解释，也不允许有多义性。

（3）有穷性

算法的有穷性，是指算法必须能在有限的时间内做完，即算法必须能在执行有限个步骤之后终止。算法的有穷性还应包括合理的执行时间的含义。如果一个算法需要执行数年甚至更久，显然就失去了实用价值。

（4）输入

通常，算法中的各种运算总是要施加到各个运算对象上，而这些运算对象又可能具有某种初始状态，这是算法执行的起点或是依据。因此，算法执行的结果总是与输入的初始数据有关，不同的输入将会有不同的结果输出。当输入不够或输入错误时，算法本身也无法执行或执行出错。

（5）输出

一个算法有一个或多个输出，以反映对输入数据加工后的结果。没有输出的算法是毫无意义的。

6.3.2　算法的表示

算法是对解题过程的精确描述，这种描述是建立在语言基础之上的。表示算法的语言主要有自然语言、流程图、伪代码、计算机程序设计语言等，它们是表示和交流算法思想的重要工具。

1. 自然语言

自然语言是人们日常所用的语言，如汉语、英语、德语等。使用这些语言不用专门训练，所描述的算法也通俗易懂。然而其缺点也是明显的：由于自然语言具有歧义性，容易使算法在描述时具有不确定性；对于较为复杂的算法，很难清晰地表示出来；用自然语言表示的算法不便于翻译成计算机程序设计语言的程序。

2. 流程图

流程图是描述算法的常用工具，可以很方便地表示程序的基本控制结构。用流程图表示的算法不依赖于任何具体计算机程序设计语言，从而有利于不同环境的程序设计。

美国国家标准研究所（American National Standards Institute，ANSI）规定了如下一组图形符号来表示算法：

（1）起止框 ⬭：表示流程开始或结束。

（2）输入输出框 ▱：表示输入或输出。

（3）处理框 ▭：表示对基本处理功能的描述。

（4）判断框 ◇：根据条件是否满足，在几个可以选择的路径中选择某一路径。

（5）流向线→、←、↑、↓：表示流程的路径和方向。

（6）连接点○：用于将画在不同地方的流程线连接起来。

通常在各种图符中加上简要的文字说明，以进一步表明该步骤所要完成的操作。

用流程图描述求 1＋2＋3＋…＋100 的算法如图 6-9 所示。

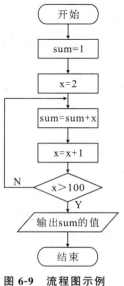

图 6-9　流程图示例

3. 计算机程序设计语言

计算机不能识别自然语言、流程图和伪代码等算法描述语言，而设
计算法的目的就是要用计算机解决问题，因此用自然语言、流程图和伪代码等语言描述的算法
最终还必须转换为具体的计算机程序设计语言编写的程序。计算机程序就是算法的一种表示
方式。

【例 6-10】分别用 C 语言和 Python 语言描述求 $1+2+3+\cdots+100$ 的算法。

C 语言	Python 语言

main() {
 int sum,x;
 sum=1;
 x=2;
 while(x<=100)
   {sum=sum+x;
    x=x+1;
   };
 printf("%d",sum);
 }
	sum=1
	 for x in range(2,101):♯用遍历循环结构
	   sum=sum+x ♯实现累加
	 print(sum) ♯结果输出

由以上可以看出，Python 的编程效率比 C 语言更高，语法更简洁。

算法和程序是有区别的。算法是对解题步骤（过程）的描述，可以与计算机无关；而程序是
基于某种计算机语言对算法的具体实现。可以用不同的计算机语言编写程序实现同一个算
法，算法只有转换成计算机程序才能在计算机上运行。

6.3.3 算法的评价

算法的优劣关系到问题解决的好坏。在设计算法时，通常应考虑以下原则：首先，设计的
算法必须是正确的；其次，应有很好的可读性，还必须具有稳健性；最后，应考虑所设计算法的
复杂度，即要有高效率与低存储量。

1. 正确性

正确性是指算法的执行结果应该满足预先规定的功能和性能要求。除了应该满足算法说
明中写明的功能之外，对于各组典型的带有苛刻条件的输入数据也应得出正确的结果。

2. 可读性

一个算法应该思路清晰，层次分明，简单明了，易读易懂。在算法正确的前提下，算法的可
读性是摆在第一位的，这在当今需要多人协同完成的大型软件项目中是很重要的；此外，晦涩
难读的程序易于隐藏错误而难以调试。

3. 稳健性

算法的稳健性是指算法应对非法输入的数据做出恰当反应或进行相应处理。它强调，如
果输入非法数据，算法也应能加以识别并做出处理，而不是产生误动作或陷入瘫痪。

4. 复杂度

算法的复杂度是算法效率的度量,是评价算法优劣的重要依据。一个算法的评价主要从时间复杂度和空间复杂度来考虑。

时间复杂度是指执行算法所需要的计算工作量。一般情况下,算法的基本操作重复执行的次数是模块 n 的某一个函数 $f(n)$,因此,算法的时间复杂度记作:$T(n)=O(f(n))$。随着模块 n 的增大,算法执行的时间的增长率和 $f(n)$ 的增长率成正比,所以 $f(n)$ 越小,算法的时间复杂度越低,算法的效率越高。

空间复杂度是算法在计算机内执行时所需存储空间的度量。由于当今计算机硬件技术发展很快,程序所能支配的自由空间一般比较充裕,所以空间复杂度就不如时间复杂度那么重要了。对于一般问题,现在人们很少讨论其空间耗费。

*【例 6-11】求下列算法(程序段)的时间复杂度。

In[4]:	s＝0 n＝100 for i in range(1,n＋1)　　　:＃外循环 100 次 　for j in range(1,n＋1):　　＃内循环 100 次 　　s＝s＋1　　　　　　　　＃s 变量自增 1 print(s)　　　　　　　　　　＃输出 s 变量的值
Out[4]:	10000

[分析]在算法时间复杂度的计算中,最关键的是得出算法中最多的执行次数。很容易看出,算法中最内层循环体语句往往具有最大的语句频度,在计算过程中主要对它们进行分析和计算。

该算法中频度最大的是语句"$s＝s＋1$",它的执行次数与循环变量 i 和 j 有直接关系,而该变量的变化范围又较为明确,因此其频度可以通过求和公式求得:

$$f(n)=\sum_{i=1}^{n}\sum_{j=1}^{n}1=\sum_{i=1}^{n}n=n^2$$

所以,该算法的时间复杂度为平方阶,记作 $T(n)=O(n^2)$。

6.4　程序设计与过程

程序和算法是有区别的。算法是对解题步骤(过程)的描述,可以与计算机无关;而程序是基于某种计算机语言对算法的具体实现。可以用不同的计算机语言编写程序实现同一个算法,算法只有转换成计算机程序才能在计算机上运行。

算法不等于程序,程序可以作为算法的一种描述,但通常还需考虑更多细节问题,这是因为编写程序时要受到计算机系统运行环境的限制。通常,程序的编制不可能优于算法的设计。在这个过程中,无论是形成解题思路还是编写程序,都是在实施某种算法;前者是推理实现的算法,后者是操作实现的算法。

6.4.1　为什么要学习程序设计

我们可以找到许多理由来学习编程。对有些人而言,编程可以带来极大的乐趣,他们享受的就是编程本身。但对更多的人而言,编程是一种解决问题的有效方式,事实上,计算机已经渗透到社会的方方面面,即使不是专业程序员,我们的一生,无论学习、生活还是工作,都将与计算机相关、相伴。

早在 20 世纪 50 年代,美国教育界就开始重视计算机编程教学。20 世纪 80 年代之后,计算机编程教学逐渐进入中小学校,以教程序设计语言为主,目的是提高学生的逻辑推理、批判性思维和动手解决问题的能力。实践证明,学习计算机编程的中小学生,学会了严密的逻辑推理方法,并无形中把它应用到学习其他学科中,他们思考问题的方法变得非常逻辑化。

学习计算机编程的本质上是在学习一种思维方式——计算思维。学习程序设计基本思想有助于学习新的思维方式,类似于通过绘画课学习从不同的角度观察世界。学会用一种新的方式思考问题是非常有用的。前面所述的"解决问题",就是找出问题的答案或者完成一项任务,而编程就是一种纯粹的、精简的解决问题的方式。因此,学习编程可以让我们真正掌握一种新的思维方式,从而能够找到问题的答案或解决方案。

大学生本身对计算机有着浓厚兴趣和较强的理解能力,计算机编程将有助于他们开发学习潜力,提高逻辑推理能力和解决问题的能力。学习计算机编程同时充满着乐趣。如果我们有一个想法,可以马上通过编程实现,并立即看到效果。这种即时的反馈会让学习兴趣越来越浓厚,也使我们越来越有信心。计算机编程带来的乐趣是在其他学科学习中难以感受到的。

6.4.2　什么是程序

程序就是告诉计算机要做什么样的一系列指令,每条指令是一个要执行的动作。编写程序的工作称为程序设计。

程序设计是根据特定的问题,使用某种程序设计语言,按照预定的算法设计计算机执行的指令序列。计算机按照程序所规定的操作步骤一步一步地执行相应的指令,最终完成特定的任务。进行程序设计时至少应掌握一门或一门以上的程序设计语言。

程序设计就如同解一道数学题,首先需要阅读题目(对问题的描述),再去想怎样求解(需要哪些步骤,即算法设计),最后通过编程,用程序语言写出每个具体的执行步骤,并对结果进行验证以保证它是正确的。

6.4.3　程序设计语言

在计算机程序设计语言的发展历史上,出现的语言达上百种之多,但人们最常用的不过十多种。按其发展的过程,程序设计语言大概分为三类。

1. 机器语言

为编写计算机能理解的程序,人们最早使用的语言是机器语言。机器语言是 CPU 可以识别的一组由 0、1 序列构成的机器指令的集合,它是计算机硬件所能执行的唯一语言。不同的计算机设备有不同的机器语言。使用机器语言编写程序是很不方便的,因为它很难记忆,且要求使用者熟悉计算机的很多硬件细节。

例如一条表示加法的机器指令"00101100　00001010",该指令是将二进制数 1010 与累加器 A 的值相加,结果仍保存在 A 中。

随着计算机硬件结构越来越复杂,指令系统也变得越来越庞大,一般工程技术人员难以掌握。为了减少程序设计人员在编制程序工作中的烦琐劳动,1952 年出现了一种符号化的机器语言,称为汇编语言。

2. 汇编语言

汇编语言是用助记符来表示每一条机器指令。比如上述的加法指令用汇编语言表示为"ADD A,10"。

由汇编语言编写的源程序必须经过翻译转变成机器语言程序,计算机才能识别和执行。这种将汇编语言编写的源程序翻译成机器语言目标程序的工具就称为汇编程序。

汇编语言仍然是一种面向机器的语言,不同类型的计算机具有不同的汇编语言。虽然汇编语言比机器语言容易掌握,但对一般的非专业人员来说,汇编语言仍然难以学习和使用。

机器语言和汇编语言都是面向机器的语言,所以统称为低级语言。

3. 高级语言

高级语言是一种与机器指令系统无关、表达形式更接近被描述问题的程序设计语言。高级语言同人类的自然语言和数学表达方式相当接近,其功能更强,可读性更好,编程也更加方便。现在我们所说的"程序设计语言"通常是指高级语言。

高级语言种类繁多,当前流行的面向对象的语言有 Python、C++、Java 等;过程化语言有 C 语言等,以及非过程化的数据库查询语言 SQL 等。

与汇编语言一样,计算机不能直接识别和执行用高级语言编写的源程序,因此必须经过语言处理程序进行翻译,将源程序转换成机器语言的形式,以便计算机能够运行。

高级语言处理程序有编译程序和解释程序两种。其中,编译方式就像日常生活中的笔译方式,一次性地将整个源程序翻译成用机器语言表示的与之等价的目标程序,完成这项翻译工作的程序称作编译程序。编译出的目标程序通常还要经过链接程序,将目标代码进行修饰和整合,产生可执行程序,以便计算机顺利加载并运行程序。编译过程如图 6-10 所示。

解释方式如同人们日常对话中的口译方式,将程序中的指令逐条翻译,逐条执行。所以,编译程序与解释程序最大的区别之一在于前者生成目标代码,而后者不生成。

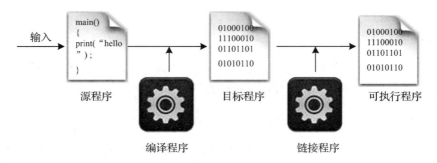

图 6-10 编译型语言处理程序功能示意图

6.4.4 程序设计的三种基本结构

任何程序都可由顺序、选择、循环三种基本控制结构(或它们组合)来实现。

1. 顺序结构

计算机在执行一个程序的时候,最基本的方式是一条语句接一条语句地执行。顺序结构表示程序中的各操作是按照出现的先后顺序执行的。

2. 选择结构

在日常生活中,我们会经常做出一些决策。例如,今天如果下雨的话,出门时就要带上雨伞,否则不需要带。编程也是一样,常常需要根据逻辑条件做出决策。选择结构表示程序的处理步骤出现了分支,需要根据某一特定的条件选择其中的一个分支执行。

无论采用哪种编程语言,条件执行控制语句控制结构表示都是类似的。例如,If/Else 语句就是条件执行控制语句,图 6-11 中给出了 If/Else 语句的流程图表示。

<语句块 1>在 If 中<条件>满足即为 True 时执行,<语句块 2>在 If 中<条件>不满足即为 False 时执行。简单地说,二分支结构根据条件的 True 或 False 结果产生两条路径。

另外一种情况是流程图中的一个分支可能什么都不做,图 6-12 所示是一个单路径的 If 语句(不需要 Else 语句)。

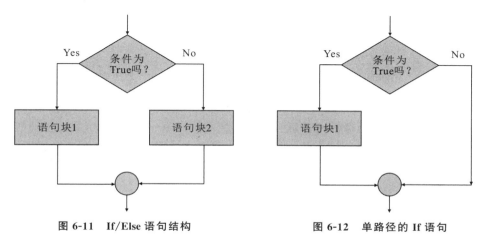

图 6-11　If/Else 语句结构　　　　图 6-12　单路径的 If 语句

例如,Python 的二分支结构使用 if-else 保留字对条件进行判断,语法格式如下:

```
if   <条件>:
    <语句块 1>
else:
    <语句块 2>
```

【例 6-12】Python 用分支结构进行奇偶数判定。

自定义一个 isOdd()函数,参数为整数,如果整数为奇数,返回 True,否则返回 False。

In[5]:	def is Odd(n):	♯ 自定义函数,n 为输入的参数
	if n%2:	♯ 如果被 2 整除,判定是偶数
	return True	♯ 返回 True
	else:	
	return False	♯ 否则返回 False
Out[5]:	请输入一个整数:7	
	你输入的是奇数	

3. 循环结构

不少实际问题中有许多具有规律性的重复操作,因此在程序中就需要重复执行某些语句。循环结构表示程序反复执行某个或某些操作,直到某条件为假(或为真)时才可终止循环。

图 6-13 所示的是一种常用的循环结构。程序执行时为先判断条件,当满足给定的条件时执行循环体,并且在循环终端处流程自动返回循环入口;如果条件不满足,则退出循环体直接到达流程出口处。这种循环结构通常又称为 While 循环结构。

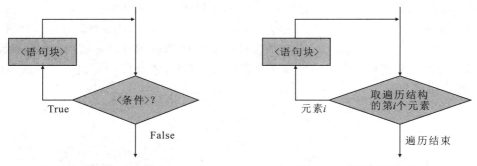

图 6-13　While 循环结构　　　　　图 6-14　遍历循环结构

Python 语言的循环结构包括两种:无限循环和遍历循环。无限循环使用保留字 while 根据判断条件执行程序。遍历循环可以理解为从遍历结构中逐一提取元素,放在循环变量中,对于每个提取的元素执行一次语句块(图 6-14)。for 语句的循环执行次数是根据遍历结构中元素个数确定的。

　　for　<循环变量>　in　<遍历结构>:
　　　　<语句块>

【例 6-13】用 Python 遍历循环实现九九乘法表。

以下程序就是一个用遍历实现循环的很好的示例,并采用循环嵌套结构实现。

In[6]:	```
	#循环嵌套结构
	for i in range(1,10):
	    for j in range(1,i+1):
	        x=i*j
	        print('{}*{}={}'.format(j,i,x),end="")
	    print("")
	``

Out[6]:	1*1=1 1*2=2 2*2=4 1*3=3 2*3=6 3*3=9 …… 1*8=8 2*8=16 3*8=24 4*8=32 5*8=40 6*8=48 7*8=56 8*8=64 1*9=9 2*9=18 3*9=27 4*9=36 5*9=45 6*9=54 7*9=63 8*9=72 9*9=81

6.4.5　程序设计的一般过程

程序设计就是使用某种程序设计语言编写程序代码来驱动计算机完成特定功能的过程。

程序设计的基本过程一般包括以下几个步骤。

1. 问题描述

程序设计的最终目的是利用计算机求解某一特定问题，因此程序设计面临的首要任务是得到问题的完整和确切的定义。还要确定程序的输入，而且要知道提供了特定的输入后，程序的输出是什么，以及输出的格式是什么。

2. 算法设计

了解了问题的确定含义后，就要设计具体的解题思路了。解题过程都是由一定的规则、步骤组成的，这种规则就是算法。瑞士计算机科学家尼克劳斯·沃思（Niklaus Wirth）曾提出"程序＝算法＋数据结构"，算法对程序设计的重要性由此可见一斑。

为了描述算法，可以使用多种方法。常用的有自然语言、传统流程图、N-S 流程图、伪代码和计算机语言等。

3. 程序设计

问题定义和算法描述已经为程序设计规划好了蓝本，下一步就是用真正的计算机语言表达了。这就要求开发设计者具有一定的计算机语言功底。不同的语言有各自的特点，因此先要针对问题选用合适的开发设计环境和平台。写出的程序尽管有时会有较大差别，但必须是忠实于算法描述的。正因为如此，有人说代码编制的过程是算法到计算机语言程序的翻译过程。

程序设计时，人们将在纸上编写好的程序代码通过编辑器输入计算机内，利用编辑器可对输入的程序代码进行修改、复制、移动和删除等编辑操作，然后以文件（源程序）形式保存。现在的程序设计语言一般都有一个集成开发环境，自带编辑器，用户可以方便地编辑程序；也可以用 Windows 环境下的记事本来编辑程序。源程序必须是纯文本文件，不能用带有格式的字处理软件来建立。

4. 调试运行

计算机是不能直接执行源程序的（机器语言程序除外），因此，计算机上提供的各种语言必须配备相应语言的编译程序或解释程序。通过编译程序或解释程序使编写的程序能够最终得到执行的工作方式，称为程序的编译方式或解释方式。

无论是编译程序还是解释程序，都需要事先送入计算机内存中，才能对源程序（也在内存中）进行编译或解释。调试的过程实际上是一个对源程序的语法和逻辑结构进行检查的过程。这常常是一个需要多次往返、逐步排查的过程，既要耐心细致，还要有调试程序经验的积累。

5. 编写程序文档

目前的软件不仅规模庞大，而且功能日趋复杂，需要团队合作才能完成。一个完善的软件文档对开发者之间的交流、软件的升级与维护就显得至关重要。文档记录程序设计的算法、实现以及修改的过程，保证程序的可读性和可维护性。例如一个有上万行代码的程序，在没有文档的情况下，即使是程序设计者本人，在几个月后也很难记清其中某些程序完成什么功能。

程序中的"注释"就是一种很好的文档，注释的内容并不要求计算机能够理解，但可被读程序的人理解。如 Python 语言的注释用"#"开头。对算法的各种描述也是重要的文档。

*6.5　数据结构

数据结构(信息结构)应当是计算机科学研究的基本课题。计算机科学的重要基石是关于算法的学问,数据结构又是算法研究的基础。首先需要解决两个问题,即算法和数据结构。算法是处理问题的策略,而数据结构是问题的数学模型。"算法＋数据结构＝程序"说明了算法与数据结构在程序设计中的重要作用。

1968年,美国唐纳德·克努特(Donald Knuth)教授开创了数据结构的最初体系。他所著的 *The Art of Computer Programming* 是第一本系统阐述数据的逻辑结构和存储结构及其操作的著作。他计划共写7卷,然而仅仅出版3卷就已经震惊世界,并使他获得计算机科学界的最高荣誉——图灵奖。后来,此书与牛顿的《自然哲学的数学原理》等一起,被评为"世界历史上最伟大的十种科学著作"之一。

在软件的开发实践中,人们逐渐注意到数据表示与操作的结构化,把一些确实能够有效解决问题的数据表示和算法总结出来,如表、栈、队、树、图(下文会介绍这些术语)等被单独抽出来研究,而这些方法便形成一门学问,这就是"数据结构"这门学科的来源。

数据结构主要研究和讨论以下三方面的问题:

(1)数据集合中各数据元素之间所固有的逻辑关系,即数据的逻辑结构。

(2)在对数据进行处理时,各数据元素在计算机中的存储关系,即数据的存储结构。

(3)对各种数据结构进行的运算。

6.5.1　数据结构的基本概念

早期的计算机主要用于数值处理和科学计算,随着计算机技术的飞速发展,计算机的应用范围不断扩大,已不再局限于单纯的数值计算,而更多地应用于控制、管理及数据处理等非数值计算的处理工作。非数值型的问题在日常生活中是非常多的。例如,在城市交通运输中,从A地到B地有很多条道路,每条道路的距离不同,拥挤程度不同,该如何选择一条最快的线路到达目的地? 又如,图书馆的图书资料浩如烟海,该如何进行管理才能使读者能够快速查找到需要的资料? 类似这些问题都是典型的非数值问题。

要用计算机处理这些非数值问题,就需要考虑如何在计算机内部描述这些问题,采用什么样的算法可以快速、有效地完成问题的求解。进一步地,还要研究如何组织数据和处理数据,根据问题的要求及数据元素之间的特性,确定相应的存储结构和算法,进而设计出高质量的程序于是就产生了数据结构这门学科。以下首先介绍数据结构的相关概念。

1. 数据

数据是描述客观事物的所有能输入计算机中并被计算机程序处理的符号的总称,例如数值、字符、声音、图像等。

2. 数据元素

数据元素是数据的基本单位,在计算机中通常作为一个整体加以考虑和处理。每个数据元素可包含一个或若干个数据项。数据项是具有独立含义的标识单位,是数据的不可分割的最小单位。例如,电话号码簿中的一行为一个数据元素,包括姓名、住址、电话号码等数据项。

3. 数据对象

数据对象是性质相同的数据元素的集合，是数据的一个子集。例如，电话号码簿就是一个数据对象。再如，整数数据对象是集合 $N=\{0,\pm1,\pm2,\cdots\}$。大多程序设计语言都提供了一组简单的数据对象，如整数、实数、布尔值等，并提供了以此为基础来构造新数据对象的机制。

4. 数据类型

在高级程序设计语言中，用数据类型来表示操作对象的特性。数据类型与数据结构具有紧密的关系：具有相同数据结构的一类数据的全体构成一种数据类型。数据类型是一个值的集合和定义在这个值的集合上的一组操作的总称。例如，C 语言中的整型、实型、字符型等都是数据类型。整数数据对象以及在整数集合上的算术运算和关系运算等操作一起构成了整型这个数据类型。

5. 数据结构

数据结构（data structure）是指相互之间存在着一定关系的数据元素的集合以及定义在其上的操作（运算）。它的研究一般包含数据的逻辑结构、数据的存储结构以及对数据结构中数据元素的操作。

（1）数据的逻辑结构

所谓数据的逻辑结构，是指反映数据元素之间逻辑关系的数据结构。数据的逻辑结构是从具体问题抽象出来的数学模型，与数据在计算机内部是如何存储的无关，独立于计算机。

什么是逻辑关系？例如在城市交通中，两个地点之间就存在一种逻辑关系。两个地点之间的逻辑关系分为三种：第一种是两个地点之间有公共汽车可以直达；第二种是两个地点之间没有公共汽车可以直达，但可以通过中途换乘其他公共汽车而到达；第三种是两个地点之间没有公共汽车可以达到。又如在电话号码本中，电话号码如何进行分类、按照什么顺序进行排列等都是数据之间的逻辑关系。

一般情况下，在具有相同特征的数据元素集合中，各个数据元素之间存在某种关系（即联系），这种关系反映了该集合中的数据元素所固有的一种结构。在数据处理领域中，通常把数据元素之间这种固有的关系简单地用前件与后件关系（或称前驱与后继关系）来描述。例如，在描述一年四个季节的顺序关系时，"春"是"夏"的前件（即前驱），而"夏"是"春"的后件（即后继）。

【例 6-14】一年四季的数据结构。

用二元组表示：S=(D,R)

　　　　　　D=｛春，夏，秋，冬｝

　　　　　　R=｛＜春，夏＞，＜夏，秋＞，＜秋，冬＞｝

【例 6-15】家庭成员之间辈分关系的数据结构。

用二元组表示：S=(D,R)

　　　　　　D=｛父亲，儿子，女儿｝

　　　　　　R=｛＜父亲，儿子＞，＜父亲，女儿＞｝

一个数据结构可以用二元组表示，也可以直观地用图形表示。在数据结构的图形表示中，数据集合 D 中的每一个数据元素用中间标有元素值的圆表示，一般称为数据结点，简称为结点。为了进一步表示各数据元素之间的前后件关系，对于关系 R 中的每一个二元组，用一条有向线段从前件结点指向后件结点。

例 6-13 和例 6-14 中的数据结构可以用图形来表示,如图 6-15 和图 6-16 所示。

图 6-15　一年四季数据结构的图形表示　　　图 6-16　家庭成员关系数据结构的图形表示

显然,用图形方式表示一个数据结构是很方便的,而且也比较直观。有时在不会引起误会的情况下,前件结点到后件结点连线上的箭头可以省略。

在数据结构中,没有前件的结点称为根结点,没有后件的结点称为终端结点(也称为叶子结点)。例如在如图 6-15 所示的数据结构中,元素"春"所在的结点(简称为结点"春")为根结点,结点"冬"为终端结点;在如图 6-16 所示的数据结构中,结点"父亲"为根结点,结点"儿子"与"女儿"均为终端结点。数据结构中除根结点与终端结点外的其他结点一般称为内部结点。

(2)数据的存储结构

数据的逻辑结构在计算机存储空间中的存放形式称为数据的存储结构(也称数据的物理结构,又称映像)。程序中的数据运算是定义在数据的逻辑结构上的,但运算的具体实现(如插入、删除、更新等)要在存储结构上进行。

在实际进行数据处理时,被处理的各个数据元素总是被存放在计算机的存储空间中,并且各数据元素在计算机存储空间中的位置关系与它们的逻辑关系不一定相同,很多情况下也不可能相同。例如在前面提到的一年 4 个季节的数据结构中,"春"是"夏"的前件,"夏"是"春"的后件;但在计算机存储空间中对它们进行处理时,"春"这个数据元素的信息不一定被存储在"夏"的前面,而可能在后面,也可能不是紧邻在前面,而是被其他信息隔开。

(3)对数据结构中数据元素的操作

为了在计算机上解决具体问题,数据结构的研究内容为如何表示数据、如何组织数据(组织起来的数据就具有了结构关系),以及如何对它们进行操作。例如,一个数据结构中的元素结点经常是在动态变化的,根据需要或在处理过程中,可以在一个数据结构中增加一个新结点(称为插入运算),也可以删除数据结构中的某个结点(称为删除运算)。

以下给出对数据结构中数据元素的几种基本操作:

①插入:在数据结构中的指定位置增添新的数据元素。

②删除:删去数据结构中指定的数据元素。

③更新:在数据结构中更改某个数据元素的值。

④查找:在数据结构中寻找某个特定要求的数据元素。

⑤排序:(在线性结构中)重新安排数据元素之间的逻辑顺序关系,使之按某个关键字(例如学生成绩表中的"总分"这一数据项)值由小到大或由大到小的次序排列。

⑥遍历:按某一次序访问数据结构中的每一个数据元素且每个元素仅访问一次。

6. 线性结构与非线性结构

为了进一步研究数据的逻辑结构,根据数据结构中各数据元素之间前后件关系,一般将其分为两大类型:线性结构与非线性结构。

如果一个非空的数据结构满足下列两个条件：除了第一个和最后一个结点以外的每个结点只有唯一的一个前件和唯一的一个后件，第一个结点没有前件，最后一个结点没有后件，则称该数据结构为线性结构；否则，称之为非线性结构。

在非线性结构中，各数据元素之间的前后件关系要比线性结构复杂，因此，对非线性结构的存储与处理比线性结构要复杂得多。

6.5.2　线性结构

线性结构是最常用且最简单的数据结构，它包括线性表、栈、队列和线性链表等。

1. 线性表

（1）线性表的概念

日常生活中大量存在着这样的表格，例如一份学生名单、一张仓库设备清单等，把一个人、一台设备都抽象地看成一个数据元素，这些数据元素之间除了在表中的排列次序即先后次序不同外，没有其他的联系，这一类的表属于线性表。

在线性表中，结点就是对数据的一种抽象。如在学生名单中，可以认为一个学生数据就是一个结点。如果一张学生名单由 1 000 人组成，就可以抽象地认为学生名单这样的线性表是由 1 000 个结点组成的。在这样抽象的意义上，就可以不再关心被处理数据的具体内容是什么，从而使对数据结构的研究具有通用性和一般性。

从数据结构的角度出发，线性表是由 $n(n \geqslant 0)$ 个数据元素组成的有限序列，记为 $(a_1, a_2, \cdots, a_n)$。当 $n = 0$ 时，线性表为空表。在线性表中，除了第一个和最后一个数据元素外，每一个数据元素都有一个直接前驱结点和一个直接后继结点。

（2）线性表的存储结构

在计算机中存储线性表，一种最简单的方法是顺序存储，也称为顺序分配。

线性表的顺序存储结构具有以下两个基本特点：

①所有元素所占的存储空间是连续的；

②各数据元素在存储空间中是按逻辑顺序依次存放的。

由此可以看出，在线性表的顺序存储结构中，其前后件两个元素在存储空间中是紧邻的，前件元素一定存储在后件元素的前面。

在线性表的顺序存储结构中，如果线性表中各数据元素所占的存储空间相等，在线性表中查找某一个元素是很方便的。

在程序设计语言中，通常定义一个一维数组来表示线性表的顺序存储空间。因为程序设计语言中的一维数组与计算机中实际的存储空间结构是类似的，这就便于用程序设计语言对线性表进行各种运算处理。

2. 栈（stack）

递归过程或函数调用时，处理参数和返回地址，通常使用一种称为栈（stack）的数据结构。栈实际上也是线性表，它是一种限定只在线性表的一端进行插入与删除操作的特殊的线性表。即在这种线性表的结构中，一端是封闭的，不允许插入与删除元素；另一端是开口的，允许插入与删除元素。在顺序存储结构中，对这种类型线性表的插入与删除运算是不需要移动表中其他数据元素的。

在栈中,允许插入与删除的一端称为栈顶,而不允许插入与删除的另一端称为栈底。栈顶元素总是最后被插入的元素,因此也是最先被删除的元素;栈底元素总是最先被插入的元素,也是最后才能被删除的元素。如图 6-17 所示,即栈是按照"先进后出"(first in last out,FILO)或"后进先出"(last in first out,LIFO)的原则组织数据的,因此,栈也被称为先进后出表或后进先出表。由此可以看出,栈具有记忆作用。

往栈中插入一个元素称为入栈运算,从栈中删除一个元素(即删除栈顶元素)称为出栈运算。通常用指针 top 来指示栈顶的位置,用指针 bottom 指向栈底。栈顶指针 top 动态反映了栈中元素的变化情况。

栈这种数据结构在日常生活中也是常见的。例如,日常生活中堆叠的盘子是一种栈的结构,最后放上(最上一层)的盘子总是最先被拿走,而最先放的盘子(最底一层)最后才能被取出。又如在用一端闭合、另一端开口的容器装物品时,也是遵循"先进后出"或"后进先出"原则的。

【例 6-16】线性栈在数制转换中的应用

十进制数 N 和其他 d 进制数的转换是计算机实现计算的基本问题,其解决方法很多,其中一个是辗转相除法:$N = (N \text{ div } d) \times d + N \text{ mod } d$(其中 div 为整除运算,mod 为求余运算)。

例如,计算 $(1\ 348)_{10} = (\quad)_8$,按照辗转相除法,其运算过程如图 6-18 所示。

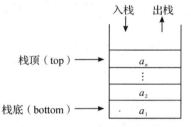

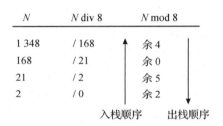

N	N div 8	N mod 8
1 348	/ 168	余 4
168	/ 21	余 0
21	/ 2	余 5
2	/ 0	余 2

图 6-17　栈的示意图　　　图 6-18　辗转相除法运算过程

计算过程是从低位到高位产生八进制数的各个数位,而输出应从高位到低位进行,恰好和计算过程相反。因此,若计算过程中得到八进制数的各位顺序进栈,则按出栈序列打印输出的即为与输入对应的八进制数。

【例 6-17】用 Python 语言实现栈结构的操作。

基本思路:用列表来存放栈中的元素的信息,利用列表的 append() 和 pop() 方法可以实现栈的出栈 pop 和入栈 push 的操作。

(1)定义堆栈

In[7]:	#定义堆栈
	stack_size=5　#设定堆栈容量
	stack_list=["Panda","Tiger","Lion","Wolf"]　#定义列表
	print(stack_list)

Out[7]:	[' Panda ',' Tiger ',' Lion ',' Wolf ']

(2)入栈操作

list.append()方法是向列表添加一个对象元素,即把一个元素添加到堆栈的顶部;如果列表中的元素超出堆栈容量,则不添加。

In[8]:	if len(stack_list)<=stack_size:♯判定堆栈是否已满 　　stack_list.append("Elephant")♯元素入栈 else: 　　print("stack is full") print(stack_list)
Out[8]:	['Panda','Tiger','Lion','Wolf','Elephant']

（3）出栈操作

首先判定堆栈是否为空，若不为空，则调用 pop()方法把堆栈中最后一个元素弹出来。

In[9]:	if len(stack_list)! =0:♯判定堆栈若不为空 　　stack_list.pop()　　♯列表中最后一个元素出栈 else: 　　print("stack is empty") print(stack_list)
Out[9]:	['Panda','Tiger','Lion','Wolf']

3. 队列

队列（queue）也是一种操作受限的线性表，要加入的元素总是插入线性表的末尾，并且又总是从线性表的头部取出（删除）元素。即队列是指允许在一端进行插入，而在另一端进行删除元素的线性表。允许插入的一端称为队尾，通常用一个称为尾指针（rear）的指针指向队尾元素，即尾指针总是指向最后被插入的元素；允许删除的一端称为队首，通常也用一个队首指针（front）指向队首元素的前一个位置。

显然，在队列这种数据结构中，最先插入的元素将最先能够被删除，最后插入的元素将最后才能被删除。因此，队列又称为"先进先出"（first in first out，FIFO）或"后进后出"（last in last out，LILO）的线性表，它体现了"先来先服务"的原则。在队列中，队尾指针与队首指针共同反映了队列中元素动态变化的情况。图 6-19 是含有 6 个元素的队列示意图。

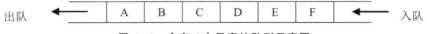

图 6-19　含有 6 个元素的队列示意图

与栈类似，在程序设计语言中，用一维数组 $S(1:m)$ 作为队列的顺序存储空间，数组的上界 m 即是队列所容许的最大容量。向队列的队尾插入一个元素称为入队运算，从队列的队首删除一个元素称为出队运算。

在计算机系统中，队列思想常用于操作系统的资源调度。如打印输出队列，需要将打印的任务先存储于队列中，等到打印完一个任务后，接着才会打印第二个任务，这样依次处理直到队列清空为止。

【例 6-18】设栈 S 和队列 Q 的初始状态为空，元素 e_1、e_2、e_3、e_4、e_5、e_6 依次通过栈 S，一个元素出栈后即进入队列 Q，若出队的顺序为 e_2、e_4、e_3、e_6、e_5、e_1，则栈 S 的容量至少应该为多大？

［分析］根据题意，得到的已知条件如图 6-20 所示，在保证入栈序列和出队顺序不变的情况下，需要求解的问题是栈 S 的容量是多少。

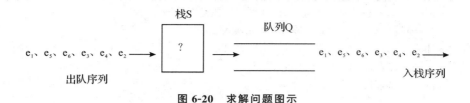

图 6-20　求解问题图示

求解这种问题,最后用图示的方法依次画出入栈及出栈的序列,各元素入栈、出栈步骤如图 6-21 所示。由图示分析可看出,栈 S 的容量至少应该为 3 才能满足要求。

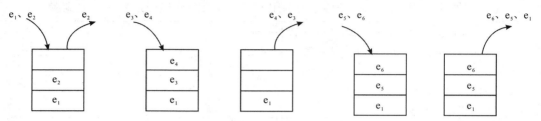

图 6-21　入栈及出栈的序列图示

【例 6-19】用 Python 实现队列操作。

队列符合"先进先出"原则,其实现方法是:先定义一个列表作为队列,调用 append()方法可以把一个元素添加到队列尾部,调用 pop(0)方法可以使队头元素出队。

(1)定义队列

In[10]:	queues＝["Panda","Tiger","Lion","Wolf"] ♯定义队列 print(queues)
Out[10]:	['Panda','Tiger','Lion','Wolf']

(2)入队操作

In[11]:	queues.append('Elephant') ♯在队列尾部增加一个元素 print(queues)
Out[11]:	['Panda','Tiger','Lion','Wolf','Elephant']

(3)出队操作

In[12]:	queues.pop(0) ♯将队首的元素(索引值为 0)移出队列 print(queues)
Out[12]:	['Tiger','Lion','Wolf','Elephant']

4. 线性链表

线性表的顺序存储结构具有存储简单、运算方便等优点,特别是对于小线性表或长度固定的线性表,采用顺序存储结构的优越性更为突出。但是,对于大的线性表,特别是元素变动频繁的大线性表不宜采用顺序存储结构,而是采用下面要介绍的链式存储结构。

在链式存储方式中,要求每个结点由两部分组成:一部分用于存放数据元素值,称为数据域；另一部分用于存放指针，称为指针域，如图 6-22 所示。其中指针用于指向该结点的前一个或后一个结点（即前件或后件）。

线性表的链式存储结构称为线性链表。在链式存储结构中，存储数据结构的存储空间可以不连续，各数据结点的存储顺序与数据元素之间的逻辑关系可以不一致，而数据元素之间的逻辑关系是由指针域来确定的。

图 6-22　链式存储方式的一个存储结点

链式存储方式既可用于表示线性结构，也可用于表示非线性结构。在用链式结构表示较复杂的非线性结构时，其指针域的个数要多一些。

在线性链表中，用一个专门的指针 Head（称为头指针）指向线性链表中第一个数据元素的结点（即存放线性表中第一个数据元素的存储结点的序号）。线性表中最后一个元素没有后件，因此，线性链表中最后一个结点的指针域为空（用 NULL 或 0 表示），表示链表终止。线性链表的逻辑结构如图 6-23 所示。

图 6-23　线性链表的逻辑结构

对于线性链表，可以从头指针开始，沿各结点的指针扫描到链表中的所有结点，依次输出各结点值。

上面讨论的线性链表又称为线性单链表。在这种链表中，每一个结点只有一个指针域，由这个指针只能找到后件结点，但不能找到前件结点。

在单链表中，将终端结点的指针域由 NULL 改为指向表头结点，就得到了单链形式的循环链表，并简单称为单循环链表。下面举一个例子说明单循环链表的实际应用。

【例 6-20】单循环链表应用——约瑟夫环问题

［问题描述］约瑟夫（Joseph）环问题的一种描述：设有 n 个人依次围成一圈（图 6-24），从第 1 个人开始报数，数到第 m 个人出列，然后从出列的下一个人开始报数，数到第 m 个人又出列，……，如此反复到所有的人全部出列为止。设 n 个人的编号分别为 1，2，…，n，打印出出列的顺序。

假设 $n=10$，$m=3$，用 Python 实现约瑟夫环问题求解，出列顺序如下所示：

出列顺序：3→6→9→2→7→1→8→5→10→4

具体实现代码略，有兴趣的同学请访问本课程资源。

图 6-24　约瑟夫环问题

6.5.3　非线性结构

非线性结构包括树形结构和图形结构。

1. 树形结构

树(tree)是一种重要的非线性数据结构,在这类结构中,元素之间存在着明显的分支和层次关系。树形结构广泛存在于客观世界中,如家族关系中的家谱、组织机构、计算机操作系统中的多级文件目录结构等。直观地看,它是数据元素(在树中称为结点)按分支关系组织起来的结构,很像一棵倒置的树的形状。

(1)树的定义

树是由一个或多个结点组成的有限集合,如图6-25所示。树结构的特点是:必有一个特定的称为根(root)的结点,根的每个分支称为子树(subtree),子树也是一棵树。树中的每一个结点都可以有不止一个的直接后驱,除根结点外的所有结点有且只有一个直接前驱。结点的前驱结点称为该结点的父结点(parent)。结点的后继结点称为该结点的子结点(child),同一父结点的子结点称为兄弟结点(sibling),结点下不再有分支的称为树叶(leaf)。

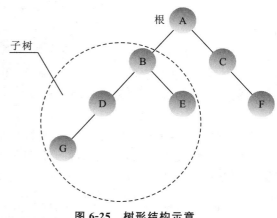

图6-25 树形结构示意

对于如图6-25所示的树,其中A为根结点,无前驱,后继是B、C,其余每个结点各有一个前驱,B的后继是D和E,C的后继为F,D的后继为G,G、E和F这3个结点无后继(即为叶结点)。

(2)二叉树

树结构的种类非常多,各种特定的树结构被广泛应用于查找算法中。

在计算机科学里使用最广泛的树状结构就是二叉树(binary tree)。它是一种十分重要的树结构。二叉树的特点是:树中的每个结点最多只有两棵子树。

(3)二叉树遍历

所谓遍历(traversal),是指沿着某条搜索路线,依次对树中每个结点均做一次且仅做一次访问。访问结点所做的操作依赖于具体的应用问题。遍历是二叉树上最重要的运算之一,是二叉树上进行其他运算之基础。

根据访问结点操作发生位置有以下遍历的形式:

①前序遍历:访问根结点的操作发生在遍历其左右子树之前。

②中序遍历:访问根结点的操作发生在遍历其左右子树之中(间)。

③后序遍历:访问根结点的操作发生在遍历其左右子树之后。

【例6-21】用Python程序实现二叉树遍历。

(1)定义一个类

In[13]:	```
	class Node:
	　def__init__(self,value=None,left=None,right=None):
	　　self.value=value
	　　self.left=left　#左子树
	　　self.right=right　#右子树
	``

（2）定义前序遍历方法

In[14]:	```
	def preTraverse(root)：
	    if root==None：
	        return
	    print(root.value,"->",end="")
	    preTraverse(root.left)
	    preTraverse(root.right)
	``

（3）定义中序遍历方法

In[15]:	```
	def midTraverse(root)：
	    if root==None：
	        return
	    midTraverse(root.left)
	    print(root.value,"->",end="")
	    midTraverse(root.right)
	``

（4）定义后序遍历方法

In[16]:	```
	def afterTraverse(root)：
	    if root==None：
	        return
	    afterTraverse(root.left)
	    afterTraverse(root.right)
	    print(root.value,"->",end="")
	``

（5）主程序及运行结果

In[17]:	``` if__name__=='__main__': root=Node('R',Node('A',Node('B'),Node('C')),Node('D',right=Node('E',Node('F'))) print('前序遍历:') preTraverse(root) print('中序遍历:') midTraverse(root) print('后序遍历:') afterTraverse(root) ```
Out[17]:	前序遍历:R→A→B→C→D→E→F 中序遍历:B→A→C→R→D→F→E 后序遍历:B→C→A→F→E→D→R

2. 图形结构

"图"(graph)是图形结构的简称。图作为一种非线性数据结构,被广泛应用于多个技术领域,诸如系统工程、化学分析、统计力学、遗传学、控制论、人工智能、编译系统等,在这些技术领域中图结构是解决问题的数学手段之一。例如，交通图就是一种图状结构，结点代表城市，连线（关系）代表城市间的道路；设计电路时离不开图；规划网络时也需要图；覆盖全球的 Internet 就是一张世界上最大的图。

图结构与表结构、树结构的不同之处表现在结点之间的关系上，图是一种更为复杂的数据结构。在线性表中，每个结点只有一个直接前驱和后继；在树形结构中，有明显的层次关系，每一层中的结点只和上一层的父结点相关；而在图中，任意两个元素均有可能相关。

一个图由有限的顶点（vertice）和边（edge）组成，所以可形式化地用 $G=(V,E)$ 代表一个图，其中 V 是顶点的集合，E 是边的集合。图中的结点称为顶点，顶点之间的连线代表边。

图 6-26 中的每一个小圆圈代表图的一个顶点，这个图有 4 个顶点，顶点之间有 5 条边。因为图中的边都没有方向箭头，只是表示顶点间的关系，所以称为无向图。图 6-27 当然就应该称作有向图了。例如，顶点 1 和顶点 2 的关系是从顶点 1 指向顶点 2，但是不能从顶点 2 到顶点 1，这种相连的边称为路径（path）。因此，可以说顶点 1 到顶点 2 有一条路径，顶点 2 到顶点 1 并没有路径。路径的长度是指路径上经过的边的数目。

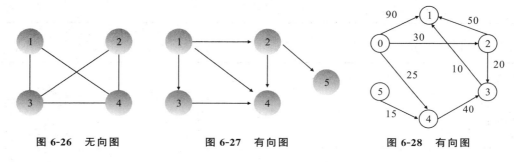

图 6-26　无向图　　　　　图 6-27　有向图　　　　　图 6-28　有向图

【例 6-22】图的应用——求顶点之间的最短路径

[问题描述]某城市之间的交通运输网络如图 6-28 所示，试求有向图从顶点 0 到顶点 3 的最短路径。

[分析]在图 6-28 中，用图的顶点表示城市，用图中的各条边表示城市之间的交通运输路线，每条边上的权值表示两城市之间的距离，或途中所需时间，或交通费用。考虑到交通路线的有向性，如汽车的上山和下山或是轮船的顺水和逆水，所需的时间或代价就不相同，所以将交通运输网络用带权的有向图来表示。

这样，最小路径问题就转化为：从图中某个顶点（源点）到达另一个顶点（终点）的所有可能路径中找到一条路径使得沿此路径上各边的权值之和最小，则该条路径即为最短路径。

在有向图顶点 0 到顶点 3 的所有路径中，经计算可以得出，路径 0→2→3 是最短路径，其权值之和为 50（20＋30）。

【例 6-23】图的应用——著名的地图四色问题

[问题描述]据说，四色问题是一名英国绘图员提出来的，此人叫格思里（Guthrie）。1852 年，他在绘制英国地图时发现，如果给相邻地区涂上不同颜色，那么只要四种颜色就足够了。四色问题的内容被概括地描述为：求证明平面或球面上的任何地图的所有区域都至多使用四种颜色来着色，并使得任何两个有一段公共边界的相邻区域不用相同的颜色。四色问题又称四色猜想，是世界近代三大数学难题之一。

[分析]四色问题可以转换成对一个平面图的着色判定问题（平面图是一个能画于平面上而边无任何交叉的图）。如图 6-29 所示的一幅地图，如果要对该图的各个区域着色，而且相邻

区域使用不同的颜色,最少需要多少种颜色?

可做如下规定:首先将地图的每个区域变成一个结点,若两个区域相邻,则相应的结点用一条边连接起来(图6-30)。这样一来,我们现在要解决的问题就是如何对该无向图的各个结点着色,并使得相邻的结点不能有相同的颜色值。

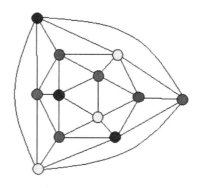

图6-29　地图的四色问题　　　　图6-30　将地图的每个区域变成一个结点

这个问题看起来比较简单,实际涉及图论的最基本理论问题,在数学上的证明一直困扰了人们一个多世纪。直到1976年,这个问题才由几位研究者利用电子计算机得以解决,证明了四种颜色足以对任何地图着色。他们在美国伊利诺伊大学的两台不同的电子计算机上,用了1 200 h,做了100亿次判断,终于完成了四色问题的证明,轰动了世界,为用计算机证明数学问题开拓了前景。

 思考与练习

一、思考题

1. 什么是问题? 问题包含哪些基本成分?

2. 结构良好问题和结构不良问题的特征是什么?

3. 问题解决具有的基本特征是什么?

4. 问题解决过程包括哪几个步骤?

5. 什么是穷举法? 试举例说明。

6. 完全归纳法和不完全归纳法的本质区别是什么?

7. 试举例说明演绎法的三段论。

8. 试举例说明递归的概念。

9. 为什么说图灵模型是一个典型的思想实验?

10. 分而治之法的基本思想是什么? 其求解过程由哪几个阶段组成?

11. 回溯法的基本思想是什么?

12. 计算思维是一个问题解决的过程,该过程包括哪些步骤?

13. 什么是算法? 算法的特征和基本设计方法有哪些?

14. 算法的表示有哪些基本方法?

15. 算法的评价原则有哪些?

16. 什么是程序? 什么是高级语言?

17. 高级语言的编译方式和解释方式有什么区别?

18. Python 在算法设计方面有什么优势？

二、练习与实践

1. 有 10 阶楼梯，每次只能走 1 阶或者 2 阶，请问走完此楼梯共有多少种方法？（提示：用归纳法分析）

阶数	1	2	3	4	5	6	7	8	9	10
方法数										

2. 一个装有 16 枚硬币的袋子，16 枚硬币中有一个是伪造的，并且伪造的硬币比真的硬币要轻。现有一台可用来比较两组硬币质量的仪器，请使用分而治之法设计一个算法，以找出那枚伪造的硬币。（可参考二分法，分组分别称重）

3. 学校组织了足球、摄影和电脑兴趣小组，A、B、C 同学分别参加了其中的一项。B 不喜欢足球，C 不是电脑小组的，A 喜欢摄影，这三个同学可能在哪个兴趣小组？（提示：用表格呈现出题目的已知条件，再排除所有不可能的情况，从而分析出正确的答案。）

4. 请完成以下事实陈述的三段式演绎的结论部分：

大前提	小前提	结论
所有金属都能导电	铜是金属	
太阳系的行星以椭圆轨道绕太阳运行	金星是太阳系的行星	
奇数都不能被 2 整除	2 015 是奇数	

*5. 在下面的图形推理问题中，从所给的四个选项中选择最合适的一个填入问号处，使之呈现一定的规律。

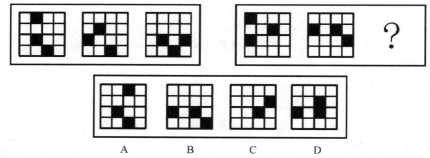

　　A　　　　　B　　　　　C　　　　　D

*6. 有 100 张多米诺骨牌整齐地排成一列，依顺序编号为 1，2，3，…，99，100。第一次拿走所有奇数位置上的骨牌，第二次从剩余骨牌中拿走所有奇数位置上的骨牌，第三次再从剩余骨牌中拿走所有奇数位置上的骨牌。依此类推，请问最后剩下的一张骨牌的编号是多少？

*7. 在教师的指导或演示下，运行本章的演示程序，了解 Python 程序在问题解决与算法分析中的作用。

计算机网络的建立与普及将彻底改变人类
生存及生活的模式，而控制与掌握网络的人就
是人类未来命运的主宰。谁掌握了信息，控制
了网络，谁就将拥有整个世界。

——未来学家阿尔文·托夫勒

第7章 计算机通信与网络技术

随着信息技术的飞速发展,计算机通信与网络技术高度融合,大数据、云计算、物联网等构建在计算机网络的基础之上,其应用领域无所不在。同时,信息的传播与交流又依靠各种通信方式与网络技术得以实现,并且变得更加高效和安全。

本章介绍计算机通信与网络技术的发展、基本概念和应用,以及有趣而又神奇的量子通信,此外还通过若干示例的演示或操作命令,使读者能够直观地体验网络世界的奇妙。

7.1 缩短世界的距离——通信与网络技术的历史回顾

自人和人之间有了沟通的需求,如何有效、快捷、方便地进行通信就成为人们努力追求的目标。1492 年 10 月 12 日哥伦布发现美洲大陆,而当时的西班牙皇后伊莎贝拉(Isabella)过了半年才得知此消息;1865 年美国总统林肯遇刺的消息经过了 13 天才传到英国。这些消息传递延误的事例是由于当时传统的信息传递方式存在着在时间上和空间上的限制。

真正实时通信只有到了发明电报以后才得以实现。借助于通信技术,现在人们可在任何时候、任何地方和需要的人直接取得联系,人们的时空观发生了根本的变化,似乎空间变得越来越小,人们之间的距离变得越来越近。1969 年,阿波罗火箭将宇航员送上月球的消息只用了 1.3 s 就传遍全球。

人类利用通信技术探索宇宙的脚步从未停止。2018 年 12 月 10 日,NASA 正式宣布,"旅行者二号"探测器追随它的"兄弟"——"旅行者一号"的脚步,在时隔 6 年之后突破日球层,成为第二个进入星际空间的人类探测器。目前"旅行者二号"距离地球 180 亿 km,信号以光速从它目前位置需要约 16.5 h 才能传回地球。预计两亿年后,"旅行者二号"将到达银河系的边缘,眺望浩如烟海的河外星系! 到那时从旅行者探测器再回看地球,人类会怎样呢?

电信是从莫尔斯电报码的传输开始的。1835 年,莫尔斯(Samuel Morse)发明了电报,这些以他名字命名的编码对应着一串长短不一的电脉冲,通过铜导线传导出去,接收者通过一个电子感应器来识别编码信息(图 7-1)。1876 年,贝尔(A.G.Bell)发明了电话。早期的电话系统,通话双方必须有一个直接的物理连接,后来的交换板(其功能类似于今天的程控交换机)技术改变了电话之间的直接连接,接线员根据呼叫者说出的电话号码来连接两部电话。这样,两部电话的通信不再需要事先建立固定连接,而是根据需要临时建立,大大改善了电话的可用性(图 7-2)。电报与电话的发明使得人们由短距离通信转入长距离通信,从而开辟了近代通信的先河。

图 7-1　莫尔斯电报机

图 7-2　贝尔(图中坐者)首次拨通了美国纽约至芝加哥的电话(1892)

英国物理学家麦克斯韦(Maxwell)在物理学中的最大贡献是建立了统一的经典电磁场理论和光的电磁理论,预言了电磁波的存在。1873年,麦克斯韦完成巨著《电磁学通论》。这是一部可以同牛顿的《自然哲学的数学原理》相媲美的科学巨著,具有划时代的意义。

1887年出现了近代科学史上的另一座里程碑。德国人赫兹(Hertz)进行电磁波辐射的赫兹实验,证明了麦克斯韦提出的电磁波学说,更重要的是开创了无线电电子技术的新纪元。为了纪念他在电磁波发现中的卓越贡献,后人将频率的单位命名为"赫兹"。

1895年,无线电通信的奠基人马可尼(Guglielmo Marconi)发明了无线电报(图7-3),他第一次在家利用无线电波打响了10 m以外的电铃。1897年,他利用风筝作为收发天线,使电信号越过了一个海湾,距离达14 km,创造了当时最远通信的纪录,并在当时成立了无线电报公司。随后,由于无线通信技术的进步,实现了广播、电视的传输,即不仅可传送声音,亦可传送图形和图像,广播与报纸、广告、书籍等印刷品一同被称为大众传媒。这样一来,人们就能以有效的传递手段获取多种不同表达形式的信息。1962年,美国发射了第一颗通信卫星 *Telstar*-Ⅰ(图7-4),从此卫星通信进入实用阶段。

图 7-3　马可尼和他的无线电报　　图 7-4　第一颗通信卫星 *Telstar*-Ⅰ

在计算机数据网络技术方面,20世纪60年代后期,电话系统中装配调制解调器,用于连接远程终端。这是计算机网络的雏形,但人们很快就发现了它的缺陷。如果连接用户想与另一台主机通信该怎么办?如果一台主机需要发送文件给另一台主机又该怎么解决?为满足主机与主机间通信的需求,包(packed)交换网络和个人数据网(个人数据网使用的是从电话公司租借的私人线路)因此产生了。

20世纪70年代初产生了多种包交换技术,比如美国国防部策划的阿帕网(Advanced Research Project Agency network,ARPANET),它最初是用于军事目的,并授权大学和公司参与进来。对阿帕网的包交换和网络协议的研究促进了 TCP/IP 协议的发展,到1983年,要求所有愿意连入阿帕网的计算机必须使用 TCP/IP 协议。同时,局域网技术也发展起来了。经过多年的发展,阿帕网发展为现在广为人知的 Internet(因特网)。

20世纪80年代以后,随着微电子技术和计算机技术的迅速发展,大规模集成电路、超大规模集成电路、数字传输理论和技术、商用通信卫星、程控数字交换机、光纤通信、综合数字业务等一系列技术都得到了迅速发展和应用。计算机网络和 Internet 迅猛发展,使得 Internet 成为全球性的信息系统,亿万网络用户共同享用着人类文明创造以来的最为庞大的信息资源。

进入21世纪,计算机通信与网络技术在综合化、智能化和个人化方面将会呈现更大的进展。物联网、云计算、Internet、三网合一(计算机网,邮电通信网,有线电视网)正在或已进入实际的应用阶段。由于人们对网络速度及方便使用性的期望越来越大，越来越多的用户开始选择通过智能手机、笔记本等便携终端设备获取移动信息服务和互联网接入服务。与移动设备结合紧密的第四代移动通信技术(4G)正在向 5G 发展，Wi-Fi(无线保真)、蓝牙等技术越来越普及，无线网络将成为生活的主流。

7.2 数据通信的基本原理

7.2.1 通信系统模型

"通信的基本问题是在彼地精确地或近似地重现此地所选的消息"，香农这句话将通信的本质表述得多么清晰。由此可见，通信的基本目的是在接收端准确或近似地再现另一端发送出来的消息，因而通信系统的基本问题是信源、信道以及编码问题。

信息论的基本任务是为设计有效而可靠的通信系统提供理论依据。为了研究信息传递的共性原理，就要建立通信系统的一般模型。不管是烽火台还是现代的通信系统，它们在信息论中都被抽象为一个统一的数学模型。在这个模型中，信息由信源发出，经过信道而达到接收者。

通信系统最简单的概念模型如图 7-5 所示。信源(发送方)的作用是把消息转换成要发送的信号。原始信号需要完成某种变换(如编码与调制)，编码器将信源输出的消息或消息序列转换成适合通信系统要求的信号，使信号适合在信道中传输。信道是指信号传输的通道，它提供了信源与信宿之间的媒介联系。按信道中所传信号的不同，通常信道中传送的信号可分为数字信号和模拟信号，因此通信可分为数字通信和模拟通信。解码是编码的逆运算过程，解码器是完成解码的设备。信宿(也称接收方)将经过解码的信号转换成相应的消息。

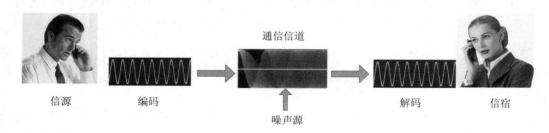

图 7-5　通信系统模型

从通信系统的概念模型来看，通信实际上包括两大方面的问题。首先是信息的符号表示和编码，即信息如何表示，以及根据通信媒体的物理特性选择相应的编码。其次是通信媒体的物理特性，以及怎样表示和传输编码数据。不同的通信系统有相同的模型，所不同的是采取的具体技术如编码技术、传输技术，从而导致传输距离、传输速度及传输的可靠性各不相同。

7.2.2 数字通信系统中"带宽"的概念

在通信系统中经常会遇到"带宽"(bandwidth)这个词，也会遇到带宽的单位有时用赫兹(Hz)表示，有时却用位/秒(bit/s)表示，那么我们所说的"带宽"到底指的是什么呢？

早期的电子通信系统都是模拟系统。当系统的变换域研究开始后，人们为了能够在频域定义系统的传递性能,便引进了"带宽"的概念。所谓带宽,就是媒体能够传输的信号最高频率和最低频率的差值。如电话信号的频率是300～3 300 Hz,它的带宽就是3 000 Hz。

数字通信系统中"带宽"的含义完全不同于模拟系统,它通常是指数字系统中数据的传输速率。数据传输速率是衡量系统传输数据能力的主要指标,它是指单位时间内传送的信息量,即每秒钟传送的二进制位,单位为比特每秒,记作bit/s或bps。

常用的带宽单位是:千比特每秒,即kbit/s;兆比特每秒,即Mbit/s;吉比特每秒,即Gbit/s。例如,若传输速率达到64 kbit/s,就表示二进制信息的流量是64 000 bps。这里要注意与计算机存储容量表示的区别。

对于数字通信系统来说,一般情况下系统所提供的带宽越宽,其业务的实时性也越好。图7-6给出了传输介质(与各种业务有关)与相应传输速率间的大略对应关系。

【例7-1】某网络运营商为用户提供了5 Mbps带宽,请问用户实际的下载速率是多少?

[分析]平常所说的下载速度都指的是B/s,即字节/秒,字节(B)和位(bit)是不同的。1 B=8 bit,这就存在一个换算的问题。

$$5\ \text{Mbps}=5\times10^3\ \text{kbit/s}=5\times10^3\times1/8\ \text{kB/s}=625\ \text{kB/s}$$

这样,网络运营商所说的"5 Mbps"经过换算后,实际的下载速率最高就是625 kB/s。

7.2.3　基带传输

在通信系统中,经常使用"信道"这一名词。信道和电路并不等同,通常将信道看作以信号传输媒体为基础的信号通路,一般用来表示某一个方向传送信息的媒体。例如,一条通信线路可以包含一条发送信道和一条接收信道。

在通信术语中,基带信号就是将数字信号1或0直接用两种不同的电压来表示,然后送到线路上去传输,即未经频率变换的原始信号。在数字信道中以基带信号形式直接传输数据的方式称为基带传输。

基带传输系统与数字信号的传递特点有关,数字信号通过直流脉冲被发送,当没有数据传输或长时间传输0或1时,信号状态不发生改变,信号频率几乎为0;当0与1交错传输时,信号状态改变最频繁,即信号交变的次数达到频率的最大值。所以,基带传输占用的频率范围为信道提供的全部带宽(图7-7)。基带系统中的每个设备都共享相同的信道,当基带系统上的一个节点在传输数据,网络中所有其他节点在发送数据前必须等待前面的传输结束。基带系统也可以以半双工方式支持双向信号流,即基带系统可在同一条线路上实现数据的发送和接收。

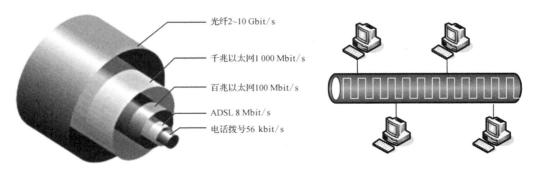

光纤2~10 Gbit/s
千兆以太网1 000 Mbit/s
百兆以太网100 Mbit/s
ADSL 8 Mbit/s
电话拨号56 kbit/s

图7-6　不同传输介质的带宽容量比较　　　图7-7　基带传输方式会占用信道的全部带宽

基带信号的能量在传输过程中很容易衰减,只能利用有线介质进行近距离传输,一般用于短距离的数据传输,传输距离不大于2.5 km。以太网、令牌环网等计算机局域网都是基带传输方式的例子。

7.2.4 多路复用技术

在数据通信系统或计算机网络系统中,传输媒体的带宽或容量往往超过传输单一信号的需求,为了有效地利用通信线路,希望一个信道同时传输多路信号,这就是所谓的多路复用技术(multiplexing)。采用多路复用技术能把多个信号组合起来在一条物理信道上进行传输,在远距离传输时可大大提高传输资源的利用率。

频分多路复用(frequency division multiplexing,FDM)技术用于模拟信号。它最普遍的应用可能是在电视和无线电传输中。多路复用器接受来自多个信源的模拟信号,每个信号有自己独立的带宽。接着这些信号被组合成另一个具有更大带宽且更加复杂的信号,产生的信号通过某种媒体被传送到目的地,在那里另一个多路复用器完成分解工作,把各个信号单元分离出来,如图 7-8 所示。CATV(cable TV,有线电视)便是频分多路复用应用的一个最普遍的例子。

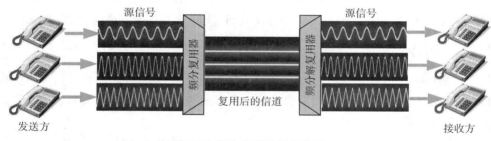

图 7-8　频分多路复用示意图

波分多路复用(wave division multiplexing,WDM)技术主要应用在光纤通道上,波分多路复用实质上也是一种频分多路复用技术。由于在光纤通道上传输的是光波,光波在光纤上的传输速率是固定的,所以光波的波长和频率有固定的换算关系。在一条光纤通道上,按照光波的波长不同划分成为若干个子信道,每个子信道传输一路信号就叫作波分多路复用技术。在实际使用中,不同波长的光由不同方向发射进入光纤之中,在接收端根据不同波长的光的折射角度不同,再分解成为不同路的光信号,由各个接收端分别接收(图 7-9)。

图 7-9　波分多路复用原理图

和频分多路复用技术、波分多路复用技术不同,时分多路复用(time division multiplexing,TDM)技术不是将一个物理信道划分成为若干个子信道,而是不同的信号在不同的时间轮流使用这个物理信道。通信时把通信时间划分成为若干个时间片,每个时间片占用信道的时间都很短。这些时间片分配给各路信号,每一路信号使用一个时间片。在这个时间片内,该路信号占用信道的全部带宽。时分多路复用保持了信号物理上的独立性,而逻辑上把它们结合在一起,它是数字电话多路通信的主要方法。

 为什么传输系统有带宽的限制?

为什么传输系统有带宽的限制呢? 因为没有一种电子设备能在瞬间将某一电压转换为另一电压,电压的升或降都需要一小段时间。同样,也没有一种导线能完美地传导电流,当电流在导线上传输时信号能量会减弱。因此,每个传输系统都有其自身的极限带宽,也就是硬件改变信号的最大速率。当发送器企图以比带宽更高的速率改变信号时,硬件将无法保持信号传输的正确性,因为发送器在送出下一个信号前没有足够的时间完成一次信号改变,导致接收方接收到的信号不完整,即通信错误。

带宽用每秒周数(cycle per second)或赫兹(Hz)来衡量。带宽可被看成是硬件所能发出的最快的连续振荡信号。例如,一个带宽为 4 000 Hz 的传输系统意味着系统的硬件设备能够发送任何频率小于或等于 4 000 周的振荡信号。

7.2.5 信道容量

在给定通频带宽的物理信道上,通信系统可以有多快的数据速率来可靠传送信息? 这就是信道容量问题。早在半个多世纪以前,奈奎斯特定理和香农的有噪信道编码定理的提出为人们今天通信技术的发展奠定了坚实的理论基础。

1. 奈奎斯特定理

奈奎斯特定理最先阐述了带宽与系统每秒能传输的最大位数之间的基本关系。它对数据传输的最大速率给出了一个理论上的上限。对于采用二进制编码数据的传输方案,奈奎斯特定理指出,在带宽为 B 的传输系统上所能达到的最大数据传输速率以每秒位数表示时可达到 $2B$。更一般地,如果被传输的信号包含 N 个状态值(即信号的状态数为 N),那么带宽为 B 的信道所能承载的最大数据传输速率(信道容量)是:

$$C = 2B \log_2 N$$

奈奎斯特定理描述了有限带宽、无噪声信道的最大数据传输速率与信道带宽的关系,但在实际传输信道中存在着噪声的干扰,所以该公式给出的是一个实际无法达到的数据传输速率最大值。

2. 有噪信道编码定理

在理论上,在无噪无损信道中,只要对信源的输出进行恰当的编码,总能以最大数据传输速率无错误地传输信息。但一般信道中总是存在噪声或干扰,信息传输会造成损失,那么在有噪信道中,怎样能使消息通过传输后发生的错误最少? 且无错误传输时可达到的最大信息传输率是多少? 这就是通信的可靠性问题。

香农在 1948 年的文章中推广了奈奎斯特的结果,提出并证明了在噪声影响下传输系统所能达到的最大数据传输速率。该定理被称为有噪信道编码定理,也称为香农第二定理。其计算公式(香农公式)表达如下:

$$C = W \log_2 \left(1 + \frac{S}{N}\right)$$

其中,C 是用每秒位数表示的线路容量的实际限制值(单位为 bit/s),W 是信道带宽,S 是平均信号强度，N 是平均噪声强度。在计算时，通常信噪比 S/N 并不直接给出，一般使用数值 $10\log_{10}S/N$ 来表示，它的单位为分贝（decibel），缩写为 dB。

香农的有噪信道编码定理指出：若信息传输率 R 不大于信道容量 C（即 $R \leq C$），则可以找到一种信道编码方法，使得信源信息在有噪声信道中进行无差错传输；如果信息传输率 R 大于信道容量 C（$R > C$），那么无差错传输在理论上是不可能的。

香农公式的理论价值在于给出了频带利用的理论极限值。人们围绕如何提高频带利用率这一目标展开了大量的研究，并取得了辉煌的成果。比如航天技术中的宇际通信，由航天器发回的信号往往淹没在比它高几十分贝的宇宙噪声之中，虽然信号非常微弱，但香农公式指出信噪比和带宽可以互换，只要信噪比在理论计算的范围内，总可以找到一种方法将有用信号恢复出来。在各种通信与网络系统中，人们正是合理地采用信源编码、信道传输编码、纠错编码技术，才保证了信息在有限的通频带宽内可靠传递，从而实现数据的高速传输。

 增加信道带宽是否能无限制地增大信道容量？

根据香农公式，信道容量的极限值为：

$$\lim_{B \to \infty} C = \lim_{B \to \infty} B \log_2\left(1 + \frac{S}{n_0 B}\right)$$

$$= \frac{S}{n_0} \lim_{B \to \infty} \frac{n_0 B}{S} \log_2\left(1 + \frac{S}{n_0 B}\right)$$

$$= \frac{S}{n_0} \log_2 e = 1.44 \frac{S}{n_0}$$

可见，即使信道带宽无限大，信道容量仍然是有限的。所以，增加信道带宽并不能无限制地增大信道容量。

【例 7-2】一帧电视图像由 300 000 个像素组成，每一像素取 10 个可辨别的亮度信号（电平），假设每个亮度信号独立且等概率地出现，每秒发送 30 帧图像。信道的信噪比为 1 000，计算传输上述信号所需的最小带宽。

[解]需要传送的信息速率：

$$R = 30 \times 3 \times 10^5 \times \log_2 10 = 2.99 \times 10^7 \text{(bit/s)}$$

根据香农公式，在有噪声信道进行无差错传输，信息传输率 R 应不大于信道容量 C（即 $R \leq C$），已知 $S/N = 1\,000$，则有：

$$B = \frac{C}{\log_2(1 + S/N)} \geq \frac{2.99 \times 10^7}{\log_2(1 + 1000)} = 3.02 \text{（MHz）}$$

7.2.6　量子通信

所谓量子通信，是指利用量子纠缠效应进行信息传递的一种新型的通信方式。量子通信是近二十年发展起来的新型交叉学科，是量子论和信息论相结合的新的研究领域。

1900 年，德国物理学家普朗克大胆提出"量子假设"，即能量不能无限分，世界上有最小的能量单位，能量不连续。这能很好地解释"黑体辐射"的实验结果。1905 年，爱因斯坦把"量子"概念引进光的传播过程，提出"光量子"（光子）的概念，很好地解释了有名的"光电效应"。

1993 年，美国科学家贝内特（C.H.Bennett）提出"量子通信"的概念。量子通信是由量子态携带信息的通信方式，也就是利用量子纠缠效应进行信息传递的一种新型的保密的通信方式。

1. 薛定谔的猫——生或死？

要说清楚量子通信,首先要介绍一只历史上有名的猫——这只猫叫薛定谔的猫。这是奥地利著名物理学家薛定谔提出的一个思想实验。薛定谔设计的这个思想实验源于在 1935 年夏天与爱因斯坦的一场对话。

纵观与量子理论有关的所有奇谈,很少有比薛定谔那非生非死的猫更古怪的了。实验是这样的:一只猫被关在一个密闭无窗的盒子里,盒子里有一些放射性物质。一旦放射性物质衰变,有一个装置就会使锤子砸碎毒药瓶,将猫毒死。反之,衰变未发生,猫便能活下来。

图 7-10 "非生非死"的薛定谔猫

薛定谔设计了这个可怕的实验来揭示量子理论荒唐的一面,按照量子论支持者的解释,在打开盒子看猫之前,这只猫非生非死,而是处在典型的量子态,即活与不活叠加的离奇状态。

随着量子物理学的发展,薛定谔的猫还延伸出了平行宇宙等物理问题和哲学争议。

2. 诡异的量子纠缠

通俗地说,量子纠缠就是两个处于纠缠状态的量子就像有"心灵感应",无论相隔多远都可瞬间互相影响,爱因斯坦称之为"鬼魅般的远距作用"。具有纠缠态的两个粒子无论相距多远,只要一个发生变化,另外一个也会瞬间发生变化。光量子通信就是利用这个特性实现的。

量子纠缠分发,就是将一对有"感应"的量子分置于两地,它尤其适用于保密通信,对传输信息进行安全加密。在此基础上发展起来的量子通信技术,被誉为信息安全的"终极武器"。根据实验验证,其过程如下:

事先构建一对具有纠缠态的粒子,将两个粒子分别放在通信两方,将具有未知量子态的粒子与发送方的粒子进行联合测量(一种操作),则接收方的粒子瞬间发生坍塌(变化),坍塌(变化)为某种状态,这个状态与发送方的粒子坍塌(变化)后的状态是对称的,然后将联合测量的信息通过经典信道传送给接收方,接收方根据接收到的信息对坍塌的粒子进行幺正变换(相当于逆转变换),即可得到与发送方完全相同的未知量子态。

3. 我国在量子通信方面取得的重要进展

量子通信的主要研究内容包括量子密钥分发(量子保密通信)和量子隐形传态(传输)。

2016 年 8 月 16 日凌晨,我国成功发射了世界上第一颗量子科学实验卫星"墨子号"。这是一件具有重大里程碑意义的社会事件和科学事件。

"墨子号"是由我国自主研制的世界上第一颗空间量子科学实验卫星,其棘手的问题在于:纠缠态的量子会在通过空气等介质的时候急剧衰减。"墨子号"卫星通过近地真空发送光子对,成功地测量相隔 1 203 km 的量子密钥。研究表明,卫星网络有朝一日可以作为量子互联网的基础设施。2017 年 6 月,潘建伟团队在《科学》(Science)上发表论文(图 7-11),证明了一

图 7-11 *Science* 封面

种新技术的可行性,该技术可以最大限度地减少这种衰减。《科学》报导,中国"墨子号"量子卫星在世界上首次实现千公里量级的量子纠缠,这意味着量子通信向实用迈出了一大步。

2019年2月,美国科学促进会(AAAS)史无前例地将2018年的克利夫兰奖颁给了由潘建伟指导的中国"墨子号"量子科学实验卫星团队,以表彰该团队在实现千公里级的星地双向量子纠缠分发方面所做的贡献。

7.3 计算机网络

计算机网络是通信技术与计算机技术相结合的产物。计算机网络是指把位于不同地理位置且具有独立功能的计算机用通信线路和通信设备互相连接起来,在功能完善的网络软件管理下实现彼此之间的数据通信和资源共享的一种系统。

7.3.1 计算机网络的组成

计算机网络由计算机系统、通信链路和网络结点组成。它是计算机技术和通信技术紧密结合的领域,承担着数据通信和数据处理两类工作。

从逻辑功能看,网络又可分为资源子网和通信子网,如图7-12所示。资源子网由主计算机、终端、输入输出设备、各种软件资源和数据库等组成。它负责全网数据处理业务,向网络用户提供各种网络资源和网络服务。通信子网包含传输介质和通信设备。它承担全网的数据传输、转接、加工和变换等通信处理工作。通信设备是指通信处理机、交换机、路由器等设备,以及用于卫星通信的地面站、微波站、集中器等。通信子网按其传送数据的技术可分为点—点通信信道和广播通信信道两种。

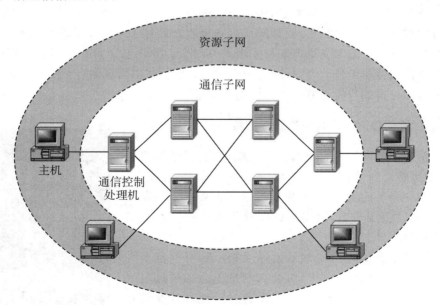

图7-12 计算机网络的组成

把网络中通信部分的子网和以主计算机为主体的资源子网分开,这是网络层次结构思想的重要体现,使得对整个计算机网络的分析和设计大为简化。在表面上看来,资源子网中的主计算机似乎不参与任何通信操作,其实并非如此。因为在计算机网络中,最主要的目的在于实现不同用户之间的资源共享,通信仅是一种手段。在这个意义上,可以把计算机网络划分为通信服务提供者和通信服务使用者两部分。

7.3.2　计算机网络的分类

计算机网络(computer network)按不同标准可有不同的划分方法,按照其覆盖范围可分成局域网、城域网和广域网。

1. 局域网(local area network,LAN)

局域网是指连接近距离的计算机组成的网,分布范围一般在几米到几千米之间。局域网可大可小,无论在单位还是在家庭实现起来都比较容易。如一座建筑物内的网络或校园网络均属于局域网。

2. 城域网(metropolitan area network,MAN)

城域网扩大了局域网的范围,指适应一个地区、一个城市或一个行业系统使用的网络。它介于广域网和局域网之间,分布范围一般在十几千米到上百千米。

3. 广域网(wide area network,WAN)

广域网是指连接远距离的计算机组成的网,其分布范围可达几百千米乃至上万千米。广域网一般由多个部门或多个国家联合组建,能实现大范围内的资源共享。广域网包括大大小小不同的子网,子网可以是局域网,也可以是各种规模的广域网。例如,Internet 就是覆盖全球的最大广域网。

除了按覆盖范围划分外,还可以按网络拓扑结构划分为星形网、总线型网、环形网和网状网等;按信号频带的占用方式划分为基带网和宽带网等;按通信方式分为有线网络与无线网络。

7.3.3　网络传输介质

根据传输介质的特性,网络传输介质有两种基本类型:第一种为有线传输介质;第二种则根本不需要物理连接,而是依靠电磁波,又称为无线传输介质。每一种类型都有许多品种。

1. 有线传输介质

计算机网络通常使用有线导线作为连接计算机的主要介质,因为导线便宜且易于安装。虽然导线可以由各种不同的金属制成,但网络中大多使用铜缆,因为其较低的电阻能使电信号传递得更远。

双绞线(twisted pair)是局域网最常用的通信介质,在电话系统中也使用。称其为双绞线是因为每根线都包覆有绝缘材料(如塑料),两根绝缘的铜导线按一定密度互相绞在一起以降低信号干扰的程度,每一根导线在传输中辐射的电波会被另一根线上发出的电波抵消。

同轴电缆(coaxial cable)由四个部分构成:最里层的传导物为一根铜质或铝质裸线,裸线携带信号;次内层绝缘体包围着裸线,以防金属导体碰到第三层材料;第三层是一层紧密缠绕的网状导线,这种编织导线起着屏蔽层的作用,保护裸线免受电磁干扰;最外层是起保护作用的塑料外皮,由编织导线构成的屏蔽层能够很好地隔离外来的电信号。

对于高速宽带计算机网络,一般使用柔软的玻璃纤维即光纤(optical fiber)传输数据。这种介质用光传输数据,微细的光纤封装在塑料护套中以能够弯曲而不至于断裂。

以上三种传输介质的结构见图7-13。

双绞线　　　　　　　　同轴电缆　　　　　　　　光纤

图7-13 双绞线、同轴电缆和光纤的结构图

用光纤做传输介质有很多优点。第一,光纤不会引起电磁干扰也不会被干扰。第二,光纤传输信号的距离比导线所能传输的距离要远得多。第三,因为较之电信号,光可以对更多的信息进行编码,所以光纤可在单位时间内传输比导线更多的信息。第四,电流总是需要两根导线形成回路,光仅需一根光纤即可从一台计算机将数据传输给另一台计算机。

2. 无线传输介质

使用金属导体或光纤的通信方式都有一个共同点:通信设备必须物理地连接起来。但在许多情况下,物理的连接是不实际的,甚至是不可能的。例如,地面的飞行控制指挥部要指挥、控制一个卫星或宇宙空间,此时就需要物理连线以外的通信手段,即无线传输。目前无线通信越来越普及,无线网络技术也应用到城市的各个角落。无线网络就是以无线电波作为信息传输媒介的无线局域网(WLAN)。

可以在自由空间利用电磁波发送和接收信号进行通信就是无线传输。地球上的大气层为大部分无线传输提供了物理通道,就是常说的无线传输介质。无线传输所使用的频段很广,人们现在已经利用了好几个波段进行通信。无线通信的方法有无线电波、微波和红外线。紫外线和更高的波段目前还不能用于通信。图7-14是电磁波的频谱图。

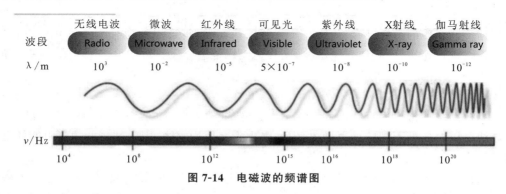

图7-14 电磁波的频谱图

无线电波是指在自由空间(包括空气和真空)传播的射频频段的电磁波。无线电技术的原理在于:导体中电流强弱的改变会产生无线电波。利用这一现象,通过调制可将信息加载于无线电波之上。当电波通过空间传播到达收信端,电波引起的电磁场变化又会在导体中产生电流。通过解调将信息从电流变化中提取出来，就达到了信息传递的目的。

微波就是频率较高的无线电波，但它们的性质并不相同。与无线电波向各个方向传播不同，微波传输集中于某个方向，即直线传播，在传输路径上信号不能被建筑物以及山脉等遮挡。微波信号如果要实现长距离传送，需要在传输路径上设置若干个中继站（见图 7-15）。中继站上的天线依次将信号传递给相邻的站点。因此，绝大多数微波发射站与中继站都建在高处，以避免信号被遮挡。

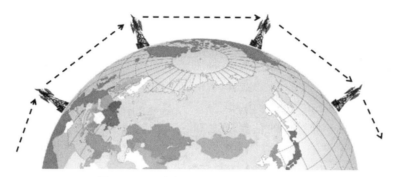

图 7-15　通过中继实现长距离微波通信

红外线是电磁波中不可见光线中的一种，在通信、探测、医疗、军事等方面有广泛的用途。红外线通信有两个最突出的优点：其一是不易被人发现和截获，保密性强；其二是几乎不会受到电磁的干扰，抗干扰性强。此外，红外线通信机体积小，质量轻，结构简单，价格低廉，但是它必须在直视距离内通信（如同开电视机一样，电视遥控器要对着电视机接收器）。

7.4　Internet 基础

20 世纪中期，人类发明创造的舞台上出现了一个不同凡响的新事物，众多学者认为，这是人类另一项可以与蒸汽机相提并论的伟大发明。这个可能创生新时代的事物，叫作 Internet（因特网）。"我们通过结合把自己变成一种新的更强大的物种，互联网重新定义了人类对自身存在的目的。"[①]

7.4.1　什么是 Internet

将独立的计算机连接起来的念头，在美国科学界酝酿已久。早在 1950 年，通信研究者认识到需要允许在不同计算机用户和通信网络之间进行常规的通信。这促进了对分散网络、排队论和数据包交换的研究。罗伯特·泰勒（Robert Taylor）说："我想要做的事就是实现这些系统的在线连接，那么你在某个地区使用一台系统时，还可以使用位于另一个地区的其他系统，如同使用本地系统一样。"[②]

1960 年美国国防部高级研究计划局（ARPA）出于冷战考虑创建的阿帕网引发了技术进步并使其成为 Internet 发展的中心。1973 年，阿帕网扩展成 Internet。1974 年，ARPA 的文

---

① 2015 年央视纪录片《互联网时代》解说词。

② 《互联网之父》之一，前阿帕信息技术处理办公室主任。

顿·瑟夫(Vinton G. Cerf)和罗伯特·卡恩(Robert E. Kahn)提出 TCP/IP 协议[①],定义了在计算机网络之间传送报文的方法,从而成为今天的 Internet 的基石。

Internet 是一个使用计算机互联设备将分布在世界各地、规模不一的计算机网络互联起来的网际网。这种将计算机网络互相联结在一起的方法可称作网络互联,在这基础上发展出覆盖全世界的全球性互联网络称互联网,即互相连接在一起的网络。所以说,Internet 是世界上最大的互联网。

从 Internet 使用者的角度来看,Internet 是由大量计算机连接在一个巨大的通信系统上,从而形成的一个全球范围的互联网。接入 Internet 的主机既可以是信息资源及服务的使用者,也可以是信息资源及服务的提供者。Internet 的使用者不必关心 Internet 的内部结构,他们面对的只是 Internet 所提供的信息资源和服务(图 7-16)。

图 7-16　Internet 是覆盖全世界的全球性互联网络

需要说明的是,Internet 并不等同万维网,万维网只是基于超文本链接的全球性系统,且是互联网所能提供的服务之一。

我国从 1994 年 4 月起正式加入 Internet,开通了 Internet 的全功能服务。目前国内各大计算机网络实现了同 Internet 的连接。中国教育科研网(CERNET)是由我国政府资助的第一个全国范围内的学术性计算机网络(http://www.edu.cn)。

7.4.2　Internet 的协议

1. TCP/IP 协议

为使网内各计算机之间的通信可靠有效,通信双方必须共同遵守的规则和约定称为通信协议。计算机网络与一般计算机互联系统的区别就在于有无通信协议的作用。

这些规则规定了传输数据的格式和有关同步问题。若通信双方无任何协议,则对所传输的信息无法理解、处理与执行。对不同的问题可制定各种不同的协议。

为了减少网络设计的复杂性,大多数网络都采用分层结构。对于不同的网络,层的数量、名字、内容和功能都不尽相同。在相同的网络中,一台机器上的第 N 层与另一台机器上的第 N 层可利用第 N 层协议进行通信,协议基本上是双方关于如何进行通信所达成的。

TCP/IP(transmission control protocol /internet protocol)协议是 Internet 使用的通信协议,通俗地讲就是用户在 Internet 上通信时所遵守的语言规范。TCP/IP 协议遵守一个四层的概念模型,即网络接口层、互联网层、传输层、应用层,如图 7-17 所示。

各层的主要功能是:

(1)网络接口层是该协议软件的最底层,其作用是接收 IP 数据报,通过特定的网络进行

[①]　他们因对 TCP/IP 的贡献而在 2004 年获得图灵奖。

传输。

（2）互联网层（IP 协议）为网际互联协议。它负责将信息从一台主机传送到指定接收的另一台主机。

（3）传输层（TCP 协议）为传输控制协议，负责提供可靠和高效的数据传送服务。

（4）应用层为用户提供一组常用的应用程序协议，例如电子邮件协议、文件传输协议、远程登录协议、超文本传输协议等；并且随着 Internet 的发展，又为用户开发了许多新的应用层协议。

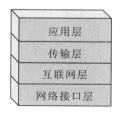

图 7-17　TCP/IP 的四层协议

图 7-18　IP 地址的组成

2. 分组与路由交换

或长或短的信息必须被切割加工，于是出现了"信息包交换"的思想。在 Internet 这张巨大的渔网上，信息不再是点对点的整体传输，而是把不同规模的信息分切成一个个轻巧的碎片（数据的分组），让其在网状的通道里自由选择最快捷的路径，在到达目的地后自动组合汇聚，还原成完整信息。

以上描述的就是分组与交换的基本思想。分组交换网内任一节点（源节点或中继节点）在每接收到一个分组后，都做一次路由选择，同一个源节点连续发出的多个分组可能经过不同的路由而到达同一目的节点。

7.4.3　IP 地址

罗伯特·卡恩说："IP 地址可以让你在全球互联网中联系任何一台你想要联系到的计算机，让不同的网络在一起工作，不同网络上的不同计算机一起工作。"

任何连入 Internet 的计算机都要分配一个唯一的标识，即 IP 地址，Internet 根据 IP 地址来识别网络上的计算机。在 Internet 中，不论发送电子邮件还是检索信息，都必须知道对方的 IP 地址，目前采用的 IPv4 格式。

IP 地址是一个 32 位的二进制数，为了方便用户理解与记忆，通常采用 x.x.x.x 的格式来表示，每个 x 为 8 位。

IP 地址由网络号和主机号两部分组成（图 7-18），其中，网络号用来标识一个逻辑网络，主机号用来标识网络中的一台主机。同一网络内的所有主机使用相同的网络号，主机号是唯一的。

为了给不同规模的网络提供必要的灵活性，IP 地址的设计者将 IP 地址空间划分为五个不同的地址类别，如图 7-19 所示，其中 A、B、C 三类最为常用。

图 7-19　IP 地址的分类

A 类地址分配给有大量主机的网络；B 类地址分配给中等规模的网络；C 类地址用于小型网络；D 类地址是预留的 IP 组播地址；E 类地址是一个实验性地址，预留将来使用，其最高四位为 1111。

网络号由 Internet 权力机构分配，目的是保证网络地址的全球唯一性。主机地址由各个网络的管理员统一分配。因此，网络地址的唯一性与网络内主机地址的唯一性确保了 IP 地址的全球唯一性。

【例 7-3】Python 利用 WMI 方法获取本机网络配置信息。

In[1]:	Network_Info={} for net in c.Win32_NetworkAdapterConfiguration(IPEnabled=True): Network_Info["Description"]=net.Description Network_Info["Default IP Gateway"]=net.DefaultIPGateway 　Network_Info["IP Address"]=net.IPAddress 　Network_Info["DHCP Server"]=net.DHCPServer 　Network_Info["IP Subnet"]=net.IPSubnet 　Network_Info["MAC Address"]=net.MACAddress print(Network_Info)
Out[1]:	{'Description':'Intel(R) Dual Band Wireless-AC 3165','Default IP Gateway':('192.168.2.1',),'IP Address':('192.168.2.131','fe80::854b:9988:fd47:728f'),'DHCP Server':'192.168.2.1','IP Subnet':('255.255.255.0','64'),'MAC Address':'7C:67:A2:32:97:DB'}

7.4.4　IPv4 与 IPv6

目前流行的 IPv4 协议已经接近它的功能上限，主要危机来源于它的地址空间局限性。为了解决这个问题，提出了用下一代 Internet 协议 IPv6 协议取代 IPv4 协议。

IPv6 地址的长度是 IPv4 地址的 4 倍，表达起来的复杂程度也是 IPv4 地址的 4 倍。IPv6 地址的基本表达方式是 X:X:X:X:X:X:X:X，其中 X 是一个 4 位十六进制整数（16 位）。每一个数字包含 4 位，每个整数包含 4 个数字，每个地址包括 8 个整数，共计 128（$4 \times 4 \times 8 =$

128)位。理论上的 IP 地址数量可达 264,足以满足 Internet 社会对 IP 地址的需求。

应当指出,将 IPv4 协议换成 IPv6 协议是一件较为复杂的事情。由于目前在 Internet 上使用 IPv4 协议的路由器的数量相当多,要统一规定所有路由器从某一天起一律改用 IPv6 协议是不可能的。因此,从 IPv4 协议向 IPv6 协议的过渡将只能采用逐步演变的办法,对新安装的 IPv6 协议系统要求能够向后兼容。也就是说,这些新系统要同时能够接收和转发 IPv4 协议的分组,并能够为 IPv4 协议分组提供路由选择。

【例 7-4】Python 实现 IP 地址归属地查询。

| In[2]: | ```
import requests
def get_ip_info(ip):
    url='http://ip.taobao.com/service/getIpInfo.php? ip='  #利用 taobao 接口进行查询
    req=requests.get(url+ip)
    if  req.json()['code']==0:
      ip_info=req.json()['data']
      ……
      print('国家:{}\n 省份:{}\n 城市:{}\n 运营商:{}\n'
            .format(country,region,city,isp))
    else:
        print("ERROR! ip:{}".format(ip))
get_ip_info("210.34.128.33")  #输入要查询的 IP 地址,字符型
``` |
|---|---|
| Out[2]: | 国家:中国　　省份:福建　　城市:厦门　　运营商:教育网 |

7.4.5　域名系统 DNS

与 IP 地址相比,人们更喜欢使用由字符串组成的计算机名字,因为它使人产生一种亲切感。在 Internet 中,虽然人们可以用各种各样的方式来命名自己的计算机,但是为了避免在 Internet 上出现多台计算机的重名问题,不得不使用一些较长的名字。

Internet 采取了一种层次型结构的命名机制。对 Internet 上主机的命名,一般必须考虑三个方面的问题:第一,主机名字在全局的唯一性,即能在整个 Internet 上通用;第二,便于管理;第三,便于映射。由于用户级的名字不能为使用 IP 地址的协议所接受,而 IP 地址也不容易为一般用户所理解,因此两者之间存在着映射需求,映射的效率是一个关键问题。对以上三方面问题的特定解决方法是域名系统(domain name system,DNS)。

Internet 的域名结构是由 TCP/IP 协议集的域名系统定义的。域名系统与 IP 地址的结构一样,采用的是典型的层次结构(图 7-20)。域名可由几个部分(或子域名)组成,各部分之间用“.”分割开。域名通常按分层结构来构成,每个子域名都有其特定的含义。从右到左,子域名分别表示国家或地区的名称、

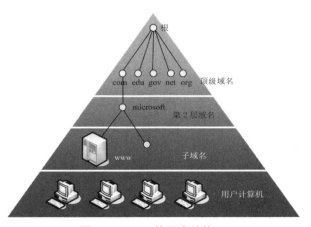

图 7-20　DNS 的层次结构
```

组织类型、组织名称、分组织名称、计算机名称等。例如，在 www.edu.cn 域名中，从右到左分别是：顶级域名 cn 表示中国，子域名 edu 表示教育机构，www 表示是 Web 主机。

DNS 层次型结构的另一层含义是使它与层次型名字空间（hierarchy name space）管理机制的层次相对应。名字空间被分成若干个部分并授权相应的机构进行管理。该管理机构又有权进一步划分其所管辖的名字空间，并再授权相应的机构进行管理。如此下去，名字空间的组织管理便形成一种树状的层次结构。各层管理机构以及最后的主机在树状结构中被表示为节点，并用相应的标识符表示。

顶级域名大致可分为两类：一类是组织性顶级域名，另一类是地理性顶级域名，示例如表 7-1 所示。全世界的域名由非营利性的国际组织 ICANN（互联网名称与数字地址分配机构）管理。每个国家都有自己的域名管理机构，我国的域名注册由中国互联网络信息中心 CNNIC 负责管理。

表 7-1 顶级域名示例

组织性顶级域名		国家与地区顶级域名	
com	商业系统	cn	中国
net	网络服务机构	jp	日本
org	非营利性组织	in	印度
edu	教育机构	uk	英国
gov	政府部门	au	澳大利亚
mil	军事部门	tw	中国台湾

注：由于 Internet 起源于美国，所以美国不用国家顶级域名。

域名地址和用数字表示的 IP 地址实际上是同一个对象，只是称呼上不同而已。在访问一个站点的时候，既可以输入这个站点用数字表示的 IP 地址，也可以输入它的域名地址，这里就存在一个域名地址和对应的 IP 地址相转换的问题。这些信息实际上存放在 ISP 中称为域名服务器（domain name server，DNS）的计算机上，当输入一个域名地址时，域名服务器就会搜索其对应的 IP 地址，然后访问该地址所表示的站点。

目前英文域名是 Internet 上资源的主要描述性文字，促进了 Internet 技术和应用的国际化。然而 Internet 的发展，特别是在非英文国家和地区的普及，又成为非英语文化地区人们融入互联网世界的障碍。中文域名是含有中文的新一代域名，同英文域名一样，是互联网上的门牌号码。CNNIC 域名体系将同时提供"中文域名.CN"与纯中文域名（如"中文域名.公司"）两种方案。CNNIC 不但将这两种技术完美结合起来，而且也使之同现有的域名系统高度兼容。中文域名在技术上符合 IETF（Internet engineering task force，因特网工程任务组）发布的多语种域名国际标准。中文域名属于 Internet 上的基础服务，可以通过 DNS 解析，支持 WWW、E-mail 等应用服务。

【例 7-5】用 Windows 的 ping 获取 URL 的 IP 地址。

ping 命令执行后，会接收到目标地址发送的回复信息，其中记录着对方的 IP 地址和 TTL。TTL 是该字段指定 IP 包被路由器丢弃之前允许通过的最大网段数量。TTL 是 IPv4 包头的一个 8 位字段。

计算机通信与网络技术 第章

```
＞pingwww.baidu.com
```

正在 Ping www.baidu.com[14.215.177.39]具有 32 字节的数据：

来自 14.215.177.39 的回复：字节＝32　时间＝26ms　TTL＝54

来自 14.215.177.39 的回复：字节＝32　时间＝25ms　TTL＝54

来自 14.215.177.39 的回复：字节＝32　时间＝27ms　TTL＝54

来自 14.215.177.39 的回复：字节＝32　时间＝25ms　TTL＝54

14.215.177.39 的 Ping 统计信息：

数据包：已发送＝4，已接收＝4，丢失＝0(0％丢失)，

往返行程的估计时间(以毫秒为单位)：

最短＝25ms，最长＝27ms，平均＝25ms

7.4.6 万维网

　　万维网(world wide web，WWW)简称 Web，是 Internet 应用最广泛的网络服务项目，它将世界各地的信息资源以特有的含有"链接"的超文本形式组织成一个巨大的信息网络。超文本浏览器及相关协议就是我们每次键入网址时出现的"http"。

　　1990 年 12 月，伯纳斯-李[①]和他同伴开辟出了所有人在键盘面前的康庄大道，成功通过 Internet 实现了 HTTP 代理与服务器的第一次通信。伯纳斯-李说："HTTP(超文本传输协议)和 HTML(超文本标记语言)就是计算机之间交换信息时所使用的语言，当在计算机上点击一条链接时，计算机就会自动进入想要查看的页面，之后它就会利用这种计算机之间的语言与其他计算机进行沟通。这就是 HTTP——超文本传输协议。"此前的网络世界里，只有专业人士才能通过复杂的代码程序，前往特定的地方，捕捉特定的信息，但伯纳斯-李编写的网页编辑程序使普通人也不会"迷路"。由伯纳斯-李命名的 World Wide Web 就是人所共知的WWW，中文译为"万维网"。于是，网页的概念出现了。

　　WWW 是以超文本标记语言(hypertext markup language，HTML)与超文本传输协议(hypertext transfer protocol，HTTP)为基础，能够提供面向 Internet 服务的、一致的用户界面的信息浏览系统。

　　WWW 系统的结构采用了客户机/服务器模式，它的工作原理如图 7-21 所示。信息资源以主页(也称网页)的形式存储在 WWW 服务器中，用户通过WWW 客户端程序(浏览器)向 WWW服务器发出请求；WWW 服务器根据客户端的请求内容，将保存在 WWW 服务器中的某个页面发送给客户端；浏览器

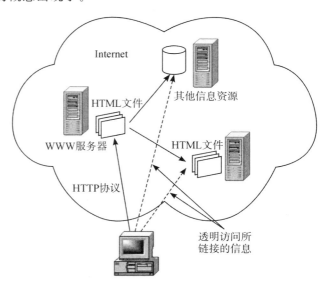

图 7-21　WWW 的工作原理

---

　　① 伯纳斯-李(Tim Berners-Lee)，美国麻省理工学院教授，万维网的发明者。万维网技术发明后，伯纳斯-李放弃了专利申请，将自己的创造无偿地贡献给人类。

在接收到该页面后对其进行解释,最终将图、文、声并茂的画面呈现给用户。通过页面中的链接,可方便地访问位于其他 WWW 服务器中的页面,或是其他类型的网络信息资源。

　　HTML 的上一个版本诞生于 1999 年。自那以后,WWW 世界经历了巨变。HTML5 目前是 WWW 的核心语言,其设计目的是在移动设备上支持多媒体,以真正改变用户与文档的交互方式。HTML5 引进了新的功能以支持这一点,如 video、audio 和 canvas 标记。HTML5 目前仍处于完善之中。然而,大部分现代浏览器已经可支持 HTML5。

　　【例 7-6】用 HTML5 实现在 Web 页上播放视频。

　　本示例展示了用 HTML5 的 video 标记来播放视频的方法(在当前目录下要有指定的 mp4 视频格式文件)。

```
<! DOCTYPE HTML>
<html>
<body>
<video width = " 320 " height = " 240 " controls = "
controls">
    < source src = " video_demo. mp4 " type = " video/
mp4">
Your browser does not support the video tag.
</video>
</body>
</html>
```

7.4.7　互联网设备

　　网络互联时,必须解决如下问题:在物理上如何把两种网络连接起来,一种网络如何与另一种网络实现互访与通信,如何解决它们之间协议方面的差别,如何处理速率与带宽的差别。所以,一般讨论网络互联时都是指用交换机和路由器进行互联的网络(图 7-22)。

1. 交换机

　　"交换"一词最早出现于电话系统,指两个不同电话交换机之间语音信号的交换。故从本意上讲,交换是完成信号由交换设备入口至出口的转发的技术的统称。局域网交换机拥有许多端口,每个端口有自己的专用带宽,各个端口之间的通信是同时的、并行的,这就大大提高了信息吞吐量。交换机最简单的连接方式是将每个端口与用户计算机相连,这样就完成了各个计算机之间的数据交换。

智能型千兆交换机

大型企业路由器

图 7-22　交换机与路由器产品

　　从工作原理来看,交换机(switch)是一种基于 MAC(media access control,媒体访问控制)协议识别、能完成封装转发数据包功能的网络设备。交换机可以"学习"MAC 地址,并把其存放在内部地址表中,通过在数据帧的始发者和目标接收者之间建立临时的交换路径,使数据帧直接由源地址送达目的地址。

一台交换机所支持的管理程度反映了该设备的可管理性与可操作性。目前的交换机功能越来越强,带网管功能的交换机可对每个端口的流量进行监测,设置每个端口的速率,关闭或打开端口连接。通过对交换机端口进行监测,便于控制网络业务流量和定位网络故障,提高网络的可管理性。

2. 路由器

所谓"路由",是指把数据从一个地方(如主机 A)传送到另一个地方(如主机 B)的行为和动作。而路由器正是执行这种行为动作的机器。路由器名称中的"路由"来自路由器的转发策略——路由选择(routing)。路由表包含网络地址以及各地址之间距离的清单,路由器利用路由表为数据传输选择路径,为用户提供最佳的通信路径,如图 7-23 所示。从这个意义上来说,路由器是互联网络的枢纽,是网路的"交通指挥"。

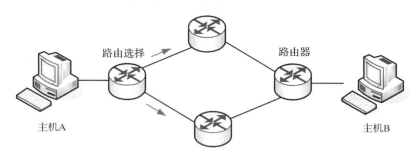

图 7-23 路由器的作用

路由器是一种多端口设备,是大型局域网和广域网中功能强大且非常重要的网络互联设备。它能对不同网络或网段之间的数据信息进行"翻译",以相互"读"懂对方的数据,从而构成一个更大的网络。

在一个大型互联网中,经常用多个路由器将不同类型的局域网或广域网互联起来。路由器可以连接不同传输速率并运行于各种环境的局域网和广域网,Internet 就是依靠遍布全世界的千万台路由器连接起来的。

路由器和交换机之间的主要区别就是路由器发生在第三层,即网络层,而交换机发生在OSI(open system interconnection,开放系统互连)参考模型第二层(数据链路层)。这一区别决定了路由器和交换机在移动信息的过程中需使用不同的控制信息,所以说两者实现各自功能的方式是不同的。

目前家庭中广泛使用的 Wi-Fi 无线路由器(wireless router),与上述所说的互联网路由器在功能和作用上都有很大不同。家庭用 Wi-Fi 路由器实际是一个转发器,它可以把接入家中的有线宽带网络信号(例如 ADSL、小区宽带)转换成无线信号,这样就可以实现计算机、手机等 Wi-Fi 设备的无线上网。

【例 7-7】在 Windows 系统中查看路由信息。

tracert 命令用来显示数据包到达目标主机所经过的路径(路由器),并显示到达每个节点(路由器)的时间。

例如,要查看从本机到 Python 官网的路径信息,输入 Python 官网的域名即可。

＞tracertwww.python.org

通过最多30个跃点跟踪

到 dualstack.python.map.fastly.net [151.101.108.223]的路由：

1	1ms	1ms	1ms	192.168.2.1[192.168.2.1]
2	1ms	1ms	1ms	192.168.1.1[192.168.1.1]
3	2ms	2ms	2ms	100.64.0.1
4	5ms	9ms	5ms	61.154.236.93
5	8ms	6ms	5ms	61.154.236.21

……

| 15 | 12ms | 36ms | 251ms | 151.101.108.223 |

跟踪完成。

注：返回信息显示，从本机到目标主机共有15个跃点（路由），最终到达目标主机(151.101.108.223)。

跃点数即路由。一个路由为一个跃点。传输过程中需要经过多个网络，每个被经过的网络设备点（有能力路由的）叫作一个跃点，地址就是它的 IP。跃点数能够反映跃点的数量、路径的速率、路径可靠性、路径吞吐量以及管理属性。

7.4.8　软件定义网络的新思维

软件定义网络（software defined network，SDN）是一种网络创新架构，其核心技术是将网络设备控制面与数据面分离开来，从而实现网络流量的灵活控制，为核心网络及应用的创新提供良好的平台。

由于传统的网络设备（交换机、路由器）的固件是由设备制造商锁定和控制，所以 SDN 希望将网络控制与物理网络拓扑分离开来，从而摆脱硬件对网络架构的限制。这样企业便可以像升级、安装软件一样对网络架构进行修改，以满足企业对整个网站架构的调整、扩容或升级，而底层的交换机、路由器等硬件则无须替换，这在节省大量成本的同时，也使网络架构迭代周期大大缩短。

7.5　Internet 宽带接入方式

要使用户充分享用 Internet 上所提供的资源，Internet 必须向用户提供不同的接入方式选择，以便把计算机接入 Internet。

接入网泛指用户网络接口与业务节点接口间实施承载功能之实体。宽带接入网是指能同时承载语音、图像、数据、视频等宽带业务需求的接入网络。通常接入网传输系统按传输媒介分为有线接入和无线接入两种方式，其分类如图 7-24 所示。

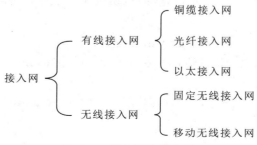

图 7-24　接入网分类方式

7.5.1 有线接入网

1. 铜缆接入技术

DSL(digital subscriber line,数字用户线)是以铜质电话线为传输介质的传输技术组合,它直接将数字信号调制在电话线上(并没有经过模数转换),所以可以获得比普通调制解调器高得多的带宽和速率。

DSL 包括 HDSL(高速数字用户线)、VDSL(高速不对称数字用户线)和 ADSL(不对称数字用户线)等,一般称之为 xDSL 技术。不同数字用户线技术的主要区别体现在信号传输速率和有效距离,以及上行速率和下行速率的对称性上。ADSL 是目前众多 DSL 技术中较为成熟的一种,其优点是带宽较大,连接简单,投资较小,因此发展很快。

ADSL 是一种能够通过普通电话线提供宽带数据业务的技术,能够向终端用户提供 8 Mbit/s 的下行传输速率和 1 Mbit/s 的上行传输速率,与电话拨号方式相比,其速率优势是不言而喻的。ADSL 传输速率高,频带宽,性能优,安装方便。由于市话铜线现在已与所有的家庭相连接,随着 ADSL 技术发展成熟,它将成为 Internet 用户广泛使用的方案之一。

2. 光纤接入网

国家"十三五"规划纲要中指出,"构建现代化通信骨干网络,提升高速传送、灵活调度和智能适配能力。推进宽带接入光纤化进程,城镇地区实现光网覆盖,提供 1000 兆比特每秒以上接入服务能力,大中城市家庭用户带宽实现 100 兆比特以上灵活选择"。[①]

所谓光接入网(optical access network,OAN),就是采用光纤传输技术的接入网,泛指本地交换机或远端模块与用户之间采用光纤通信或部分采用光纤通信的系统。通常,光纤接入网指采用基带数字传输技术并以传输双向交互式业务为目的的接入传输系统,将来应能以数字或模拟技术升级传输宽带广播式和交互式业务。

光纤接入网有多种方式,有光纤到路边(fiber to the curb,FTTC)、光纤到大楼(fiber to the building,FTTB),以及光纤到户(fiber to the home,FTTH)等几种形式,它们统称为 FTTx(图 7-25)。FTTx 不是具体的接入技术,而是光纤在接入网中的推进程度或接入策略。

FTTH(光纤到户)是指将光网络单元(optical network unit,ONU)安装在住家用户或企业用户处。FTTH 一直被认为是宽带发展的最终目标,因为它能够满足各类用户的多种需求,如高速通信、家庭购物、实时远程教育、视频点播(video on demand,VOD)、高清晰度电视(high-definition TV,HDTV)等等。

3. 局域网接入方式

以太网是一种古老而又充满活力的网络技术,它具有标准化程度高、升级性能好、价格便宜等多种优势,是组建局域网和宽带 IP 网络的重要技术。

局域网接入方式如图 7-26 所示。在用户接入层,交换机的每个接口可连接一台用户计算机。在交换层,交换机通过以太网与汇聚层的路由器连接。汇聚层为路由器(或路由交换机),路由器可提供的以太网接口可以连接多台交换机,路由器再通过 1 000 Mbit/s 以太网、光接口与 IP 核心网络连接。

---

① 中华人民共和国国民经济和社会发展第十三个五年规划纲要[EB/OL].(2016-03-17)[2019-02-15]. http://www.xinhuanet.com/politics/20161h/2016-03/17/c118366322.htm.

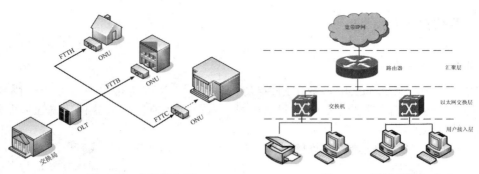

图 7-25 光纤接入网   图 7-26 局域网接入方式

7.5.2 无线宽带接入技术

目前,移动互联网正处于快速发展阶段,越来越多的用户开始选择通过手机、笔记本等便携终端获取移动信息服务和互联网接入服务。多元的用户需求和增长的用户规模快速地促进了移动宽带业务的发展。"基本上,万事万物都将成为无线互联。"①

无线不是对有线网络的扩展,它不再用电线的长度来定义网络,而是用人们所处的位置②。无线接入是指用无须物理传输媒介的无线传输手段来代替接入网的部分甚至全部的接入技术。无线接入以改进灵活性和扩展传输距离为目的。移动无线接入最有代表性的是 IEEE 802 系列标准。经历了 20 年的发展,IEEE 802 系列标准已经形成了一个庞大的标准体系。

1. 卫星接入方式

虽然无线电波传输并不沿地球表面弯曲,但采用卫星通信技术可以实现远距离通信。卫星通信系统是由空间部分(通信卫星)和地面部分(通信地面站)两大部分构成的。在这一系统中,通信卫星实际上就是一个悬挂在空中的通信中继站。它居高临下,视野开阔,只要在它的覆盖照射区以内,不论距离远近都可以通信,即通过它转发和反射电报、电视、广播和数据等无线信号(如图 7-27 所示)。

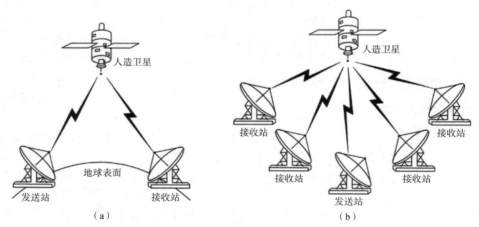

（a）   （b）

图 7-27 卫星通信示意图

---

① Jeff Hawkins,Palm 计算机公司创始人。
② 普赖斯.无线网络原理与应用[M].冉晓旻,王彬,王铮,译.北京:清华大学出版社,2008.

卫星系统既可以和地面系统相结合,又可以绕开复杂的地面网络建立独立的卫星网络。卫星系统可以配置成按需提供带宽,而且可以动态分配接入容量,以满足广播、多点传送和多媒体通信需求。

2. 无线局域网

无线局域网(wireless local area network,WLAN)是相当便利的数据传输系统,它利用射频(radio frequency,RF)技术,取代双绞铜线所构成的局域网络,从而免去了大量的布线工作,而只需要安装一个或多个无线访问点(access point,AP)就可以覆盖一栋建筑内的局域网络,且便于管理和维护。大多数 WLAN 采用 IEEE 802.11 标准,现在 IEEE 802.11 这个标准已被统称作 Wi-Fi(wireless fidelity)。

利用 Wi-Fi 技术构建家庭无线局域网是 WLAN 最常见的应用了。Wi-Fi 无线路由器可以提供广泛的功能,为家庭中的所有的 Wi-Fi 设备提供无线的宽带互联网访问(图 7-28)。WLAN 有多种配置方式,无线路由器可以工作在无线 AP 模式,也就是当无线交换机使用。每个 AP 可以支持上百个用户接入。有了 AP,就像连接到有线网络交换机的端口一般,只要配置无线网卡,无线设备就可以快速且轻易地与网络相连。

在现有 WLAN 基础之上增加 AP,就可以把小型网络扩展成几百个、上千个用户的大型网络,并且能够提供节点间"漫游"等有线网络无法实现的特性。目前,WLAN 发展十分迅速,已经在大学校园、企业、大型商厦等场合得到广泛的应用。

为了扩展无线网的覆盖范围,通过 Wi-Fi 中继器(带中继功能的无线路由器)可以简单地重新生成信号。中继器可以从接入点接收无线射频信号(即 802.11 帧),在不改变帧内容的情况下对帧进行转播,覆盖到家庭的每一角落。

3. 蓝牙技术

蓝牙(bluetooth)[①]是一种支持设备短距离通信(一般在 10 m 内)的无线电技术,能在包括移动电话、PDA、无线耳机、笔记本计算机、相关外部设备等众多设备之间进行无线信息交换(图 7-29)。利用蓝牙技术,能够有效地简化移动通信终端设备之间的通信,也能够成功地简化设备与 Internet 之间的通信,从而使数据传输变得更加迅速高效,为无线通信拓宽道路。蓝牙采用分散式网络结构以及跳频式扩频(frequency-hopped spread spectrum)和短包技术,支持点对点及点对多点通信,工作在全球通用的 2.4 GHz ISM 频段(即工业、科学、医学频带)。其数据速率为 1 Mbit/s。采用时分双工传输方案实现全双工传输。

图 7-28　家庭 Wi-Fi 网络的构建　　　图 7-29　蓝牙技术的应用

① 据说"蓝牙"这个名称来自 10 世纪的一位丹麦国王哈尔拉(Harald Blatand),因为国王喜欢吃蓝莓,牙龈每天都是蓝色的,所以叫"蓝牙"。

【例7-8】用 Python 获取周围 Wi-Fi 设备信息。

此程序可获取 Wi-Fi 设备(接入点)的名称与信号强度信息,运行前需要安装 pywifi 模块。

In[3]:	`import pywifi ♯ 导入模块`
	`wifi=pywifi.PyWiFi() ♯ 创建一个无线对象`
	`iface=wifi.interfaces()[0] ♯ 取一个无线网卡`
	`iface.scan() ♯ 扫描`
	`result=iface.scan_results() ♯ 获得扫描结果`
	`for i in range(len(result)):`
	`    print(result[i].ssid,result[i].signal) ♯ 输出 Wi-Fi 名称与信号强度`

Out[3]:	TP-LINK_3 −74 ♯ 后面的数字表示信号强度 ChinaNet-vV23 −87 ……

7.5.3 无线移动通信技术

通信技术日新月异的发展促使无线、移动通信逐渐成为一种灵活、方便的大众化技术。而通信技术的最高发展目标就是利用各种可能的网络技术,实现任何人(whoever)在任何时间(whenever)、任何地点(wherever)与任何人(whomever)进行任何种类(whatever)的信息交换,即所谓"5W 通信"。个人化通信模式、宽带数据通信能力以及通信内容的融合是迈向 5W通信的必然途径。而最终的目标是达到通信与数据服务的智能化,从而在合适的时间、合适的地点实现合适的信息交换与数据服务。通信技术与计算机技术的相互融合,移动、无线通信与互联网相互渗透,促成了移动互联网的出现与发展。

通信技术飞速发展,最早期的手持移动电话有砖块般大小,后来发展到追求机体越来越小。这是第一代移动通信(1G)和第二代移动通信(2G)时代的产物。随着技术演变,手机的形状不再是竞争的热点,而是集成更多的功能。3G 时代的手机已经包括网络浏览、音乐、照相与视频、录音等多媒体功能。随着 4G 时代的到来,手机的功能更加丰富多彩,成为个人的信息中心。

没有第一代移动通信技术做基础,就不可能发展成今天的 4G,以及即将到来的 5G,因此,有必要简单了解移动通信技术的发展历程。

第一代移动通信(1G)技术是指最初的模拟、仅限语音的蜂窝电话标准。第一代移动通信技术使用了多重蜂窝基站,允许用户在通话期间自由移动并在相邻基站之间无缝传输通话。

第二代无线移动通信(2G)技术使用数字信号传输取代模拟传输,提高了通信网络的效率。基站的大量设立缩短了基站的间距,并使单个基站需要承担的覆盖面积缩小,有助于提供更高质量的信号覆盖。全球移动通信系统(global system for mobile communications,GSM)成为世界上移动通信标准制式。这一时期短信功能首先在 GSM 平台应用,后来扩展到所有手机制式。

第三代移动通信(3G)技术是指将无线通信与互联网等多媒体通信结合的新一代移动通信系统,是支持高速数据传输的蜂窝移动通信技术。3G 的目标是实现所有地区(城区与野外)的无缝覆盖,从而使用户在任何地方均可以使用系统所提供的各种服务。

第四代移动通信(4G)标准比第三代标准具有更多的功能。4G 可以在不同的固定、无线平台和跨越不同的频带的网络中提供无线服务,可以在任何地方用宽带接入互联网(包括卫星通信和平流层通信),能够提供定位定时、数据采集、远程控制等综合功能。此外,4G 系统是多功能集成的宽带移动通信系统,是宽带接入 IP 系统,能够满足几乎所有用户对无线服务的要求。

目前,第五代移动通信(5G)技术成为世界各国竞相争夺的最大焦点。如果纯粹从现有需求来看,4G 技术进行改进后就可以满足大多数用户的需求。但如果网络的商业模式发生转变,例如在万物互联的智能城市中,车辆、虚拟现实设备、智能机器人等互相连接并有大量数据产生,这就需要更好的移动互联网络来支撑了。

国家"十三五"规划要求"积极推进第五代移动通信(5G)和超宽带关键技术研究,启动 5G 商用"。其主要目标是支撑 5G 国际标准研制,促进全球 5G 技术标准形成,推动 5G 研发及产业发展,为我国启动 5G 商用奠定良好基础。

思考与练习

一、思考题

1. 人类通信与网络技术的发展历史中发生了哪些重大事件?从中我们能得到哪些启示?

2. 简述通信系统模型的工作原理。

3. 理解数字通信系统中"带宽"的概念。

4. 理解"数据传输速率"的概念。

5. 什么是基带传输?为什么基带传输会占用信道提供的全部带宽?

5. 数字通信系统的主要性能指标有哪些?如何计算?

6. 在数据通信系统或计算机网络系统中,主要采用哪些多路复用技术?

7. 什么是信道容量?无噪声信道与有噪声信道计算公式适用于什么范围?

8. 什么是量子通信?我国在量子通信方面的研究进展如何?

9. 什么是计算机网络?计算机网络由哪几部分组成?

10. 简述计算机网络的资源子网和通信子网的作用。

11. 常用的有线传输介质与无线传输介质有哪些?

12. 网络协议的作用是什么?

13. 简述 TCP/IP 四层协议的主要功能。

14. 什么是 IP 地址?它由哪几部分组成?

15. 采用域名系统的作用是什么?IP 地址与域名之间有什么关系?

16. IPv4 与 IPv6 有什么区别?

17. 常用的网络互联设备有哪些?

18. Internet 宽带接入方式有哪些?

二、计算题

1. 实际通信系统由于受到噪声的干扰,使得达到理论上最大传输速率成为不可能。信噪比是对干扰程度的一种度量,如果已知某通信系统的信噪比值为 1 000,则对应的噪声强度为多少分贝?

2. 假定某信道带宽为 300 Hz,信噪比为 30 dB,试求该信道的容量。

3. 某用户采用调制解调器在模拟电话线上传数据,电话线输出信噪比为 25 dB、传输带宽为 300~3 200 Hz 的音频信号。计算该电话线能无误传输的最大数据速率。

 *4. 在某个存在噪声的信道上,其频带为 1 MHz。

(1)若信道上的信噪比为 10,求该信道的信道容量。

(2)若信道上的信噪比降至 5,要达到相同的信道容量,信道频带应多大?

(3)若信道频带减小为 0.5 MHz,要保持相同的信道容量,信道上的信噪比应等于多少?

 *5. 已知某信道频带为 3 kHz,信噪比为 3,求可能的最大数据传输速率。若信噪比提高到 15,理论上传送同样传输速率所需的频带为多少?

6. 已知甲、乙两台主机的 IP 地址分别为 192.192.0.5、130.102.0.12,则它们分别属于哪类网(A 类、B 类、C 类)?

7. 已知某主机 IP 地址为 192.168.23.35,子网掩码为 255.255.0.0,则网络号和主机号是多少?

8. 已知某台主机 IP 地址为 192.168.23.35,子网掩码为 255.255.255.0,则网络号和主机号是多少?

 *9. 现有 A、B 两台主机,它们的 IP 地址分别为 192.168.0.3、192.168.0.254,子网掩码为 255.255.255.0,试判断这两台主机是否在同一子网内,它们之间是否能直接通信。

三、练习与实践

1. 使用你的计算机上网,完成以下任务:

(1)了解你的个人计算机是采用何种接入方式接入 Internet 的,IP 地址是多少。

(2)观察你所用的计算机的网络设置,并判断该 IP 的类别。对子网掩码进行更改,看看网络是否工作正常,试分析原因。

2. 已知阿里云服务器的域名是 https://www.aliyun.com/。请用 Windows 提供的 tracert 命令,通过反馈信息说明数据包到达目标主机所经过的跃点数(路由器),并指出该域名所对应的服务器地址。

3. 利用无线移动设备接入网络,请了解该移动设备是通过何种技术接入无线网络的。

4. 试用 HTML5 实现一个最简单的网页,输出"Hello World"。

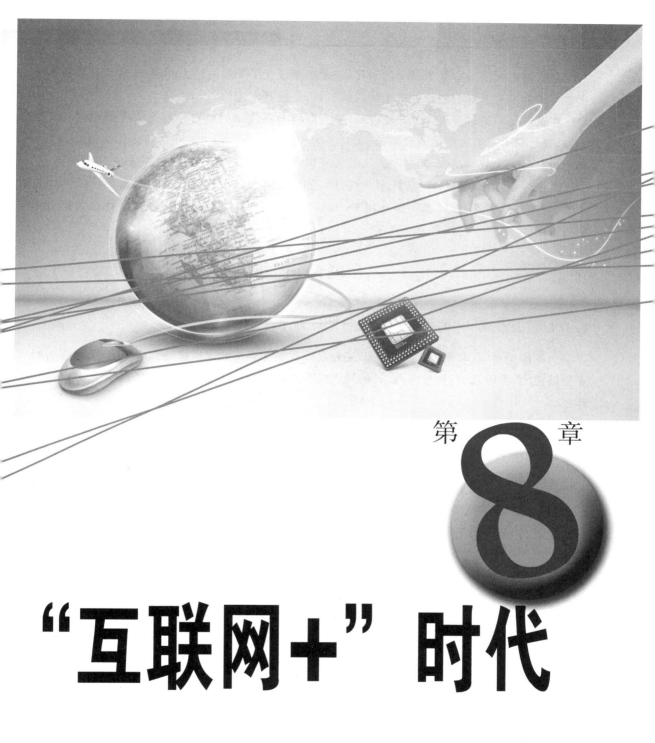

第8章

"互联网+" 时代

互联网让世界变成了"鸡犬之声相闻"的地球村，相隔万里的人们不再"老死不相往来"。可以说，世界因互联网而更多彩，生活因互联网而更丰富。

——《习近平在第二届世界互联网大会开幕式上的讲话》（2015）

互联网时代是具有变革意义的时代,它彻底地改变了人类的过去和现在,并且还将深刻地影响人类的未来。我们能身处这个伟大的时代,是极其幸运的。

在全球新一轮科技革命和产业变革中,互联网与各领域的融合发展具有广阔前景和无限潜力,并已成为不可阻挡的时代潮流,正对各国经济社会发展产生战略性和全局性的影响。互联网、物联网、大数据、云计算以及人工智能将世界带入了一个前所未有的奇妙时空。

本章介绍"互联网＋"行动计划、物联网、云计算和大数据等互联网时代最热门的几项技术,并通过实际案例,让读者了解利用 Python 处理大数据的过程,以及时间序列在数据分析中的作用。

8.1 "互联网＋"行动计划

8.1.1 "互联网＋"的内涵与重点行动计划

为顺应世界"互联网＋"发展趋势,充分发挥我国互联网的规模优势和应用优势,增强各行业创新能力,我国政府对"互联网＋"的发展极为重视,并制定了"互联网＋"的发展战略和行动计划。

国务院总理李克强在 2015 年 3 月所做的政府工作报告中首次提出"互联网＋"行动计划:"制定'互联网＋'行动计划,推动移动互联网、云计算、大数据、物联网等与现代制造业结合,促进电子商务、工业互联网和互联网金融健康发展,引导互联网企业拓展国际市场。"

2015 年 7 月,我国政府发布了《国务院关于积极推进"互联网＋"行动的指导意见》(以下简称《指导意见》)[①]。《指导意见》指出:"'互联网＋'是把互联网的创新成果与经济社会各领域深度融合,推动技术进步、效率提升和组织变革,提升实体经济创新力和生产力,形成更广泛的以互联网为基础设施和创新要素的经济社会发展新形态。"这可以理解为国家层面对"互联网＋"的概念和内涵的界定。

《指导意见》部署了"互联网＋创业创新"、"互联网＋协同制造"、"互联网＋现代农业"、"互联网＋智慧能源"、"互联网＋普惠金融"、"互联网＋益民服务"、"互联网＋高效物流"、"互联网＋电子商务"、"互联网＋便捷交通"、"互联网＋绿色生态"和"互联网＋人工智能"等 11 项重点行动(图 8-1)。这些行动计划既涵盖了制造业、农业、金融、能源等具体产业,也涉及环境、养老、医疗等与百姓生活息息相关的方面。

图 8-1 《指导意见》部署的 11 项重点行动

---

① 《国务院关于积极推进"互联网＋"行动的指导意见》,2015 年 7 月 5 日。

为进一步贯彻落实《指导意见》,2015 年 11 月,工业和信息化部制定了贯彻落实《指导意见》的行动计划①(以下简称"'互联网+'行动计划")。"互联网+"行动计划的目标是:到 2018 年,互联网与经济社会各领域的融合发展进一步深化,基于互联网的新业态成为新的经济增长动力,互联网支撑大众创业、万众创新的作用进一步增强,互联网成为提供公共服务的重要手段,网络经济与实体经济协同互动的发展格局基本形成。到 2025 年,网络化、智能化、服务化、协同化的"互联网+"产业生态体系基本完善,"互联网+"新经济形态初步形成,"互联网+"成为经济社会创新发展的重要驱动力量。

2015 年 12 月,在第二届世界互联网大会上(浙江乌镇),习近平主席在主题发言中提到:"十三五"时期,中国将大力实施网络强国战略、国家大数据战略、"互联网+"行动计划,拓展网络经济空间,促进互联网和经济社会融合发展。在这次"互联网+"论坛上,中国互联网发展基金会联合百度、阿里巴巴、腾讯共同发起倡议,成立了"中国互联网+联盟"。

当然"互联网+"不仅仅是连接一切的网络或将这些技术应用于各个传统行业。除了无所不在的网络(泛在网络),还有无所不在的计算(普适计算)、无所不在的数据、无所不在的知识,一起形成和推进了新一代信息技术的发展,推动了无所不在的创新,催生了以用户创新、开放创新、大众创新、协同创新为特点的面向知识社会的创新。

8.1.2 "互联网+"与智能制造

工业和信息化部在"互联网+"行动计划中指出:"充分发挥互联网在信息化和工业化融合中的平台作用,鼓励传统产业树立互联网思维,促进信息通信技术向制造业各领域环节渗透,推动生产方式和发展模式变革。"

"互联网+工业"包括的内容很多,根据《中国制造 2025》②,"互联网+工业"的主题就是"以推进智能制造为主攻方向"。两化深度融合即"互联网+制造"(图 8-2)。"互联网+"行动计划中提到的"两化融合"是指以信息化带动工业化、以工业化促进信息化,走新型工业化道路;两化融合的核心就是信息化支撑,追求可持续发展模式。智能制造(intelligent manufacturing,IM)是一种由智能机器和人类专家共同组成的人机一体化智能系统,它能在制造过程中进行智能活动,诸如分析、推理、判断、构思和决策等。通过人与智能机器的合作共事,去扩大、延伸和部分地取代人类专家在制造过程中的脑力劳动。它使制造自动化的概念得到更新,扩展到柔性化、智能化和高度集成化。

《中国制造 2025》围绕经济社会发展和国家安全重大需求,选择了十大重点领域和战略产业实现重点突破,力争到 2025 年处于国际领先地位或国际先进水平。这十个重点领域包括:新一代信息技术产业、高档数控机床和机器人、航空航天装备、海洋工程装备及高技术船舶、先进轨道交通装备、节能与新能源汽车、电力装备、农机装备、新材料和生物医药及高性能医疗器械,如图 8-3 所示。

---

① 《工业和信息化部贯彻落实〈国务院关于积极推进"互联网+"行动的指导意见〉的行动计划(2015—2018 年)》,工信部信软〔2015〕440 号。

② 《中国制造 2025》,国务院正式印发,2015 年 5 月。

图 8-2 "两化融合"的概念

图 8-3 《中国制造 2025》
十个重点领域

需要特别指出的是,在《中国制造 2025》十个重要领域中,新一代信息技术产业被放在首位,它包括集成电路及专用装备、信息通信设备和操作系统及工业软件三个产业方向,这说明国家层面对新一代信息技术的重视与支持。

8.1.3 从"互联网＋"到"智能＋"

近几年世界互联网大会上提到过最多的词,便是"人工智能",同时也给人们放出了一个信号,移动互联网时代已经结束,"互联网＋人工智能"时代已经到来。

在这个人工智能的世界潮流下,国务院于 2017 年 7 月 8 日印发并实施《国务院关于印发新一代人工智能发展规划的通知》,制定了分三步走的战略目标。

第一步,到 2020 年人工智能总体技术和应用与世界先进水平同步,人工智能产业成为新的重要经济增长点,人工智能技术应用成为改善民生的新途径,有力支撑进入创新型国家行列和实现全面建成小康社会的奋斗目标。

第二步,到 2025 年人工智能基础理论实现重大突破,部分技术与应用达到世界领先水平,人工智能成为带动我国产业升级和经济转型的主要动力,智能社会建设取得积极进展。

第三步,到 2030 年人工智能理论、技术与应用总体达到世界领先水平,成为世界主要人工智能创新中心,智能经济、智能社会取得明显成效,为跻身创新型国家前列和经济强国奠定重要基础。

2019 年政府工作报告指出,要坚持创新引领发展,培育壮大新动能。要推动传统产业改造提升,特别是要打造工业互联网平台,拓展"智能＋",为制造业转型升级赋能。这也是"智能＋"作为一个概念,第一次出现在政府工作报告中。

从"互联网＋"到"智能＋",一幅万物互联的图景已经徐徐展开。信息技术的应用已经不再局限于连接人与人,而是将人与物、物与物连接在一起,从而带来万物互联的全新时代。从"互联网＋"走向"智能＋",也被认为是一种技术发展的必然结果。

8.1.4 "互联网＋农业"

农业作为关系着国计民生的基础性产业,同样也沐浴在这样一个变革的时代中。在农产品生产、流通和消费环节,每一个节点都有互联网新技术的深度应用,极大地刺激了传统农业向现代农业大跨步前行。"互联网＋农业"是一种革命性的产业模式创新,必将开启我国小农经济千年未有之大变局。

农业是"互联网＋"行动计划的核心领域之一。"互联网＋农业"充分利用移动互联网、大数据、云计算、物联网等新一代信息技术与农业的跨界融合,创新基于互联网平台的现代农业新产品、新模式与新业态。以"互联网＋农业"驱动,努力打造"信息支撑、管理协同,产出高效、产品安全,资源节约、环境友好"的我国现代农业发展升级版。

"互联网＋"通过便利化、实时化、感知化、物联化、智能化等手段,将为农技推广、农村金融、农村管理等提供精确、动态、科学的全方位信息服务,且正成为现代农业跨越式发展的新引擎。

8.1.5 "互联网＋教育":看见更大的世界

在现代信息社会,互联网具有高效、快捷、方便传播的特点,在学生们的学习和生活中发挥着不可替代的重要作用,并成为学生们学习的好帮手。如今,信息化技术已经渗透到社会的各个方面。

在教育领域中,一场信息化的颠覆性变革在悄悄地发生着。大规模在线开放课程(massive open online course,MOOC)等新型在线开放课程已经在世界范围内迅速兴起,促使传统的教学内容、方法、模式和教学管理体制机制发生变革,给高等教育教学改革发展带来了新的机遇和挑战。

MOOC是一种基于在线课程视频的新的大学授课形式。MOOC的"大规模"(massive),是因为课程受众面广,突破了传统课程人数限制,能够满足大规模课程学习者学习的需求。MOOC的"开放"(open),是因为对学习对象的全面开放、教学与学习形式的开放、对教学内容与课程资源的开放,以及教育理念的开放。MOOC的"在线"(online)是因为依托互联网,世界各地的学习者在任何地方都可以学习国内外著名高校课程。MOOC又是一门"课程",其在组织方式上强调"翻转课堂",课程的学习方式上强调"众人交互"。学习者可以按照自己的时间和节奏安排学习进度,MOOC可以适时记录学习者的学习行为和过程,并且能够及时得到学习反馈。

2012年是世界高等教育发展史上很重要的一年,《纽约时报》将2012年称为"MOOC元年"。因为在这一年,MOOC作为一种新型在线教学模式闯入人们的视野,给互联网产业及在线学习、高等教育带来巨大影响。斯坦福大学校长将其比作教育史上"一场数字海啸"。2012年,美国的顶尖大学陆续设立网络学习平台,在网上提供免费课程;Coursera、Udacity、edX三大课程提供商的兴起,给更多学生提供了系统学习的可能。例如,Coursera网站的主题是"在网上学习全世界最好的课程"。目前Coursera拥有斯坦福大学、耶鲁大学、普林斯顿大学等超过120所世界一流大学和教育机构提供的免费在线课程,提供从计算机科学到教育学等数十个科目的课程(图8-4)。

为积极顺应世界范围内MOOC发展新趋势,直面高等教育教学改革发展新的机遇与挑战,教育部2015年4月出台《关于加强高等学校在线开放课程建设应用与管理的意见》[①]。意见要求"以借鉴国际先进经验,发挥我国高等教育教学传统优势,推动我国大规模在线开放课程建设走上'高校主体、政府支持、社会参与'的积极、健康、创新、可持续的中国特色良性发展道路。在保证教学质量的前提下,推进在线开放课程学分认定和学分管理制度创新"。

---

① 《教育部关于加强高等学校在线开放课程建设应用与管理的意见》,教高〔2015〕3号,2015年4月。

目前,我国高水平大学率先开展MOOC建设,更多高校积极参与探索和创新适合我国国情的多种类型的在线开放课程应用,"爱课程网"的"中国大学MOOC"(图8-5)、清华大学"学堂在线"以及多个高校、互联网企业开发的各种类型的MOOC平台纷纷上线,并且涌现了一大批优秀的MOOC资源。到2020年,教育部将规划建设3 000门国家精品在线开放课程。特别要提及的是,"大学信息技术基础"(本课程的MOOC教学)已经获批"2018年国家精品在线开放课程"。

图8-4 Coursera 提供的 MOOC 课程

图8-5 "中国大学MOOC"上的"大学信息技术基础"

8.2 物联网

8.2.1 万物互联的物联网

比尔·盖茨在1995年出版的《未来之路》一书中提及物物互联。1998年麻省理工学院提出了当时被称作EPC(electronic product code,电子产品编码)系统的物联网构想。1999年,美国Auto-ID首先提出"物联网"(internet of things,IOT)的概念,即把所有物品通过射频识别等信息传感设备与互联网连接起来,实现智能化识别和管理。

2005年11月,国际电信联盟(ITU)发布了《ITU互联网报告2005:物联网》[①]。报告指出,无所不在的物联网通信时代即将来临,世界上所有的物体从轮胎到牙刷、从房屋到纸巾都可以通过Internet主动进行交换,射频识别(radio frequency identification,RFID)技术、传感器技术、纳米技术、智能嵌入技术将得到更加广泛的应用。2008年11月,IBM提出"智慧地球"概念,即"互联网+物联网=智慧地球"。

"物联网"定义的最简洁表达是:是把所有物品通过信息传感设备与互联网连接起来,进行信息交换,即物物相息,以实现智能化识别和管理。物联网是一个基于互联网、传统电信网等信息承载体,让所有能够被独立寻址的普通物理对象实现互联互通的网络,物联网将无所不在。每个人都可以应用电子标签使真实的物体上网联结,且在物联网上都可以查找出它们的具体位置。

物联网打破了之前的传统思维。过去的思路一直是将物理基础设施和信息技术基础设施分开,一方面是机场、公路、建筑物,另一方面是数据中心、个人计算机、宽带等。而在物联网时代,物理设施将与电缆、传感器、宽带整合为统一的基础设施。因此,物联网与互联网是智慧地球的重要构成部分。

---

① 刘云浩.物联网导论[M].北京:科学出版社,2010:4.

8.2.2　与生活密切相关的物联网

物联网是近年来的热点。人人都在提物联网,物联网将现实世界数字化,其应用范围十分广泛,主要包括运输和物流领域、健康医疗领域、智慧环境(家庭、办公、工厂)领域、个人和社会领域等,具有十分广阔的市场和应用前景(图 8-6)。

图 8-6　物联网的应用

现在物联网的发展正处于应用阶段,其应用涵盖交通运输、智能家居、影音娱乐、医疗健康等领域。通过物联网可以用智能设备对机器、设备、人员进行集中管理、控制,也可以对家庭设备、汽车进行遥控,以及搜寻位置、防止物品被盗等。例如,共享单车是非常典型的物联网应用,所以叫作"Person to Things",即实现了人与物的联结。

可以预期,在不远的将来,无人驾驶、智慧城市、智能家居、虚拟现实、智能医疗等应用将像水和空气一样成为日常生活的有机组成部分,融入人们的生活、工作、社交、娱乐、消费、休闲等各种场景。随着大数据、云计算、传感器、智能芯片、智能系统模块等物联网元素不断进化,物联网缔造的智慧世界美好可期。

8.2.3　物联网的特征与层次

物联网的实现应该具备三个基本条件:一是全面感知,即利用 RFID、传感器、二维码等随时随地获取物体的信息;二是可靠传递,通过各种传感网络与互联网的融合,将物体当前的信息实时准确地传递出去;三是智能处理,利用云计算、模糊识别等各种智能计算技术,对海量数据和信息进行分析和处理,对物体实施智能化的控制。

因此,物联网有三个层次:底层是用来感知数据的感知层,第二层是数据传输处理的网络层,第三层则是智能处理与行业需求结合的应用层。如图 8-7 所示。

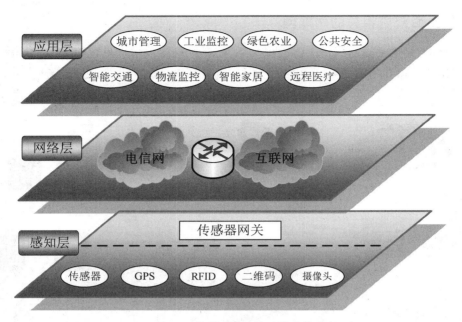

图 8-7 物联网的三个层次架构

物联网感知层解决的就是人类世界和物理世界的数据获取问题,包括各类物理量、标识、音频、视频数据。感知层处于三层架构的最底层,是物联网发展和应用的基础,具有物联网全面感知的核心能力。它是物联网识别物体、采集信息的来源,其主要功能是识别物体,采集信息。感知层由各种传感器以及传感器网关构成,包括二维码标签、RFID 标签和读写器、摄像头、GPS(global positioning systen,全球定位系统)等感知终端。

在物联网中,网络层能够使感知层感知到的数据无障碍、高可靠性、高安全性地进行传送,它解决的是感知层所获得的数据在一定范围内,尤其是远距离传输的问题。网络层通过现有的互联网、电信网络等实现数据的传输;网络层中的感知数据管理与处理技术是实现以数据为中心的物联网的核心技术。

应用是物联网发展的驱动力和目的。应用层的主要功能是对感知和传输来的信息进行分析和处理,做出正确的控制和决策,实现智能化的管理、应用和服务。这一层解决的是信息处理和人机界面的问题。应用层是物联网和用户(包括人、组织和其他系统)的接口,它与行业需求结合,实现物联网的智能应用。

8.3 云计算

"云"概念最早诞生于互联网。"云"是一种比喻的说法,一般是后端,难以看见,这让人产生虚无之感,2006 年谷歌推出"Google 101 计划"时,"云"的概念及理论被正式提出,随后云计算、云存储、云服务、云安全等相关的概念相继产生。

8.3.1 坐看云起时——云计算的兴起

如果在 19 世纪末期,你告诉那些自备发电设备的公司以后可以不用自己发电,而只要接入集中供电的大型公司的无所不在的电网,就可以充分满足用电需求,人们一定会以为你在痴人说梦。然后到 20 世纪初,绝大多数公司就改用由公共电网发出的电来驱动自家的机器设备,与此同时,电力还开始走进那些置办不起发电设备的百姓家,为各类家用电器的普及提供了能源驱动。

其实早在互联网出现之前,人们就已意识到:从理论上讲,计算机运算的能力和电力一样,可以在大规模公用"电厂"中生产,并通过网络传输到各地。就运营而言,这种中央"发电机"会比分散的私人数据中心更有效率。"云计算"这个概念并不是凭空出现的,而是信息技术产业发展到一定阶段的必然产物。美国著名的计算机科学家、图灵奖得主麦卡锡(John McCarthy)在半个多世纪前就曾思考过这个问题。1961 年,他在麻省理工学院的百年纪念活动中做了一个演讲。在那次演讲中,他提到把计算能力作为一种像水和电一样的公共事业提供给用户。这就是目前云计算(cloud computing)技术的最初想法。

在云计算概念出现之前,很多公司就可以通过互联网发送诸多服务,比如地图、搜索,以及其他硬件租赁业务。随着服务内容和用户规模的不断增加,对服务的可靠性、可用性要求急剧提高,这种需求变化通过集群等方式很难满足要求,于是通过在各地建设数据中心来满足。

光纤电缆和光纤互联网的出现突破了数据传输的瓶颈,网络空间的重要性终于压倒了计算机内存的重要性。光纤互联网对计算机应用所起的作用,恰如交流电系统对电所起的作用,它使设备所处的位置对用户不再重要。由单个公司生产和运营的私人计算机系统被中央数据处理工厂通过互联网提供的云计算服务代替,计算正在变成一项公共服务。

随着云计算服务趋向成熟,每个人都能便捷地使用网上丰富的软件服务,利用无限制的在线存储,通过手机、电视等多种不同装置上网和分享数据。再过若干年,个人计算机或许会成为古董,提醒人们曾有过一个奇特的时代:所有人都被迫担任业余的计算机技术人员。

与公共电网的运营模式类似,云计算是一种新兴的商业计算模型。它将计算任务分布在大量计算及构成的资源池上,使各种应用系统能够根据需要获取计算能力、存储空间和各种软件服务。云计算最初的目标是对资源的管理,管理的主要是计算资源、网络资源、存储资源三个方面。之所以称为"云",是因为它在某些方面具有现实中云的特征:云在空中飘忽不定,无法也无须确定它的具体位置,但它确实存在于某处;云一般都较大;云的规模可以动态伸缩,它的边界是模糊的。

8.3.2 云计算的架构

"云计算"有许多种定义和解释。较广为接受的是美国国家标准与技术研究院(NIST)的定义:云计算是一种按使用量付费的模式,这种模式提供可用的、便捷的、按需的网络访问,进入可配置的计算资源共享池(资源包括网络、服务器、存储、应用软件、服务),这些资源能够被快速提供,只须投入很少的管理工作,或与服务供应商进行很少的交互。举例来说,谷歌的云就是由网络连接起来的几十万甚至上百万台廉价计算机,这些大规模的计算机集群每天都处理着互联网上的海量检索数据和搜索业务请求。从亚马逊(Amazon)的角度看,云计算就是在一个大规模的系统环境中,不同的系统之间互相提供服务,软件就是以服务的方式运行,当所有这些系统相互协作并在互联网上提供服务时,这些系统的总体就成了云。

对于云计算,资源需要达到两方面的灵活性:

(1)时间灵活性。想什么时候要就什么时候要,需要的时候一点就出来了。

(2)空间灵活性。如果需要一个特别大的空间例如云盘,云盘给每个人分配的空间可以定制,随时上传随时有空间。此即我们常说的云计算的弹性(图 8-8)。

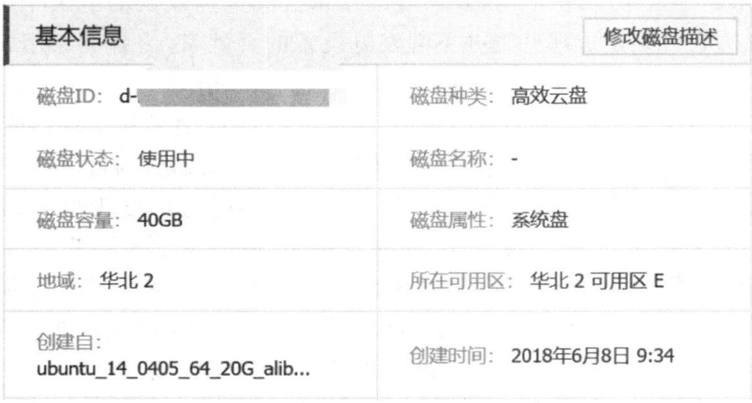

基本信息
修改磁盘描述
磁盘ID: d-
磁盘种类: 高效云盘
磁盘状态: 使用中
磁盘名称: -
磁盘容量: 40GB
磁盘属性: 系统盘
地域: 华北 2
所在可用区: 华北 2 可用区 E
创建自:
ubuntu_14_0405_64_20G_alib...
创建时间: 2018年6月8日 9:34

图 8-8　云主机上的云盘信息

8.3.3　云计算的服务

云计算作为一种新型的信息技术服务资源，可以分为基础设施即服务、平台即服务、软件即服务这三种服务类型，如图 8-9 所示。

软件
即服务
(SaaS)
智慧城市
人工智能
人力资源管理
管理信息系统
应用服务程序
协同软件
平台
即服务
(PaaS)
服务引擎
解决方案堆
编程接口
程序库与服务
虚拟化
基础设施
即服务
(IaaS)

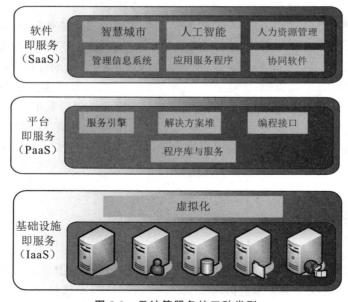

图 8-9　云计算服务的三种类型

1. IaaS(Infrastructure as a Service，基础设施即服务)

如何让成千上万台计算机工作得像一台大计算机一样，而且能按需要随时添加新的计算能力进去以改变大计算机的能力，这就是云计算 IaaS 需要解决的基本问题。

云计算以服务的形式提供动态的、易于扩展的虚拟化资源。提供虚拟化硬件资源，如虚拟主机、存储、网络/安全等资源。用户无须购买服务器、网络设备、存储设备，只须租用硬件进行应用系统的搭建即可。无论在哪个云平台，几分钟就可以部署一个虚拟服务器。

随着集群的规模越来越大，动辄几十万台上百万台。服务器数目得惊人，例如谷歌的基础设施包含超过 100 万台各类计算机。这么多机器如果要靠人选择一个位置放这台虚拟化的计算机并做相应的配置,几乎是不可能的事情,因此还是需要有一个软件定义的调度中心分配这个事情。

数以万计的机器都在一个池子里面,无论用户需要多少 CPU、内存、硬盘的虚拟计算机,调度中心会自动在大池子里面找一个能够满足用户需求的地方,把虚拟计算机启动起来做好配置,用户就直接能用了。这个阶段称为池化或者云化。到了这个阶段,才可以称为云计算,在这之前都只能叫虚拟化。

基础设施服务(IaaS)在时间维度和空间维度所表现出的灵活性,称为资源层面的弹性。在这个灵活性下,对于普通用户的感知来讲资源是虚拟的。以云盘存储空间为例,如果每个用户云盘都分配了 1 TB 甚至更大的空间,用户可能开始只使用了其中很少一部分,例如 100 GB,所以不是把全部的存储空间 1 TB 都预留给用户。随着用户文件的不断上传,分给的空间会越来越多。资源的弹性变化对用户是透明的。从感觉上来讲,就实现了云计算的弹性。

裸机服务器是企业级专用服务器,是基础设施服务中的一个实用类型。对一个项目而言,如果对数据运算性能的要求比对灵活性或敏捷性更加重要,则裸机服务器是最佳选择。裸机物理服务器非常适合科学和金融计算、分析、数据库托管、应用程序托管和灾难恢复等。表8-1列出了裸机服务器与虚拟服务器的部分性能比较。

表 8-1 　 IBM 云 IaaS 裸机服务器与虚拟服务器的比较

项目	裸机服务器	虚拟服务器
租赁	单核	单台和多台
账单	按小时和按月	按小时和按月
配置选项	所有硬件资源	处理器内核计数、RAM 和存储器
计算能力	从单处理器四核架构到四处理器十二核架构	每台虚拟服务器最多 56 个内核
本地存储器范围	每台服务器最多 36 个驱动器 SSD:800 GB 至 1.2 TB	可根据需求灵活申请存储空间
RAM	最大 3 TB	最大 242 GB

2. PaaS(Platform as a Service,平台即服务)

有了 IaaS,实现了资源层面的弹性就够了吗?显然不是,还有应用层面的弹性。但没有应用层的弹性,灵活性依然是不够的。有没有方法解决这个问题呢?

人们在 IaaS 平台之上又加了一层,用于管理资源以上的应用弹性的问题,这一层通常称为 PaaS(Platform as a Service,平台即服务)。这一层往往比较难理解,大致分两部分:第一部分是"用户的应用自动安装",另一部分可称为"通用的应用不用安装"。

PaaS 是在 SaaS 之后兴起的一种新的软件应用模式或者架构,是应用服务提供商的进一步发展。PaaS 的主要作用是:

(1)提供平台和工具,用于在相同的环境中测试、开发和托管。

(2)使组织能够将精力集中于开发,无须担心底层基础架构。

(3)提供商管理安全性、操作系统、服务器软件和备份。

（4）促进密切协作，即使团队远程工作也毫不影响。

PaaS可以让开发人员在驻留的基础设施上构建并部署 Web 应用程序。从用户的角度来看，PaaS 能够使用云基础设施无穷的计算资源。例如，用户能将云基础设施部署与创建至客户端，借此获得供应商的解决方案堆、服务引擎、互联网应用程序接口/运行平台、程序库与服务等。

应用程序接口（application program interface，API）经济是新兴开发模式，而云计算可以提供完美的实施平台（图 8-10）。在决定采用 PaaS 之前，需要深入考察各个提供商提供的解决方案。

图 8-10　云计算平台提供的智能 API

3. SaaS(Software as a Service，软件即服务)

SaaS 有什么特别之处呢？其实在云计算还没有盛行的时代，我们已经接触到了一些 SaaS 的应用。例如，通过浏览器我们可以使用谷歌、百度等搜索系统，可以使用 e-mail，而不需要在自己的计算机中安装搜索系统或者邮箱系统。

另外一个典型的例子可以让我们比较容易理解 SaaS：在计算机上使用的 Word、Excel、PowerPoint 等办公软件都是需要在本地安装才能使用的；而在 MicrosoftOfficeOnline（WordOnline、ExcelOnline、PowerPointOnline 和 OneNoteOnline）网站上，无须在本机安装，打开浏览器，注册账号，就可以随时随地通过网络来使用这些软件编辑、保存、阅读自己的文档。用户只需要自由自在地使用，不需要去升级软件、维护软件等。

SaaS 就是这样一种软件服务模式：云端集中式托管软件及其相关的数据，用户需要的软件仅须通过网页浏览器来访问互联网，而不须安装即可使用。

SaaS 有时被称作"即需即用软件"（即"一经要求，即可使用"）。用户不必购买软件，只须按需租用软件。有时也会有采用订阅制的服务。用户能够访问服务软件及数据。服务提供者则维护基础设施及平台以维持服务正常运作。

对于许多商业应用来说，SaaS 已经成为一种常见的交付模式。这些商业应用包括智慧城市、金融理财、电子商务、人工智能、生活服务、交通地理等。

例如，基于阿里云构建 SaaS 提供的服务包括工业制造、城市交通、医疗健康、环保、金融、航空、社会安全、物流调度、人工智能等数十个垂直领域，如图 8-11 所示。

图 8-11 阿里云提供的云服务

8.3.4 云计算与物联网

云计算是物联网发展的基石,并且从以下几方面促进物联网的实现。

首先,云计算是实现物联网的核心,云计算模式使物联网中以兆计算的各类物品的实时动态管理和智能分析变得可能。物联网通过将 RFID、传感技术、纳米技术等新技术充分运用在各行业之中,将各种物体充分连接,并通过无线网络将采集到的各种实时动态信息送达计算机处理中心进行汇总、分析和处理。

其次,云计算促进物联网和互联网的智能融合,从而构建智慧地球。物联网和互联网的融合需要更高层次的整合,需要"更透彻的感知,更安全的互联互通,更深入的智能化"。这同样也需要依靠高效的、动态的、可以大规模扩展的技术资源处理能力,而这正是云计算模式所擅长的。同时,云计算的创新型服务交付模式,简化服务的交付,加强物联网和互联网之间及其内部的互联互通,可以实现新商业模式的快速创新,促进物联网和互联网的智能融合。

把物联网和云计算放在一起,实在是因为物联网和云计算的关系非常密切。物联网的四大组成部分为感应识别、网络传输、管理服务和综合应用,其中中间两个部分就会用到云计算,特别是"管理服务"这一项。因为管理服务有海量的数据存储和计算的要求,使用云计算可能是最省钱的一种方式。

物联网本身需要进行大量而快速的运算,云计算的高效率的运算模式正好可以为其提供良好的应用基础。没有云计算的发展,物联网也就不能顺利实现,而物联网的发展又推动了云计算技术的进步,两者缺一不可。

8.4 大数据:预测未来

国家"十三五"规划纲要中指出:要把大数据作为基础性战略资源,全面实施促进大数据发展行动,加快推动数据资源共享开放和开发应用,助力产业转型升级和社会治理创新。

8.4.1 "大数据"有多大?

在互联网时代,数据本身就是一种资源,能转化为有价值的资源。我们每天上网搜索,看视频,聊天,在互联网上分享、发布各种信息,这样,大数据就产生了!那么这些信息的量到底有多少呢?互联网上的每个时刻又在发生什么呢?"互联网上的一分钟"的数据会告诉我们,如图 8-12 所示。

图 8-12　互联网上的一分钟(2017 年统计数据)

　　Cumulus Media 每年都会创作一幅图片,形象地展示人类在网络上在一分钟内产生的电子商务、社交媒体、电子邮件和其他方面的活动。如图 8-12 所示:在一分钟内,谷歌搜索次数是 350 万次,脸书登录次数是 90 万次,发送各种文字信息 1 600 万次,YouTube 视频观看次数是 410 万次,谷歌与苹果应用商店 App 下载 34.2 万次……就这样,每一分钟、每一秒,人们都在互联网上搜索、浏览、制造、传播、分享信息。

　　如果将时间延伸至一个月,甚至一年,数据又会有怎样的变化? ——那将达到难以置信的规模。截至 2016 年,数据用户每天生产超过 440 亿 GB 的数据。IDC(Internet Data Center,互联网数据中心)预测,到 2025 年,这一数字将超过 4 600 亿 GB,而全球当年产生的数据总量将达到 160 ZB(160 万亿 GB)。

　　另外,《2018 微信年度数据报告》显示:2018 年,每天有 10.1 亿用户登录微信,日发送微信消息 450 亿条,每天音视频通话次数达 4.1 亿次。[1] 通过微信数据可以看出,移动互联网应用正日益融入中国人的日常生活。

8.4.2　大数据的时代

　　进入信息技术时代以来,人类积累了海量的数据,这些数据急速增加,给我们的时代带来两个方面的巨变:一方面,过去无法实现的应用现在终于可以实现了;另一方面,数据匮乏时代

---

① 中国新闻网,2019 年 1 月 10 日。

到数据泛滥时代的转变,给数据的应用带来了新的挑战和困扰,简单的通过搜索引擎获取数据的方式已经不能满足人们各种各样的需求,如何从海量数据中高效地获取数据,有效地深加工并最终得到感兴趣的数据变得异常困难。

随着云计算时代的来临,大数据(big data)也引起了越来越多的关注。我们已经置身大数据世界,受大数据影响。不论人们是否感知,是否承认,大数据与我们生活的结合正在日趋紧密,每个人都在为大数据世界贡献着数据和样本,并受益于此。

在大数据的迅猛发展之下,各大电商也开始重视信息分析的重要性。价值链也进一步升级为虚拟价值链,将信息和数据纳入其中。例如在中国,"淘宝"不仅拥有中国网络消费群体,同时拥有中国最大的消费"大数据"。阿里巴巴集团董事局主席马云曾说过:"阿里巴巴公司本质上是一家数据公司,做淘宝的目的不是为了卖货,而是获得所有零售的数据和制造业的数据。做物流不是为了送包裹,而是这些数据合在一起。阿里巴巴对一个人的了解程度远远超过你自己,电脑会比你更了解你。""我们现在已经把上百万计算机集中在一起进行对未来的预测,大数据的核心不是对昨天的总结,而是对未来的预测和预判。"[1]

大数据分析最基本的要求就是可视化分析,因为可视化分析能够直观地呈现大数据特点,同时非常容易为读者所接受,就如同看图说话一样简单明了。大数据分析最重要的应用领域之一就是预测性分析——从大数据中挖掘出特点,通过科学地建立模型,之后便可以通过模型代入新的数据,从而预测未来的数据。

8.4.3　大数据的三大转变和 4V 特征

在维克托·迈尔-舍恩伯格(Viktor Mayer Schönberger)、肯尼斯·库克耶(Kenneth Cukier)编写的《大数据时代:生活、工作与思维的大变革》[2]中,大数据指不用随机分析法(抽样调查)这样的捷径,而采用所有数据进行分析处理。他们认为,大数据的核心就是预测。这个核心代表着我们分析信息时的三大转变:第一个转变就是,在大数据时代,我们可以分析更多的数据,有时候甚至可以处理和某个特别现象相关的所有数据,而不再依赖于随机采样;第二个改变就是,研究数据如此之多,以至于我们不再热衷于追求精确度;第三个转变由前两个转变促成,即我们不再热衷于寻找因果关系。尤其是第三个转变,它颠覆了千百年来人类的思维定式。也就是说对于事物只要知道"是什么",而不需要知道"为什么"。这对人类的认知和与世界交流的方式提出了全新的挑战。

维克托·迈尔-舍恩伯格等在书中提出了著名的并且为广大研究者所接受的大数据 4V 特征,即 Volume(大量)、Velocity(高速)、Variety(多样)、Value(价值),如图 8-13 所示。

(1)Volume:数据体量巨大。从太字节级别跃升到拍字节级[3]。

(2)Velocity:处理速度快,可从各种类型的数据中快速获得高价值的信息,这一点和传统的数据挖掘技术有着本质的不同。

(3)Variety:数据类型繁多,例如网络日志、视频、图片、地理位置信息等等。

---

① 观察者,http://www.guancha.cn/,2014-12-02。

② 《大数据时代:生活、工作与思维的大变革》是国外大数据系统研究的先河之作。作者维克托·迈尔-舍恩伯格,牛津大学教授,大数据时代的预言家,《科学》《自然》等著名学术期刊最推崇的互联网研究者之一,"大数据商业应用第一人"。

③　1 TB$=2^{40}$B,1 PB$=2^{50}$B。

（4）Value：只要合理利用数据并对其进行正确、准确的分析，将会带来很高的价值回报。

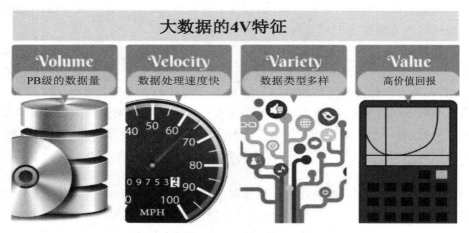

图 8-13　大数据的 4V 特征

目前不同学者、不同研究机构虽然对"大数据"的定义不尽相同，但都提及了这四个基本特征，并已经达成共识。4V 特征中最重要的是 Value，即大数据进行分析和处理后所带来的巨大经济价值。价值其实才是大数据的终极意义所在。

8.4.4　大数据分析

大数据分析包括五个方面的内容。

1. 可视化分析

不管是对数据分析专家还是普通用户，数据可视化是数据分析工具最基本的要求。可视化可以直观地展示数据，让数据"说话"，让观众"听到"结果。

2. 数据挖掘算法

数据挖掘是指通过算法从大量的数据中搜索隐藏于数据内部信息的过程。集群、分割、孤立点分析以及其他的算法让我们深入数据内部，挖掘价值。这些算法不仅要处理巨大的数据量，也要考虑大数据的处理速度。

3. 预测性分析能力

数据挖掘可以让分析员更好地理解数据，而预测性分析可以让分析员根据可视化分析和数据挖掘的结果做出一些预测性的判断。

4. 语义引擎

非结构化数据的多样性为数据分析带来了新的挑战，所以需要一系列的工具去解析、提取、分析数据。语义引擎能够从"文档"中智能提取信息。

5. 数据质量和数据管理

数据质量和数据管理是一些管理方面的最佳实践。通过标准化的流程和工具对数据进行处理,可以保证预先定义好的高质量的分析结果。

8.4.5　大数据处理的流程

大数据处理的方法很多,但是普遍实用的大数据处理流程可以概括为五步,分别是数据采集、数据导入和预处理、数据统计和分析、数据挖掘、数据可视化。

1. 数据采集

大数据的采集是指利用多个数据库来接收发自客户端的数据,并且用户可以通过这些数据库来进行简单的查询和处理工作。大数据的采集需要有庞大的数据库的支撑,有的时候也会利用多个数据库同时进行。

2. 数据导入和预处理

采集端有很多数据库,需要将这些分散的数据库中的海量数据全部导入一个集中的大的数据库中,在导入的过程中依据数据特征进行一些简单的清洗、筛选。

3. 数据统计和分析

依据已经导入的海量数据依据的特征进行分析和分类汇总,以满足大多数常见的分析需求。在统计和分析的过程中需要用到大数据分析工具,以及利用分布式数据库。

4. 数据挖掘

数据挖掘可以让分析员更好地理解数据,而预测性分析可以让分析员根据数据挖掘的结果和可视化分析做出一些预测性的判断。只有相对准确、合适的算法才能从大数据中得到有价值的数据分析结果。

5. 数据可视化

数据可视化是数据分析工具最基本的要求。可视化能够直观地呈现大数据特点,展示数据特征,让数据"说话",同时较易为读者所接受。

8.4.6　网络爬虫:互联网时代的大数据获取

随着大数据浪潮来袭,互联网已经成为数据来源的主要载体,因此互联网时代下的数据分析工作越来越看重从各类网页上获取和梳理数据信息。合理利用爬虫技术取得有价值的数据,是目前获取海量数据的主要方式之一。

网络爬虫是一种按照一定的规则,通过网页中的超链接信息不断获得网络上的其他网页,自动地抓取万维网信息的程序或者脚本,以获取或更新这些网站的内容和检索方式的技术。网络爬虫技术被广泛用于互联网搜索引擎或其他类似网站。正是因为这种采集过程像一只爬虫或者蜘蛛在网络上漫游,所以被称为网络爬虫系统或者网络蜘蛛系统,在英文中称为 Spider 或者 Crawler。

网络爬虫系统的基本工作原理是:首先将种子 URL(uniform resource locator,统一资源定位符)放入下载队列(一般会选择一些比较重要的较大网站的 URL 作为种子 URL 集合),然后简单地从队首取出一个 URL 下载其对应的网页。得到网页的内容并将其存储后,经过解析网页中的链接信息可以得到一些新的 URL,将这些 URL 加入下载队列。然后再取出一个 URL,对其对应的网页进行下载,然后再解析,如此反复进行,直到遍历了整个网络或者满足某种条件后才停止。

当然,大多数爬虫系统并不追求全网络覆盖,而是将目标定为抓取与某一特定主题内容相关的网页,为面向主题的用户查询准备数据资源。

网络爬虫系统提供资源库,主要用来存储网页中下载下来的数据记录。所有被爬虫抓取的网页内容将会被系统存储,进行一定的分析、过滤,并建立索引,以便查询和检索。

【例 8-1】用 Python 实现一个最简单的爬虫程序。

requests 是一个很实用的 Python HTTP 客户端库,编写爬虫和测试服务器响应数据时经常会用到。

本程序访问京东的商品页面,返回值为页面脚本和内容。

| In[1]: | ```
import requests
url="https://item.jd.com/"    #
r=requests.get(url)
r.raise_for_status()
r.encoding=r.apparent_encoding
print(r.text[:500])
``` |
|---|---|
| Out[1]: | <! DOCTYPE HTML> <html lang="zh-CN"> <head> <meta charset="UTF-8"> <title>京东(JD.COM)-正品低价、品质保障、配送及时、轻松购物! </title> <meta name="description" content="京东 JD.COM-专业的综合网上购物商城,为您提供正品低价的购物选择、优质便捷的服务体验。商品来自全球数十万品牌商家,囊括家电、手机、电脑、服装、居家、母婴、美妆、个护、食品、生鲜等丰富品类,满足各种购物需求。" /> |

8.4.7 谷歌流感趋势:关于互联网和大数据的故事

谷歌流感趋势(Google Flu Trends,GFT),是谷歌 2008 年利用互联网做的流感研究的项目。该项目被认为是用互联网和大数据做地区传染病研究的先驱,谷歌公司的工程师还在《自然》上发表了一篇论文。一家互联网公司竟然开始介入流行病与地区发展相关的研究,而且作者全都是谷歌的计算机科学家,没有任何的传染病研究或者城市研究的背景,这是怎么一回事呢?

谷歌每天都会收到来自全球超过 30 亿条的搜索指令,如此庞大的数据资源足以支撑和帮助它完成各种有趣的工作,关键是想象力。谷歌设计人员认为,人们输入的搜索关键词代表了他们的即时需要,反映出用户情况。他们发现某些搜索关键词可以很好地标示流感疫情的现状。为便于建立关联,他们设计了流感关键词的字典,包括"温度计""流感症状""肌肉疼痛""胸闷"等。只要用户输入这些关键词,系统就会展开跟踪分析,创建地区流感图表和流感地图。这项研究表明,大数据为研究人类行为和人与人之间大规模的互动提供了新的方式。

2009 年在 H1N1 暴发几周前,谷歌公司的工程师又成功预测了 H1N1 在全美范围的传播,
```

甚至具体到特定的地区和州,而且判断非常及时,令公共卫生官员和计算机科学家倍感震惊。

为验证 GFT 预警系统的正确性,谷歌多次把测试结果与美国疾病预防控制中心(Center for Disease Control and Prevention,CDC)报告做比对,并证实两者结论存在很大相关性。当然预测数据也有一定的偏差(图 8-14),并且受到一些质疑。

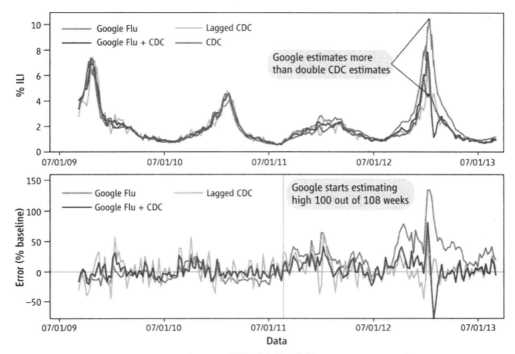

图 8-14 GFT 与 CDC 数据对比图(来源:GoogleFluTrends)

截至目前,GFT 已经涵盖全球 29 个国家,其中登革热趋势已经涵盖 10 个国家。

【例 8-2】Python 通过百度搜索引擎接口获取用户搜索关键词频数。

有时需要统计用户通过搜索引擎输入某个关键词的频数,从而分析用户对某个事物的关注程度,以研究关键词搜索趋势。

百度搜索引擎关键词提交入口:http://www.baidu.com/s? wd=keyword

只需要将其中的 keyword 替换为要搜索的关键词即可,反馈的信息只供参考。

| In[2]: | ```import requests
keyword="Python"   #搜索关键词
kv={'wd':keyword}
r=requests.get("http://www.baidu.com/s",params=kv)
print(r.request.url)
r.raise_for_status()
print(len(r.text))   #显示统计数字``` |
|---|---|
| Out[2]: | ```http://www.baidu.com/s? wd=Pthon
447835``` |

*8.5 收集吐槽大数据:"纽约311"案例分析

8.5.1 "纽约311"项目背景[①]

作为美国人口最密集、族群最多元的国际大都市,纽约被誉为世界最伟大的城市之一。如何智慧高效地管理城市,及时有效地为市民提供服务,是纽约市政府需要优先解决的问题。为此,纽约政府着力打造了全美最大的非紧急政府服务平台"纽约311"。

"纽约311"是由纽约前任市长迈克尔·布隆伯格(Michael Bloomberg)于2003年提议建立的24小时全年无休人工呼叫中心发展而来的。不同于专门处理紧急事件的911中心,成立311的目的在于为公众提供一个能获取各种政府信息、请求非紧急事件处理的便捷高效的渠道。

"纽约311"建立后,纽约市民不仅能通过拨打"311"投诉垃圾处理、乱停车、噪声污染等问题,还能向政府咨询各种各样的公共信息,如健康保险、纳税信息、申诉状态查询等。目前,"纽约311"可为纽约市民提供包括预约房屋检查、大件垃圾回收处理等超过3 600种非紧急的政府服务。

目前,"纽约311"每天都会收到成千上万条来自各个渠道的投诉和咨询,每一条记录都会被保存,并标注在地图上供进一步分析。公开的信息数据能让政府相关部门、城市规划师、数据爱好者,以及任何感兴趣的人做有趣而有意义的分析。

本案例的大数据集来源于纽约开放数据官网(NYC's Open Data Portal),数据下载:https://data.cityofnewyork.us/api/views/erm2-nwe9/rows.csv? accessType=DOWNLOAD。

该数据集下载后默认文件名为"311_Service_Requests_from_2010_to_Present.csv",即保留了2010年至今(2019年1月)的所有投诉和咨询。文件容量为10.3 GB,记录数有几亿条,是真正的大数据集。

注:如果作为一般练习,可以通过GitHub下载该数据集的子集(https://raw.githubusercontent.com/jvns/pandas-cookbook/master/data/311-service-requests.csv),文件容量只有50 MB,用常规方法就可以处理了。

以下是该数据集的分析处理过程,在Jupyter Notebook平台实现,全部代码请访问本课程资源。

8.5.2 数据导入

面对读取上10 GB的大数据文件,一般的个人计算机内存根本不足以容纳这么大数据量。如果直接对数据进行处理,就会出现Memory Error的错误。

pandas提供了IO工具,可以将大文件分块读取,以及使用不同大小分块来读取,这样可减少内存的存储与计算资源的消耗。

使用pandas.read_csv大数据文件时,引入了一个参数:

iterator:返回一个TextFileReader对象,以便逐块处理文件。

hdf5在存储上支持压缩,使用的方式是blosc。这个是速度最快的也是pandas默认支持的。

使用压缩可以提高磁盘利用率,节省空间。压缩在数据量少的时候优势不明显,数据量大时才有优势。

---

① 纽约311智慧化管理城市:收集吐槽大数据[EB/OL].(2018-08-22)[2019-01-28].https://kuaibao.qq.com/s/20180822A0IG8600? refer=cp1026.

In[3]:	``` import numpy as np import pandas as pd # 读入 10 GB 的大数据文件，csv 格式 reader＝pd.read_csv("311_Service_Requests_from_2010_to_Present.csv",iterator＝True,en- coding＝' utf-8 ')# 分块读取文件内容 # HDF5 格式文件支持硬盘操作，不需要全部读入内存 store＝pd.HDFStore("311_Service_Requests_from_2010_to_Present.h5") ```

调用 reader.get_chunk(chunkSize)。会按照参数 chunkSize 大小读取，并调整 chunkSize 的大小或读入的次数，以避免出错。参数 chunkSize 是指定的。

在下面的示例中，循环 5 次，每次读取 chunkSize 文件块的大小为 100 万条记录，共读入 500 万条记录。

实验表明：将大文件拆分成小块按块读入后，pandas.concat 转换成 DataFrame 数据格式，chunkSize 设置在 100 万条左右速度优化比较明显。

In[4]:	```
	i＝0
	loop＝5 # 循环次数指定读入块的个数
	chunkSize＝1000000 # 每次读入 100 万条记录
	chunks＝[]
	for i in range(loop):
	    try:
	        start＝time.clock()
	        chunk＝reader.get_chunk(chunkSize)
	        chunks.append(chunk)
	        end＝time.clock()
	        i＝i+1
	        print('第{}次用时{} 秒:读入{} rows'.format(i,round((end-start),2),i * chunkSize))
	    except StopIteration:
	        loop＝False
	        print("Iteration is stopped.")
	df＝pd.concat(chunks,ignore_index＝True)
	``

Out[4]:	第 1 次用时 2.22 秒:读入 1000000 rows 第 2 次用时 2.86 秒:读入 2000000 rows ……… 第 5 次用时 2.89 秒:读入 5000000 rows

8.5.3　数据预处理

数据预处理是指对所收集数据做审核、筛选等必要的处理，为后续的数据分析和挖掘做准备。对于不同的数据集，由于数据性质不同，数据预处理的任务也不尽相同，要根据实际数据的性质而定。

1. 数据预览

现在我们已经将数据导入 pandas，在开始深入探索这些数据之前，首先要浏览一下数据，从中获得一些有用的信息，以帮助研究者确定探索的方向。

pandas 提供了 head( )和 tail( )方法，可以输出前五行或最后五行数据，示例如下：

	CreatedDate	ClosedDate	AgencyName	ComplaintType	Status
4499998	01/10/2017 09:38:42 AM	01/13/2017 04:39:46 PM	Department of Housing Preservation and Develop...	HEAT/HOT WATER	Closed
4499999	01/10/2017 04:28:22 AM	01/12/2017 04:24:34 PM	Department of Housing Preservation and Develop...	HEAT/HOT WATER	Closed

2. 显示全部列名（columns）

In[5]：	df.columns
Out[5]：	Index(['Unique Key','Created Date','Closed Date','Agency','Agency Name','Complaint Type','Location Type','Incident Zip','Incident Address',……])

3. 定义感兴趣的列

本数据集一共提供了 41 项列名，如果全部显示或处理，并无必要。根据需要，我们提取出 6 个感兴趣的列名，并另外生成一个 DataFrame 结构。

In[6]：	columns = ['Created Date','Closed Date','Agency Name','Complaint Type',"Resolution Description",'City'] df1=df[columns] df1. head( )

Out[6]：

	Created Date	Closed Date	Agency Name	Complaint Type	Resolution Description	City
0	07/05/2014 02:30:37 AM	07/05/2014 02:58:39 AM	New York City Police Department	Noise - Residential	The Police Department responded to the complai...	HOLLIS
1	07/05/2014 03:01:24 PM	07/05/2014 05:51:26 PM	New York City Police Department	Illegal Parking	The Police Department responded to the complai...	ELMHURST
2	07/05/2014 07:43:49 PM	07/05/2014 07:49:29 PM	New York City Police Department	Noise - Residential	The Police Department reviewed your complaint ...	BRONX
3	07/06/2014 01:32:09 AM	07/06/2014 02:36:52 AM	New York City Police Department	Noise - Residential	The Police Department responded to the complai...	BROOKLYN
4	07/05/2014 02:48:54 AM	07/05/2014 03:41:48 AM	New York City Police Department	Noise - Residential	The Police Department responded to the complai...	BROOKLYN

4. 去除列名中的空格

很明显，本数据集列名中包含空格，这对于计算机命名规则而言，是不符合规范的。所以有必要去除列名中的空格。

In[7]:	df1 = df1.rename(columns={c: c.replace('', '') for c in df1.columns})

		CreatedDate	ClosedDate	AgencyName	ComplaintType	ResolutionDescription	City
	0	07/05/2014 02:30:37 AM	07/05/2014 02:58:39 AM	New York City Police Department	Noise - Residential	The Police Department responded to the complai...	HOLLIS
Out[7]:	1	07/05/2014 03:01:24 PM	07/05/2014 05:51:26 PM	New York City Police Department	Illegal Parking	The Police Department responded to the complai...	ELMHURST
	2	07/05/2014 07:43:49 PM	07/05/2014 07:49:29 PM	New York City Police Department	Noise - Residential	The Police Department reviewed your complaint ...	BRONX
	3	07/06/2014 01:32:09 AM	07/06/2014 02:36:52 AM	New York City Police Department	Noise - Residential	The Police Department responded to the complai...	BROOKLYN

5. 删除不需要的列

为了节省数据操作和计算的时间,可以进一步删除一些不重要的列,以节省更多的内存。

In[8]:	df.drop('ClosedDate', axis=1, inplace=True)

6. 缺失值处理

先检查各列是否有缺失值。返回的是逻辑值:False 表示该列无缺失值,True 表示有缺失值。

In[9]:	df1.isnull().any()
Out[9]:	Created Date　　　 False Closed Date　　　 True Agency Name　　　 False Complaint Type　　 False Descriptor　　　　 True City　　　　　　　 True dtype: bool

数据清洗最常见的问题就是数据缺失,一般是因为没有收集到这些信息。典型的处理缺失数据的方法有:

(1)删除:删除数据缺失的记录。

(2)赝品:使用合法的初始值替换,数值类型可以使用"0",字符串可以使用空字符串。

(3)均值:使用当前列的均值。

(4)高频:使用当前列出现频率最高的数据。

7. 重复值检查

校验一下是否存在重复记录。如果存在重复记录,就使用 pandas 提供的 drop_duplicates()来删除重复数据。

8.5.4　数据统计与分析

通过简单的统计，就可以得出一些有价值的信息。

1. 投诉受理部门前十排名

受理投诉或求助最多的部门是 New York City Police Department(纽约市警察局)。

In[10]:	df1["AgencyName"].value_counts()[:10]
Out[10]:	New York City Police Department　　　440293 Department of Environmental Protection　　142062 Department of Transportation　　101983 Department of Parks and Recreation　　60694 Department of Health and Mental Hygiene　　22470 Taxi and Limousine Commission　　17459 HRA Benefit Card Replacement　　15468 Department of Consumer Affairs　　14493 Department of Housing Preservation and Development　　11898 Department of Sanitation　　11384 Name: AgencyName, dtype: int64

2. 投诉内容前十排名

从统计结果来看，Noise-Residential(居民区)噪声排在第一位，另外三个投诉项也都与噪声相关。

In[11]:	df1["ComplaintType"].value_counts()[:10]
Out[11]:	Noise - Residential　　174370 Blocked Driveway　　75933 Illegal Parking　　63061 Water System　　51242 Noise　　44818 Noise - Commercial　　35675 Street Condition　　32779 Noise - Street/Sidewalk　　32493 Sewer　　27180 Dirty Conditions　　25105

3. 统计数据可视化

图 8-15 展示了投诉电话前十排名的城市和抱怨类型。其中，城市排名第一的 Brooklyn (布鲁克林)是美国纽约州纽约市五大区中人口最多的一区（有 250 万名居民）。

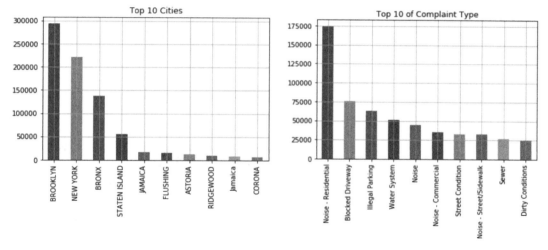

图 8-15 投诉电话前十排名和抱怨类型

8.5.5 基于时间序列的数据可视化

世界上的许多事物、现象的发展变化都与时间相关。时间序列（time series）是指按时间顺序排列的一组数据，是一类重要的复杂数据对象。大量时间序列数据真实地记录了系统在各个时刻的所有重要信息。

基于时间序列的数据分析与挖掘就是要从大量的时间序列数据中提取人们事先不知道的、与时间属性相关的有用信息和知识，用于指导人们的社会、经济、军事和生活等活动。时间序列挖掘对人类社会、科技和经济的发展具有重大意义，正逐渐成为数据挖掘的研究热点之一。

根据观察时间的不同，时间序列中的时间可以是年份、季度、月份或其他任何时间形式。

1. 时间数据转换为日期型

为实现按时间序列对数据进行统计，需要将数据类型转换为日期类型，否则无法按时间序列查询。当记录数达数百万条时，这个命令过程处理非常慢，且与机器性能配置相关。

In[12]:	df['CreatedDate'] = pd.to_datetime(df['CreatedDate']) ♯转换为日期类型 df = df.set_index('CreatedDate') ♯将 date 设置为 index df.index ♯索引后生成的时间序列格式
Out[12]:	dtype='datetime64[ns]', name='CreatedDate', length=4500000, freq=None)

2. 时间序列单元为小时的一天数据变化

任意选择某四天，然后以每小时为时间序列间隔，绘制出 24 小时的数据趋势。从图中可以看出，在 9:00 至 14:00 期间，数据（电话投诉）出现高峰。为了发现规律性的变化，需要更多的数据加以验证。

In[13]:	hours＝pd.date_range(start＝'2016-01-05 00',periods＝24,freq='H') ♯DatetimeIndex 序列 x_ticks＝list(hours.strftime("%H")) ♯时间间隔为小时 plt.plot(x_ticks,list(dict_hours.values())[0:24])　♯绘制折线图
Out[13]:	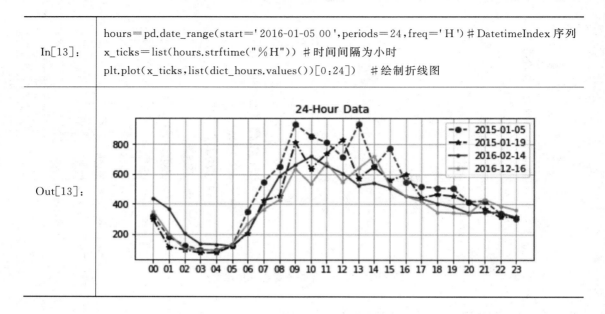

3. 一年中 12 个月的数据变化趋势

时间序列在长时期内呈现出来的某种持续上升或持续下降的变动也称长期趋势。时间序列中的趋势可以是线性和非线性的。

选择 2015 年和 2016 年 12 个月的数据为时间序列单元,绘制出变化趋势。从图中可以看出,2015 年每月的数据量呈逐步递增趋势,而 2016 年每个月的数据基本平稳。

In[14]:	hours＝pd.date_range(start＝'2016-01-05 00',periods＝24,freq='H') ♯DatetimeIndex 序列 x_ticks＝list(hours.strftime("%H")) ♯时间间隔为月单元 plt.plot(x_ticks,list(dict_hours.values())[0:24])　♯绘制折线图
Out[14]:	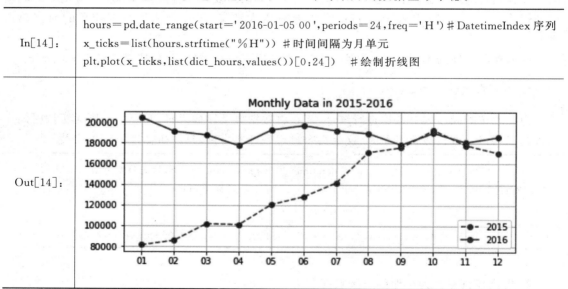

4. 时间序列分析

时间序列分析的主要目的之一是根据已有的历史数据对未来进行预测。时间序列含有不同的数据特征,如趋势、季节性、周期性和随机性。对于一个具体的时间序列,它可能含有一种数据特征,也可能同时含有几种数据特征,含有不同数据特征的时间序列所用的预测方法是不同的。

✔ 思考与练习

一、思考题

1. 什么是"互联网+"? 其定义和内涵是什么?

2.《国务院关于积极推进"互联网+"行动的指导意见》中部署了 11 项重点行动,请说出主要的内容。

3. "互联网+"行动计划的主要内容包括哪些?

4. 根据《中国制造 2025》规划,"互联网+工业"的主题是什么?

5. 什么是智能制造?《中国制造 2025》中关于智能制造内容主要包括哪些?

6. "互联网+农业"的主要内容包括哪些?

7. 《"互联网+"人工智能三年行动实施方案》的主要内容是什么?

8. MOOC 与传统教学的主要区别是什么? 我国目前主要的 MOOC 平台有哪些?

9. 什么是物联网? 它与互联网有什么联系和区别?

10. 物联网包括哪几个层次结构?

11. 云计算与普通的计算概念有什么不同?

12. 云计算作为一种新型的信息技术服务资源,包括哪几种服务类型?

13. 大数据的三大转变和 4V 特征是什么?

14. 大数据分析包括哪些内容?

15. 如何理解大数据处理数据时代理念的三大转变(要全体不要抽样等)?

16. 大数据处理的流程包括哪些内容?

二、练习与实践

1. 结合本课程内容的学习,访问"爱课程网"(iCourse)和"MOOC 学院",体验 MOOC 学习与传统的学习方式的不同。

2. 请申请一个面向个人的云存储服务,体验云服务的便捷。

3. 请结合个人的体验,谈谈大数据技术给日常生活带来的影响。

4. 结合"纽约 311"大数据案例的演示和分析,回答下列问题:

(1)在该案例中,数据预处理技术包括哪些?

(2)该案例是如何处理时间序列数据的?

* 三、综合练习:自行车租赁数据大数据集分析

该训练集来自 Kaggle[①] 华盛顿自行车共享计划中的自行车租赁数据,分析共享自行车与天气、时间等关系。数据集共 11 个变量,17 000 多行数据。

在覆盖整个城市的共享单车系统网络中,用户可以自助租借、归还自行车。本项目需要通过给予的历史数据(包括天气、时间、季节等特征)预测特定条件下的租车数目。这个系统产生的大量诸如租车时间、起始地点、结束地点等数据将系统构建成一张神经网络,以用来学习城

---

① Kaggle 是一个数据分析的竞赛平台,网址:https://www.kaggle.com/。这个比赛是专门为机器学习和数据挖掘相关从业人员和学习者准备的。

市的交通出行行为。

项目地址：https://www.kaggle.com/c/bike-sharing-demand。

1. 数据概览

在 Jupyter Notebook 交互环境下，读取 trian.csv 文件，数据看起来是这个样子的。

	datetime	season	holiday	workingday	weather	temp	atemp	humidity	windspeed	casual	registered	count
0	2011-01-01 00:00:00	1	0	0	1	9.84	14.395	81	0.0	3	13	16
1	2011-01-01 01:00:00	1	0	0	1	9.02	13.635	80	0.0	8	32	40
2	2011-01-01 02:00:00	1	0	0	1	9.02	13.635	80	0.0	5	27	32
3	2011-01-01 03:00:00	1	0	0	1	9.84	14.395	75	0.0	3	10	13
4	2011-01-01 04:00:00	1	0	0	1	9.84	14.395	75	0.0	0	1	1

通过对读取的数据集进行分析，得到训练集共 10 887 条数据，测试集共 6 493 条数据。共 12 个特征，各特征值名称与含义如下表所示：

序号	列名	含义
1	datetime	日期和时间
2	season	季节，1～4 分别代表"春""夏""秋""冬"
3	holiday	是否是假期，0 代表"否"，1 代表"是"
4	workingday	是否是工作日，0 代表"否"，1 代表"是"
5	weather	天气情况，可以理解为 1～4 分别代表天气越来越恶劣的情况
6	temp	温度
7	atemp	体感温度
8	humidity	湿度
9	windspeed	风速情况
10	casual	非注册用户数
11	registered	注册用户数
12	count	总用户数

2. 数据分析要求

结合数据科学和大数据分析技术，分析本数据集共享自行车租用数与天气、时间等的关系。例如，在节假日，未注册用户和注册用户的数量走势如左下图；在工作日，注册用户呈现出双峰走势，在 8 时和 17 时均为用车高峰期，如右下图所示。

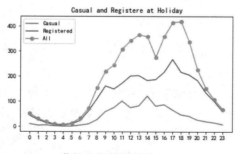

节假日数据可视化

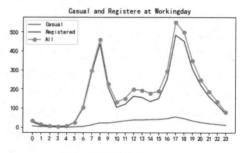

工作日数据可视化

第 9 章

信息安全与
数据加密

没有网络安全就没有国家安全。网络安全和信息化对一个国家很多领域都是牵一发而动全身的，要统筹协调各个领域的网络安全和信息化重大问题，制定实施国家网络安全和信息化发展战略、宏观规划和重大政策，不断增强安全保障能力。

——习近平在2014年中央网络安全和信息化领导小组第一次会议上的讲话摘要

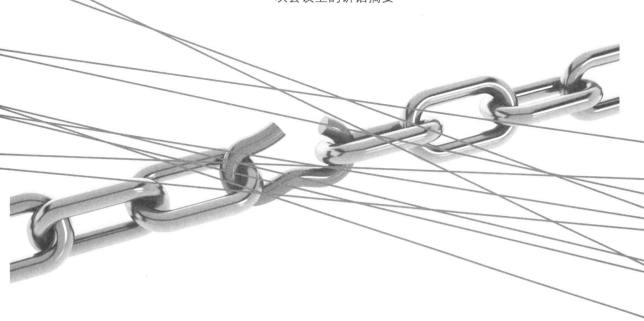

进入 21 世纪,全球迎来了新一轮信息技术革命,以互联网为核心的信息通信技术及其应用和服务正在发生质变。人类社会的信息化、网络化达到前所未有的程度,信息网络成了整个国家和社会的"神经中枢"。

安全是国家的命脉,安全观关乎国运兴衰。当前,网络空间已被视为继陆、海、空、天之后的"第五空间"。世界在深得网络发展之利的同时,也深受网络攻击之害。信息安全将直接关系到国家安全、经济发展、社会稳定和人们的日常生活,在信息社会中将扮演着极为重要的角色。目前,基于网络空间的信息安全问题已构成困扰世界的严峻挑战。网络安全问题不但超越"网络"领域,也超越了传统的安全领域;不但上升到国家战略层面,也成为国际战略中的一个新问题。

9.1　信息安全的基本内涵

进入 21 世纪,网络恐怖主义、网络战争等新兴的安全威胁日益加剧,全球网络安全事件频发,对各国的关键基础设施安全、经济和社会产生严重影响,为各国政府在网络与信息安全管理方面带来了巨大挑战。维护网络空间安全正成为各国政府的重大优先事项之一,网络空间也被视为领土、领空、领海以外另一个需要国家保护的领域。随着网络安全问题上升到国家安全层面,各国政府纷纷将强化网络空间防御提升到战略高度。

《中华人民共和国国家安全法》(以下简称《国家安全法》)第二十五条明确要求:国家建设网络与信息安全保障体系,提升网络与信息安全保护能力,加强网络和信息技术的创新研究和开发应用,实现网络和信息核心技术、关键基础设施和重要领域信息系统及数据的安全可控;加强网络管理,防范、制止和依法惩治网络攻击、网络入侵、网络窃密、散布违法有害信息等网络违法犯罪行为,维护国家网络空间主权、安全和发展利益。

9.1.1　"信息安全"概念的发展及界定

安全的重要性不言而喻。"安全"的基本含义为:客观上不存在威胁,主观上不存在恐惧。"信息安全""网络安全""网络空间安全"是近年来国内外安全领域出现频率较高的词汇。在各国的安全战略和政策文件中,在相应的国家管理机构名称中,在新闻媒体的文字报道中,在学术理论研究的术语中,以及在各类相关的活动用语中,这几个概念交叉出现,但逻辑界限并不清晰。

"信息安全"最初是基于现实社会的信息安全所提出的概念,可以泛指各类信息安全问题,随着网络社会的来临,也可以指称网络安全或网络空间安全;网络安全是基于互联网的发展以及网络社会到来所面临的信息安全新挑战所提出的概念;而网络空间安全则是基于对全球五大空间的新认知,网域与现实空间中的陆域、海域、空域、太空一起共同形成了人类自然与社会以及国家的公域空间,具有全球空间的性质。

可见,三者的概念在安全对象方面有所区别。但实际上,从国内外诸多政策和标准文献中可以发现三者往往交替使用或并行使用。与信息安全相比较,网络安全与网络空间安全反映的信息安全更立体,更宽域,更多层次,也更多样,更能体现出网络和空间的特征,并与其他安全领域更多地渗透与融合。①

综上所述,信息安全、网络安全、网络空间安全三者既有互相交叉的部分,也有各自独特的部分(见图 9-1)。信息安全可以泛指各类信息安全问题,网络安全可以指网络所带来的各类

---

① 　王世伟.论信息安全、网络安全、网络空间安全[J].中国图书馆学报,2015,41(216):72-83.

安全问题,网络空间安全是指国家、机构、个人的信息空间、信息载体和信息资源不受来自内外各种形式的威胁、侵害和误导的状态和方式。网络空间安全特指与陆域、海域、空域、太空并列的全球五大空间中的网络空间安全问题。

9.1.2　信息安全的基本属性

由于信息安全所涉的范围很广,目前国际上还没有一个权威的、公认的关于"信息安全"的标准定义。就研究和实践而言,可以从诸多维度来观察信息安全。就信息安全威胁而言,信息安全包括信息主权的博弈、各类信息犯罪、各类信息攻防的技术等。一般认为,信息安全可以理解为保障国家、机构、个人的信息空间、信息载体和信息资源不受来自内外各种形式的危险、威胁、侵害和误导的外在状态和方式及内在主体感受。①

"信息安全"的概念与信息的本质属性有着必然的联系,它是信息的本质属性所体现的安全意义。到目前为止,人们逐步认识的信息安全应该包括以下基本属性(图9-2):

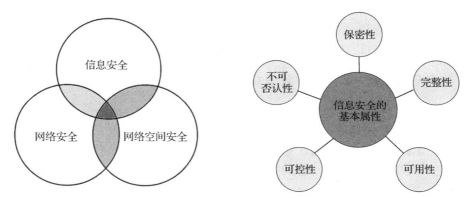

图 9-1　信息安全、网络安全、网络空间安全关系　　图 9-2　信息安全的基本属性

1. 保密性(Confidentiality)

保密性是指网络信息不泄露给非授权的用户、实体或过程,或供其利用的特性,即防止信息泄露给非授权个人或实体,信息只为授权使用的特性。保密性是在可用性基础之上,保障网络信息安全的重要手段。

2. 完整性(Integrality)

完整性是指网络信息未经授权不能进行改变的特性,即网络信息在存储或传输过程中保持不被偶然或蓄意删除、修改、伪造、乱序、重放、插入等破坏的特性。完整性是一种面向信息的安全性,它要求保持信息的原样,即信息的正确生成、存储和传输。

完整性与保密性不同,保密性要求信息不泄露给未授权的人,而完整性则要求信息不致受到各种原因的破坏。

3. 可用性(Availability)

可用性是指信息可被授权实体访问并按需求使用的特性。在授权用户或实体需要信息服

---

① 上海社会科学院信息研究所.信息安全辞典[M].上海:上海辞书出版社,2013.

务时,信息服务应该可以使用,或者是信息系统部分受损或需要降级使用时,仍能为授权用户提供有效服务。可用性一般用系统正常使用时间和整个工作时间之比来度量。

4. 可控性(Controllability)

可控性是指能够控制使用信息资源的人或实体的使用方式。对于信息系统中的敏感信息资源,如果任何人都能访问、窜改、窃取以及恶意散播的话,那么安全系统显然失去了效用。对访问信息资源的人或实体的使用方式进行有效控制,是信息安全的必然要求。

5. 不可否认性(Non-repudiation)

人类社会中的各种商务行为均建立在信任的基础之上。没有信任,也就不存在人与人之间的交互,更不可能有社会的存在。传统的公章、印戳、签名等手段便是实现不可否认性的主要机制。

在网络信息系统的信息交互过程中,可以确信参与者的真实同一性。即所有参与者都不可能否认曾经完成的操作和承诺。利用信息源证据可以防止发信方不真实地否认已发送信息,利用递交接收证据可以防止收信方事后否认已经接收的信息。

9.1.3 信息安全评估标准与安全等级划分

在过去的几十年里,世界上许多国家都开始启动开发建立自己的信息安全评估准则。信息安全等级保护是对信息和信息载体按照重要性等级分级别进行保护的一种信息安全领域的工作,在中国、美国等很多国家都存在。在中国,信息安全等级保护广义上为涉及该工作的标准、产品、系统、信息等均依据等级保护思想的安全工作;狭义上一般指信息系统安全等级保护。

我国信息安全等级保护坚持自主定级、自主保护的原则。信息系统的安全保护等级应当根据信息系统在国家安全、经济建设、社会生活中的重要程度,信息系统遭到破坏后对国家安全、社会秩序、公共利益以及公民、法人和其他组织的合法权益的危害程度等因素确定。

根据网络在国家安全、经济建设、社会生活中的重要程度,以及其一旦遭到破坏、丧失功能或者数据被窜改、泄露、丢失、损毁后,对国家安全、社会秩序、公共利益以及相关公民、法人和其他组织的合法权益的危害程度等因素,《网络安全等级保护条例》中规定网络安全分为五个安全保护等级。

(1)第一级,一旦受到破坏会对相关公民、法人和其他组织的合法权益造成损害,但不危害国家安全、社会秩序和公共利益的一般网络。

(2)第二级,一旦受到破坏会对相关公民、法人和

图 9-3 网络安全保护等级

其他组织的合法权益造成严重损害,或者对社会秩序和公共利益造成危害,但不危害国家安全的一般网络。

(3)第三级,一旦受到破坏会对相关公民、法人和其他组织的合法权益造成特别严重损害,或者会对社会秩序和社会公共利益造成严重危害,或者对国家安全造成危害的重要网络。

（4）第四级，一旦受到破坏会对社会秩序和公共利益造成特别严重危害，或者对国家安全造成严重危害的特别重要网络。

（5）第五级，一旦受到破坏后会对国家安全造成特别严重危害的极其重要网络。

9.1.4　社会信息道德与社会责任

道德是社会意识形态之一，是在一定社会条件下调整人与人之间以及个人和社会之间的关系的行为规范的总和。道德属于意识形态范畴，它是人们的信念或信仰，也是规范行为的准则。全社会良好的道德规范是文明社会的标志之一。

任何个人和组织使用网络应当遵守宪法法律，遵守公共秩序，尊重社会公德，不得危害网络安全。在讨论信息道德时，只有站在受害者的角度来看问题，才会有切身感受。假设有人未经授权私自查看了我们的电子邮件或复制了电子文档，或者有人在电子商务网站中盗取了我们的个人信息或信用卡账号，我们就会意识到信息道德的重要性。

道德与法律不同。法律对人们行为的判定只有违法和不违法，而不违法的行为视为正确。虽然大部分法律是支持道德行为的，但法律和道德规范并不等同。道德起源于是非原则，是一种人们行为正确和错误的客观标准。在现代社会中，道德决定和行为的基础都是建立在诸如公平、公正、客观、诚实、对隐私的尊重、对所从事职业道德的承诺等社会准则之上的。

信息社会责任是指信息社会中的个体在文化修养、道德规范和行为自律等方面应尽的责任。具备信息社会责任的现代人应具有一定的信息安全意识与能力，能够遵守信息法律法规，在现实空间和虚拟空间中遵守公共规范，既能有效维护信息活动中个人的合法权益，又能积极维护他人合法权益和公共信息安全。[①]

信息时代的人们应自觉遵循信息伦理和信息道德准则，用以规范自己的信息行为，正确处理信息创造者、信息服务者、信息使用者三者之间的关系，恰当使用并合理发展信息技术。在众多规则和协议中，比较著名的是美国计算机伦理协会为计算机伦理学所制定的十条戒律，具体内容是：

（1）不应用计算机去伤害别人；

（2）不应干扰别人的计算机工作；

（3）不应窥探别人的文件；

（4）不应用计算机进行偷窃；

（5）不应用计算机做伪证；

（6）不应使用或拷贝没有付钱的软件；

（7）不应未经许可而使用别人的计算机资源；

（8）不应盗用别人的智力成果；

（9）应该考虑所编程序的社会后果；

（10）应该以深思熟虑和慎重的方式来使用计算机。

法律规定了对破坏者行为的制裁。仅仅依靠法律的力量不是唯一的解决办法。重要的是计算机行业和社会普遍认为破坏者的行为是令人厌恶的。道德标准和责任心问题必须寓于教育体系中，尤其在计算机教育课程中加以强调。需要强调的是，计算机教育课程的教师需要成为道德与负责行为方面的模范。

---

① 中华人民共和国教育部.普通高中信息技术课程标准:2017年版[M].北京:人民教育出版社,2018.

9.1.5　网络空间信息安全与国家安全

随着互联网络的发展,整个社会对网络的依赖程度越来越大。同时伴随着网络的发展,也产生了各种各样的问题,其中国家安全问题尤为突出。了解网络空间环境下国家信息安全面临的各种威胁,防范和消除这些威胁,促进国家信息安全,进而保证国家安全,已经成为网络发展中最重要的事情。

1. 总体国家安全观与信息安全

随着社会进步和科技发展,世界上大多数国家都已经将信息化提高到国家发展战略的高度。但是由于信息技术本身的特殊性,特别是信息无国界性的特点,在整个信息化进程中,各国均存在着巨大的信息安全风险。信息安全问题涉及国家安全、社会公共安全和公民个人安全的方方面面,并逐渐改变国家安全目标和战略。目前,我们正处在一个重新定义国家安全新时期的开端。

2014年4月15日上午,中央国家安全委员会主席习近平在主持召开中央国家安全委员会第一次会议时首次提出"总体国家安全观",其基本内涵:"是以人民安全为宗旨,以政治安全为根本,以经济安全为基础,以军事、文化、社会安全为保障,以促进国际安全为依托,走出一条中国特色国家安全道路。"

总体国家安全观提出要构建"集政治安全、国土安全、军事安全、经济安全、文化安全、社会安全、科技安全、信息安全、生态安全、资源安全、核安全等于一体的国家安全体系"。这深刻阐明信息安全是我国十一项安全中的重要组成部分,也是总体国家安全观不可分割的核心内容。总体国家安全观着眼当代中国安全形势和安全需求,是坚持中国特色国家安全道路的安全治理实践。总体国家安全观的内涵立足全局,地位重要,内涵丰富,构成了国家安全指引的安全治理方略。

2015年7月1日,第十二届全国人民代表大会常务委员会第十五次会议通过新的《国家安全法》。这部统领国家安全各领域工作的综合性法律,将为制定其他有关维护国家安全的法律奠定良好基础,有利于中国特色国家安全法律制度体系的建立,并为维护我国国家安全提供坚实的法律制度保障。

《国家安全法》规定将每年的4月15日定为"全民国家安全教育日",将国家安全教育纳入国民教育体系和公务员教育培训体系,借以增强全民国家安全意识。安全不仅关系到国家命运,也关系到每个国民的命运。国民不仅是国家安全的最终受益者,也是维护国家安全的强大动力。应当强化国民的安全意识,形成凡是危害国家安全、国民安全的,自觉进行抵制;凡是有益于国家安全、国民安全的,自觉进行维护。不做危害国家安全和国民安全的事情,从小事做起,从自己做起,从自己从事的工作做起。

2. 网络空间安全与国家安全的联系

新的《国家安全法》的重要成果之一是首次以法律的形式明确提出"维护国家网络空间主权",这正是适应当前中国互联网发展的现实需要,为依法管理中国领土上的网络活动、抵御危害中国网络安全的活动奠定了法律基础;同时也与国际社会实现了同步,有利于优化互联网治理体系,确保国家利益、国民利益不受侵害。

网络安全是国家安全问题,也是全球安全问题;是技术层面的问题,也是政治、经济、军事层面的问题。网络安全内涵的丰富和外延的扩展,使之成为各国不得不重视的现实问题及未来战略问题。

（1）网络空间安全与国家安全的空间关系

网络空间的争夺和保卫已经上升到国家对战略空间的控制权的范畴。网络空间的控制权成为最新的国域安全。网络空间安全是一种国域安全，即网域安全，应当体现为一国对其网络空间相对独立的控制权，不同于实体上的各种网络安全。传统的领陆安全、领海安全、领空安全形式上强调不可分割，实质上却强调一国对其强有力的控制权。网络空间也是如此，并成为国域安全的新领域。一国必须在整体上对网络空间进行控制，保障这个空间整体上能够以体现自己的意志的方式进行运作，也就是所谓的"网络空间主权"。

（2）网络空间主权与国家主权

国家主权是指一个国家独立自主地处理对内对外事务的最高权力。国家主权的内容和范围不是一成不变的，随着科技进步和国家活动领域的拓展，国家主权的内容也不断丰富。在信息技术革命迅猛发展和信息网络技术广泛应用的背景下，"网络空间主权"已成为国家主权新的重要组成部分。

第一次明确了"网络空间主权"这一概念。网络空间主权，是一个国家主权在网络空间中的自然延伸和表现。对内，网络空间主权指的是国家独立自主地发展、监督、管理本国互联网事务；对外，网络空间主权指的是防止本国互联网受到外部入侵和攻击。

《联合国宪章》确立的主权平等原则是当代国际关系的基本准则，覆盖国与国交往各个领域，其原则和精神也应该适用于网络空间。习近平在第二届世界互联网大会开幕式主旨演讲中提出，推进全球互联网治理体系变革要坚持尊重网络主权，尊重各国自主选择网络发展道路、网络管理模式、互联网公共政策和平等参与国际网络空间治理的权利，不搞网络霸权，不干涉他国内政，不从事、纵容或支持危害他国国家安全的网络活动。

（3）网络空间安全与国家安全的实体关系

"没有网络安全，就没有国家安全。"没有网络信息安全就没有国家信息安全。网络不仅仅是给国家安全提供了新的电子表现形式，新的网络更是给国家安全提供了新的利益载体。

在计算机系统互相联结在一起的互联网时代，数据的作用、数据的规模等方面都发生了质的变化，整个社会快速进入了大数据和云技术时代。没有其他实体的网络安全就没有国家的其他实体安全。实体的网络安全内容不仅仅是作为国家安全要素之一的信息安全的载体安全，而且是其他国家安全要素的重要基础。即使是将计算机和信息安全作为科技安全的一个要素的国家安全理论，也认为信息安全会在政治、经济、军事方面表现出来。[①]

9.2　信息安全与数据加密

要保证信息安全传输，核心是加密技术的安全问题。密码技术是集数学、计算机科学、电子与通信等诸多学科于一体的交叉学科。它不仅能够保证机密信息的加密，而且能够实现数字签名、身份验证、系统安全等功能。

9.2.1　信息论与密码学理论

1. 加密技术的历史

加密技术的使用至少可以追溯到数千年前。频繁的军事活动促进了加密技术的出现。波

---

① 徐则平.国家安全理论研究［M］.贵阳:贵州大学出版社,2009.

斯人用皮带缠绕在木棍上写军事密文,只有将皮带绕到同样粗细的木棍上才能阅读上面的密文。而凯撒密码(Caesar cipher)[①]更是密码学的一个经典。从古至今,加密技术都是在敌对环境下,尤其是战争和外交场合,保护通信的重要手段。在信息社会的今天,这种古老的加密技术更加具有重要的意义。

近代数据加密主要应用于军事领域,如美国独立战争、美国内战和两次世界大战。最广为人知的编码机器是德国的 Enigma 密码机。Enigma 密码机采用机械编码,使这种密码成为当时最难破解的密码。第二次世界大战中德国潜艇部队即利用它加密信息。此后,由于图灵等人的努力和 Ultra 计划,盟军终于破解了德军的密码,并赢得了战争的主动权。

2. 近代密码理论的奠基人——香农

在香农奠定密码理论之前,密码技术可以说是一门艺术,而不是一门科学。那时的密码专家是凭直觉和信念来进行密码设计和分析的,而不是靠推理证明。许多密码系统的设计仅凭一些直观的技巧和经验,保密通信的一些最本质的东西并没有被揭示出来,因而密码研究缺乏系统的理论和方法。

1949 年,香农发表了论文《保密系统通信理论》("Communication Theory of Secrecy Systems")[②],标志着密码术到密码学的转变,从此密码学走上了科学与理性之路。在这篇文章中,香农从信息论出发,以概率统计的观点对消息源、密钥源、接收和截获的消息进行数学描述和分析,用不确定性和唯一解距离度量密码体制的保密性,阐明密码系统、完善保密性、纯密码、理论保密性和实际保密性等重要概念,从而大大深化了人们对加密学的理解。这使信息论成为研究密码学和密码分析学的一个重要理论基础,并宣告了科学的密码学时代的到来。可以说,密码学领域取得的重要进展都与香农这篇文章所提出的思想有密切关系,香农由此成为近代密码理论的奠基人。

2. 通信系统与保密系统

香农在《保密系统通信理论》中说:"从密码分析者来看,一个保密系统几乎就是一个通信系统。待传的消息是统计事件,加密所用的密钥按概率选出,加密结果为密报,这是分析者可以利用的,类似于受扰信号。"其加密系统结构如图 9-4 所示。

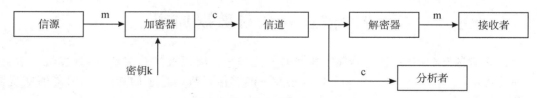

图 9-4　香农提出的加密系统结构

密码系统中对消息 m 的加密变换作用类似于向消息注入噪声。密文 c 就相当于经过有扰信道得到的接收消息。密码分析员就相当于有扰信道下的原接收者。所不同的是,这种干

---

① 据说古罗马凯撒大帝是率先使用加密函的古代将领之一,因此这种加密方法被称为凯撒密码。

② SHANNON C E.Communication theory of secrecy systems[J]. The Bell system technical journal,1949,28(4):656-715.

扰不是信道中的自然干扰,而是发送者有意加进的、可由己方完全控制、选自有限集的强干扰(即密钥),目的是使敌方难以从截获的密报 c 中提取出有用信息,而己方可方便地除去发端所加的强干扰,恢复出原来的信息。

由此可见,通信问题和保密问题密切相关,传信系统中的信息传输、处理、检测和接收,密码系统中的加密、解密、分析和破译都可用信息论观点统一分析研究。密码系统本质上也是一种信息传输系统,是普通传信系统的对偶系统。用信息论的观点来阐述保密问题是十分自然的事。信息论自然成为研究密码学和密码分析学的一个重要理论基础,香农的工作开创了用信息论研究密码学的先河。

3. 香农信息论与现代密码理论

现代密码学不再依赖算法的保密性来达到安全要求。算法是可公开、可分析的,保密性依赖于密钥的安全性。即知道加密的方法,但没有密钥就不能获得原始信息。

20 世纪 70 年代中期,密码学界发生了两件标志性的大事。

第一个标志性事件是迪菲(Diffie)和赫尔曼(Hellman)发表的题为《密码学新方向》("New Directions in Cryptography")的文章[①],其中提出了公钥密码思想。公钥密码冲破了传统单钥密码系统的束缚:不仅加密算法本身可以公开,而且加密用的密钥也可以公开。他们在文章中引用香农原话:"好的密码设计本质上是寻求一个困难问题的解,相对于某种其他条件,我们可以构造密码,使得破译它(或在过程中的某点上)等价于解某个已知数学难题。"这也是指引他们发现公钥密码的思想。因此,人们又尊称香农为"公钥密码学之父"。

传统密码系统的主要功能是信息的保密,公钥密码系统不但赋予了通信保密性,而且还提供了消息的认证性。新的双钥密码系统无须事先交换密钥就可通过不安全信道安全地传递信息,大大简化了密钥分配的工作量。双钥密码系统满足通信网的需要,为保密学技术应用于商业领域开辟了广阔的天地。

第二个标志性事件是美国国家标准局于 1977 年公布实施美国数据加密标准(Data Encryption Standard,DES)。这是保密学史上第一次公开加密算法,之后保密算法广泛应用于商用数据加密。

这两件引人注目的大事揭开了密码学的神秘面纱,标志着保密学的理论与技术的划时代的革命性变革,为保密学的研究真正走向社会化做出了巨大贡献,同时也为密码学开辟了广阔的应用前景。从此,掀起了现代密码学研究的高潮。

9.2.2 加密与加密系统

计算机密码学(cryptology)是研究用计算机进行加密和解密及变换的科学。对于任何加密系统,不管形式多么复杂,加密理论如何深奥,其概念都不难理解。

通常情况下,加密系统由一个五元组(P、C、K、E、D)组成,如图 9-5 所示。

① DIFFIE W,HELLMAN M E. New directions in cryptography[J]. IEEE transactions on information theory,1976,22(6):644-654.

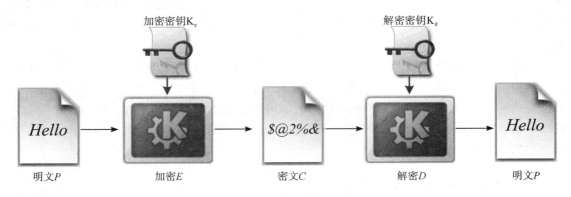

图 9-5　加密系统的组成

1. 明文（Plaintext）

明文即原始的或未加密的数据，一般是有意义的文字或者数据。明文通常用 P 表示。P 可能的明文有限集称为明文空间。

2. 密文（Cryptograph）

明文经过加密变换后的形式称为密文，是加密算法的输出信息。密文是一串杂乱排列的数据，从字面上看没有任何含义。密文通常用 C 表示。C 可能的密文有限集称为密文空间。

3. 密钥（Key）

密钥是参与加密或解密变换的参数，通常用 K 表示。密钥 K 可分为加密密钥和解密密钥，两者可能相同，也可能不同。K 可能的密钥有限集称为密钥空间。

4. 加密（Encipher，encrypt）

加密就是把数据和信息转换为不可辨识的密文的过程，使不应了解该数据和信息的人不能够识别。加密函数 E 作用于 P 得到密文 C，可用数学公式表示为：

$$E_K(P) = C$$

5. 解密（Decipher，decrypt）

密文经过通信信道的传输到达目的地后需要还原成有意义的明文才能被通信接收方理解，将密文还原为明文的变换过程称为解密。解密函数 D 作用于 C 得到明文 P，可用数学公式表示为：

$$D_K(C) = P$$

先加密再解密，原始明文将恢复。显然，等式 $D_K(E_K(P)) = P$ 必须成立。

9.2.3　古典加密技术

虽然从近代密码学的观点来看，许多古典密码是很不安全的，或者说是极易破译的，但是我们不能忘记古典密码在历史上发挥的巨大作用。另外，编制古典密码的基本方法对于编制近代密码仍然有效。

古典加密技术的方法很多，下面只介绍其中最简单的两种方法，即移位密码和换位密码。

1. 移位密码

移位密码(substitution cipher)基于数论中的模运算。以英文字母符号集来说,因为共有26 个字母,故可将移位密码形式地定义如下:

明文空间 $P = \{A, B, C, \cdots, Z\}$

密文空间 $C = \{A, B, C, \cdots, Z\}$

密钥空间 $K = \{0, 1, 2, \cdots, 25\}$

加密变换: $C = E_K(P) = (P + K) \bmod 26$

解密变换: $P = D_K(C) = (C - K) \bmod 26$

这里, P 表示明文字符在明文空间中字母的顺序, C 表示加密字符在密文空间中字母的顺序, K 表示密钥在密钥空间的取值;mod 表示取模运算(取余运算)。

定义:设有正整数 a 和整数 b,取模运算 $a \bmod b$ 表示 a 除以 b 的余数。

例如 $29 \bmod 26 = 3$,或写成 $29 \% 26 = 3$,意思是 29 除以 26 的余数是 3。如果 a 小于 b,其余数是 a;如果 a 等于 b,则余数是 0。

模运算在数论、程序设计和加密算法中都有着广泛的应用。奇偶数的判别是模运算最基本的应用,也非常简单。一个整数 n 对 2 取模,如果余数为 0,则表示 n 为偶数;否则 n 为奇数。

2. 移位密码的应用实例——凯撒密码

凯撒密码是 $k = 3$ 的情况,即通过简单的向右移动源字母表 3 个字母则形成如下代换字母表(密码本):

1	2	3	4	5	6	7	8	9	10	11	12	13	14	15	16	17	18	19	20	21	22	23	24	25	26
A	B	C	D	E	F	G	H	I	J	K	L	M	N	O	P	Q	R	S	T	U	V	W	X	Y	Z
d	e	f	g	h	i	j	k	l	m	n	o	p	q	r	s	t	u	v	w	x	y	z	a	b	c

注:第 1 行为明文,用大写字母表示;第 2 行为密文,用小写字母表示。

例如,明文 $P =$ HELLO,经凯撒密码变换后,由密码表得到的密文 $C =$ khoor。

更一般地,若允许密文字母表移动 k 个字母而不总是 3 个,那么 k 就成为循环移动字母表通用方法的密钥。

加密算法可表示为: $C = E_K(P) = (P + k) \bmod 26$

解密算法可表示为: $P = D_K(C) = (C - k) \bmod 26$

移位密码是极不安全的加密算法(mod 26),因为它可被穷举密钥搜索分析。因为仅有 26 个可能的密钥,攻击者可以尝试每一个可能的加密规则,直到获得一个有意义的明文串。一般而言,一个明文在尝试 $26/2 = 13$ 解密规则后将显现出来。

【例 9-1】若明文为"hello",试用移位加密方法将其变换成密文,设 $k = 4$。

对于明文 $P =$ hello,根据加密变换公式 $C = E_K(P) = (P + k) \bmod 26$,则有:

$E_K(H) = (8 + 4) \bmod 26 = 12 = $"l"

$E_K(E) = (5 + 4) \bmod 26 = 9 = $"i"

$E_K(L) = (12 + 4) \bmod 26 = 16 = $"p"

$E_K(O) = (15 + 4) \bmod 26 = 19 = $"s"

所以,密文 $C = E_K(P) = $"lipps"。

若用 Python 求解此题,代码如下:

In[1]:	#凯撒密码示例:设明文为' hello ',k=4
	plaintext=' hello '
	for p in plaintext:
	if ord("a")<=ord(p)<=ord("z"):
	print(chr(ord("a")+(ord(p)−ord("a")+4)%26),end='')
	else:
	print(p,end="")

Out[1]:	lipps

3. 换位密码

换位密码(transposition cipher)又称置换密码(permutation cipher),和替代密码技术相比,换位密码技术并没有替换明文中的字母,而是通过改变明文字母的排列次序来达到加密的目的。该加密方法在美国南北战争时期被广泛使用。

换位密码常见的方法是把明文按某一顺序排成一个矩阵(例如 m 行 n 列),然后按另一顺序选出矩阵中的字母以形成密文,最后截成固定长度的字母组作为密文。最常用的换位密码是列换位密码,即按列读取明文矩阵中的字母,以形成密文。

下面通过一个有趣的例子来说明换位密码的应用。

4. 换位密码应用示例

【例 9-2】中国古典名著《水浒传》中第六十一回"吴用智赚玉麒麟",讲的是军师吴用为了拉卢俊义入伙梁山,借算卦之名题写诗句于卢府墙壁之上:

芦	花	丛	中	一	扁	舟
俊	杰	俄	从	此	地	游
义	士	若	能	知	此	理
反	身	躬	难	可	无	忧

请按列换位法读取诗中隐含的语句。

[分析]从第一列的汉字顺序即可读出"芦俊义反"。按照中国古典诗词格律,这属于一首藏头诗,这首诗也正好暗合了列换位法的应用。

【例 9-3】采用列换位加密方法,将明文 COMPUTER GRAPHIC 以 3×5 矩阵的形式表示,列取出顺序为 12543,请写出变换后的密文。

[解]将明文以 3×5 矩阵的形式按行写在图表中(表中数字表示列号)。

1	2	3	4	5
C	O	M	P	U
T	E	R	G	R
A	P	H	I	C

然后按列的 12543 取出顺序,依次读出各列中的字母,即得到 5 组密文:

CTA　OEP　URC　PGI　MRH

从这个例子可以看出,若改变矩阵大小和列取出顺序,可得到不同的密文符号组合。这也是列换位加密方法的一种扩展。这里,列取出顺序 12543 可以认为是一个密钥。显然,如果不知道这个密钥,则解码后的明文完全不同。

9.2.4　对称密钥密码系统

数据加密算法多种多样,人们经过长期的研究和实践,按使用密钥的不同,将现有的密码系统分为两种:对称密钥密码系统和公开密钥密码系统(非对称密钥密码系统)。

在对称密钥密码系统中,加密运算、解密运算使用的是同样的密钥,信息的发送者和信息的接收者在进行信息的传输与处理时,必须共同持有该密码(称为对称密码)。因此,通信双方都必须获得这把钥匙,并保持钥匙的秘密。

假设有两名用户 Jack 和 Allen,他们各自拥有一个同样的共用密钥。当 Jack 欲传送一些信息给 Allen 时,他便利用该共用密钥将信息加密,再传送出去。当 Allen 在互联网上收到这段加密的信息后,她再利用该共用密钥将之解密,从而得到原来的信息,如图 9-6 所示。

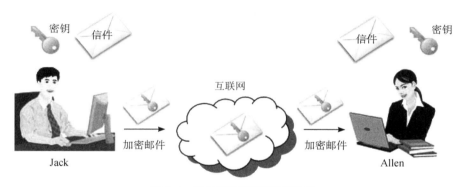

图 9-6　对称密钥密码系统示例

通过这个例子可以看出,在对称密钥密码系统中,加密密钥能够从解密密钥中推算出来,反过来也成立。这个过程可形式地表示为:

加密:$E_K(P)=C$;解密:$D_K(C)=P$(这里的 K 表示同一密钥。)

不难想象,在对称密钥密码系统中,假如一个用户想和很多人沟通,便需要为每人预备一个共用密钥,如何去储存这些共用密钥便成一大问题(图 9-7)。网上若有 n 个用户,则需要 $C_n^2 = n(n-1)/2$ 个密钥。例如,如果有 1 000 个通信用户($n=1\,000$),则需要保存 $C_{1\,000}^2 \approx 500\,000$ 个密钥。这么多密钥的管理和必需的更换将是十分繁重的工作。此外,每个用户还必须记下与其他 $n-1$ 个用户通信所用的密钥。密钥数量如此之大,只能记录在本子上或储存在计算机内存或外存上,这本身就是极不安全的。

图 9-7 对称密钥密码系统中密钥的数量和分发

另外,由于加解密双方都要使用相同的密钥,要求通信双方必须通过秘密信道私下商定使用的密钥,在发送、接收数据之前必须完成密钥的分发。例如用专门的信使来传送密钥,这种做法的代价是相当大的,甚至可以说是非常不现实的,尤其在计算机网络环境下,人们使用网络传送加密的文件,却需要另外的安全信道来分发密钥。显而易见,这是非常不明智甚至是荒谬可笑的。因此,密钥的分发便成了加密体系中最薄弱因而风险最大的环节,各种基本的手段均很难保障安全地完成此项工作。

由此可见,对称密钥密码系统的安全性依赖于密钥的秘密性,而不是算法的秘密性。事实上,现实中使用的很多对称密钥密码系统的算法都是公开的。因此,人们没有必要确保算法的秘密性,但是一定要保证密钥的秘密性。

【例 9-4】用 Python 实现对称加密算法 DES。

(1)DES 加密。param s:原始字符串;return:加密后字符串,十六进制。

(2)DES 解密。param s:加密后的字符串,十六进制;return:解密后的字符串。

In[2]:

```python
from pyDes import des,CBC,PAD_PKCS5
import binascii
KEY='mHAxsLYz'    #定义密钥
def des_encrypt(s):#加密函数
    secret_key=KEY
    iv=secret_key
    k=des(secret_key,CBC,iv,pad=None,padmode=PAD_PKCS5)
    en=k.encrypt(s,padmode=PAD_PKCS5)
    return binascii.b2a_hex(en)

def des_descrypt(s):#解密函数
    secret_key=KEY
    iv=secret_key
    k=des(secret_key,CBC,iv,pad=None,padmode=PAD_PKCS5)
    de=k.decrypt(binascii.a2b_hex(s),padmode=PAD_PKCS5)
    return de
```

Out[2]:	b'5a2bd80fa8f8ff40'
	b'Hello'

9.2.5 公开密钥密码系统

1. 基本概念

鉴于常规加密存在以上缺陷,发展一种新的、更有效、更先进的密码系统显得非常迫切和必要。在这种情况下,出现了一种新的公钥密码系统,它突破性地解决了困扰着无数科学家的密钥分发问题。事实上,在这种系统中,人们甚至不用分发需要严格保密的密钥。这次突破同时也被认为是现代密码学的最重要的发明和进展。

在公开密钥密码系统中,加密和解密使用的是不同的密钥(相对于对称密钥,人们把它叫作非对称密钥),这两个密钥之间存在着相互依存关系,即用其中任一个密钥加密的信息只能用另一个密钥进行解密。这使得通信双方无须事先交换密钥就可进行保密通信。其中加密密钥和算法是对外公开的,人人都可以通过这个密钥加密文件,然后发给收信者,这个加密密钥称为公钥;而收信者收到加密文件后,可以使用他的解密密钥解密,这个密钥是由他自己私人掌管的,并不需要分发,因此称为私钥。这就解决了密钥分发的问题。

2. 公开密钥密码系统的基本原理

为了说明这一思想,我们通过以下示例加以说明(图 9-8)。

假设 Jack(发信者)和 Allen(收信者)在一个不安全信道中通信,他们希望能够保证通信安全而不被其他人(例如黑客)截获。Allen 想到了一种办法,她使用了一种锁(相当于公钥),这种锁任何人只要轻轻一按就可以锁上,但是只有 Allen 的钥匙(相当于私钥)才能够打开。然后 Allen 对外发送无数把这样的锁,任何人比如 Jack 想给她寄信时,只须找到一个箱子,然后用一把 Allen 的锁将其锁上再寄给 Allen,这时候任何人(包括 Jack 自己)除了拥有钥匙的 Allen,都不能再打开箱子。黑客虽然能找到 Allen 的锁,或能在通信过程中截获这个箱子,但没有 Allen 的钥匙不可能打开箱子;而 Allen 的钥匙并不需要分发,这样黑客也就无法得到这把私钥。

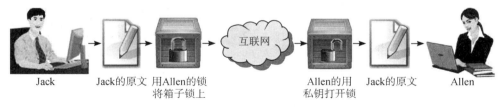

图 9-8 公开密钥密码系统的基本原理

由此可见,公开密钥密码系统的思想并不复杂,而实现它的关键问题是确定公钥和私钥及加/解密的算法,也就是"如何找到 Allen 的锁和钥匙"的问题。假设在这种系统中,公钥(public key,PK)是公开信息,用作加密密钥;而私钥(secret key,SK)需要由用户自己保密,用作解密密钥。加密算法和解密算法也都是公开的。虽然公钥与私钥是成对出现的,但不能根据公钥计算出私钥。

根据以上描述,在公开密钥密码系统中,加密与解密过程可形式化地表示如下:

加密:$E_{PK}(P)=C$

解密:$D_{SK}(C)=P$

从上述例子可以看出,在公开密钥密码系统中,加密密钥不等于解密密钥。加密密钥可对外公开,使任何用户都可将传送给此用户的信息用公钥加密发送,而该用户唯一保存的私钥是保密的,也只有它能将密文复原、解密。虽然解密密钥理论上可由加密密钥推算出来,但这种算法设计在实际上是不可能的,或者虽然能够推算出,但要花费很长的时间而成为不可行的。所以将加密密钥公开也不会危害密钥的安全。

由上所述,公开密钥加密算法的核心是运用一种特殊的数学函数——单向陷门函数,即从一个方向求值是容易的,但其逆向计算很困难。公开密钥加密技术不仅保证了安全性,而且易于管理。其不足是加密和解密的时间长。

3. 公开密钥密码系统的算法

公开密钥密码系统的思想是简单的,但是,如何找到一个适合的算法来实现这个系统却是真正困扰密码学家们的难题。因为既然 PK 和 SK 是一对存在着相互关系的密钥,那么从其中一个推导出另一个就是很有可能的;如果黑客能够由 PK 推导出 SK,那么这个系统就不再安全了。因此,如何找到一个合适的算法生成合适的 PK 和 SK,并且使得由 PK 不可能推导出 SK,正是迫切需要密码学家们解决的难题。这个难题曾经使得公开密钥密码系统的发展停滞了很长一段时间。

1978 年,随着 RSA 公钥加密算法的提出,这个困扰人们已久的问题终于有了解决方案。RSA 的名称来源于三个发明者的姓名首字母,是美国麻省理工学院的 Rivest(李维斯特)、Shamir(萨莫尔)和 Adleman(阿德曼)(图 9-9)在题为《获得数字签名和公开密钥密码系统的方法》的论文中提出的。他们因此获得 2002 年图灵奖。

RSA 是一个基于数论的公开密钥密码系统,它的安全性基于大整数素因子分解的困难性,而大整数因子分解问题是数学

图 9-9　李维斯特、萨莫尔、阿德曼合照

上的著名难题,至今没有有效的方法,因此可以确保 RSA 算法的安全性。

RSA 系统是公钥系统的最具有典型意义的方法,是密码学领域最重要的基石,是工业界应用最广泛的系统。大多数使用公钥密码进行加密和数字签名的产品和标准使用的都是 RSA 算法。

4. 公开密钥密码系统是如何运行管理的

我们再进一步探讨以上数据加密的例子,以说明公开密钥密码系统的密钥如何运作管理。

如图 9-10,假设 Jack 欲传送一些机密信息给 Allen,Jack 无须自己存储 Allen 的公开密钥,他只须向钥匙管理员索取 Allen 的公钥。索取后,他便利用此公钥将信息加密,而此加密的信息则只可能用 Allen 的私钥才能解码,之后 Jack 便可将此加密的信息在互联网上传送出去。Allen 收到此信息后,便利用自己的私钥对信息进行解密处理,同样的公钥便可以让不同的人用来传送机密信息给 Allen。

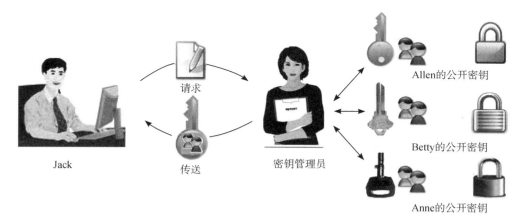

图 9-10　公开密钥密码系统原理

 公开密钥密码系统要点提示

● 每名用户有一对密钥,一条称为公钥,用作加密;另一条称为私钥,用作解密。

● 每名用户的公开密码是公开让所有人知悉的,可以可信的第三方作为中间信息的传递者。

● 最重要的是,即使获悉公钥,亦无法借此找出其对应的私钥。

私钥　　公钥

9.2.6　RSA 算法描述

RSA 公钥系统从提出到现在已约 40 年,经历了考验后逐渐为人们所接受,并被认为是目前最优秀的公钥方案之一。RSA 算法是第一个能同时用于加密和数字签名的算法,也易于理解和操作。

1. 公钥和私钥的产生

假设 Allen 想要通过一个不可靠的媒体接收 Jack 的一条私人信息。她可以用以下方式来产生一个公钥和一个私钥:

（1）随意选择两个大的质数 p 和 q，p 不等于 q，计算 $N = pq$。

（2）根据欧拉函数，不大于 N 且与 N 互质的整数个数为 $(p-1)(q-1)$。

（3）选择一个整数 e 与 $(p-1)(q-1)$ 互质，并且 e 小于 $(p-1)(q-1)$。

（4）用以下公式计算 d：$d \times e \equiv 1 (\bmod (p-1)(q-1))$。

（5）将 p 和 q 的记录销毁。

e 是公钥，d 是私钥。d 是秘密的，而 N 是公众都知道的。Allen 将她的公钥传给 Jack，而将她的私钥藏起来。

2. 加密消息

假设 Jack 想给 Allen 传送一个消息 m，他知道 Allen 产生的 N 和 e。他使用起先与 Allen 约定好的格式将 m 转换为一个小于 N 的整数 n，然后将这些数字连在一起组成一个数字。假如他的信息非常长的话，他可以将这个信息分为几段，然后将每一段转换为 n。通过下面这个公式 Jack 可以将 n 加密为 c：

$$n^e = c (\bmod N)$$

计算 c 并不复杂。Jack 算出 c 后就可以将它传递给 Allen。

3. 解密消息

Allen 得到 Jack 的消息 c 后就可以利用她的密钥 d 来解码。她可以用以下公式将 c 转换为 n：

$$c^d = n (\bmod N)$$

得到 n 后，她可以将原来的信息 m 重新复原。

【例 9-5】RSA 算法的 Python 实现。

为能够理解公钥加密算法，结合书中讲述内容对 RSA 算法进行介绍，借助于 Python 的 rsa 模块，只要几个简单的命令，就可以实现 RSA 算法的加密解密功能，也使得学习者对 RSA 算法有直观的了解。

（1）生成密钥

| In[3]： | ```
import rsa    # 导入 rsa 算法的模块
(pubkey, privkey) = rsa.newkeys(1024) # 调用 newkeys 方法，生成公钥和私钥

with open('D:\data_analysis\public.pem','w+')as f:
    f.write(pubkey.save_pkcs1().decode())   # 生成公钥文件
    with open('D:\data_analysis\private.pem','w+')as f:
        f.write(privkey.save_pkcs1().decode())    # 生成私钥文件
``` |
|---|---|

生成公钥和私钥文件不是必需的。对于用 RSA 加密后的密文，有些字符无法直接用文本显示，因为存在一些无法用文本信息编码显示的二进制数据，需要通 base64 编码转换成常规的二进制数据。

生成的公、私钥文件类似于如下形式（部分数据显示）：
```

```
-----BEGIN RSA PRIVATE KEY-----
MIICYQIBAAKBgQCORNdodBtoAbyfVY1LiU9z/
xhD2GYTTmKbF+O9NMpfa2w/CoZtp/cEQ2rMU5
R8TBvhXfGkuCJAwekUo4i6mtJBhcRq+r97D0A
-----END RSA PRIVATE KEY-----

-----BEGIN RSA PUBLIC KEY-----
MIGJAoGBAI5E12hOG2gBvJ9VjUuJT3P9D3yod
hNOYpsX4700yl9rbD8Khm2n9wRDasxTlfktuz
Fd8aS4IkDB6RSjiLqa0kGFxGr6v3sPQBV1123
-----END RSA PUBLIC KEY-----
```

（2）加密消息

In[4]：	message='Hello'♯明文 ♯公钥加密 crypto＝rsa.encrypt(message.encode(),pubkey)♯对明文进行加密 Print('crypto',)
Out[4]：	♯明文加密后的十六进制数据显示（局部） b'\x9c\x17\xd2\x99\x8a\xc4\xc3d\x15&\x1a\x8aD\xc8\x8fL\xaf\xac\x8f＝\x92\xa\xc6 \x05\xaa\xd6\xb0\x192\xc4\xf3\x86\xd9\xc2I\xf5\xc4\x8f\x15\xa3\xd3\x19\xe7'

（3）私钥解密

In[4]：	♯私钥解密 message＝rsa.decrypt(crypto,privkey).decode()♯对密文进行解码 print('私钥解密',message)
Out[4]：	私钥解密:hello

9.3　数字签名

9.3.1　什么是数字签名

要理解什么是数字签名，首先需要从传统手工签名或盖印章谈起。在传统商务活动中，为了保证交易安全与真实，一份书面合同或公文要由当事人或其负责人签字、盖章，以便让交易双方识别是谁签的合同，保证签字或盖章的人认可合同的内容，如此才能承认这份合同在法律上是有效的。而在电子商务的虚拟世界中，合同或文件是以电子文件的形式表现和传递的。在电子文件上，传统的手写签名和盖章是无法实现的，这就必须用技术手段来替代。

《中华人民共和国电子签名法》对"电子签名"的定义是：电子签名指数据电文中以电子形式所含、所附用于识别签名人身份并表明签名人认可其中内容的数据。数据电文是指以电子、光学、磁或者类似手段生成、发送、接收或者储存的信息。

实现电子签名的技术手段有很多种，但目前比较成熟的、世界先进国家普遍使用的电子签名技术还是数字签名技术。目前电子签名法中提到的签名一般指的就是"数字签名"。

9.3.2 "数字签名"的概念

数字签名不是指将签名扫描成数字图像,或者用触摸板获取的签名,更不是落款。这里所说的"数字签名"是通过某种密码运算生成一系列符号及代码组成电子密码进行签名,来代替书写签名或印章,对于这种电子式的签名还可进行技术验证,其验证的准确度是一般手工签名和图章的验证无法比拟的。

数字签名是目前电子商务、电子政务中应用最普遍、最成熟的、可操作性最强的一种电子签名方法。它采用了规范化的程序和科学化的方法,用于鉴定签名人的身份以及对一项电子数据内容的认可。它还能验证出文件的原文在传输过程中有无变动,确保传输电子文件的完整性、真实性和不可抵赖性。

"数字签名"在 ISO 7498-2 标准[①]中被定义为:附加在数据单元上的一些数据,或是对数据单元所做的密码变换,这种数据和变换允许数据单元的接收者用以确认数据单元来源和数据单元的完整性,并保护数据,防止被人(例如接收者)伪造。美国数字签名标准(DSS,FIPS186-2)对"数字签名"做了如下解释:利用一套规则和一个参数对数据计算所得的结果,用此结果能够确认签名者的身份和数据的完整性。按上述定义,PKI(public key infrastructure,公钥基础设施)可以提供数据单元的密码变换,并能使接收者判断数据来源及对数据进行验证。

9.3.3 公开密钥密码系统与数字签名

数字签名与公开密钥密码系统有密切的关系,与公开密钥加密与解密过程表示类似,数字签名过程可形式化地表示如下:

产生签名:$E_{PK}(P)=C$;

验证签名:$D_{SK}(C)=P$。

下面还以 Jack 和 Allen 为例,来说明数字签名的基本原理(图 9-11)。

| Jack | Jack的私钥 | 用私钥产生一个数字签名 | 在互联网上传输已署名的信件 | Allen用Jack公开密钥对信件解密 | Jack的原文 | Allen |

图 9-11　数字签名的基本原理

假如 Jack 想在通过互联网传送给 Allen 的信息内加上签名,他亦可利用公开密钥密码系统来制作一个数字签名,其产生过程是:

(1)Jack 先利用自己的私钥来产生一个数字签名,即 Jack 用自己的私钥将信息加密,加密后的信息便成了已署名的信息。

(2)Jack 将该署名的信息通过互联网传送给 Allen。

注意这个数字签名必须凭着 Jack 的私钥来制造,如信息被修改,其数字签名亦会不同。

---

① 亚当斯,劳埃德.公开密钥基础设施:概念、标准和实施[M].冯登国,等译.北京:人民邮电出版社,2001.

数字签名的核对过程如下：

（1）Allen 从互联网上收到该信息及数字签名。

（2）Allen 从钥匙管理员索取 Jack 的公钥。

（3）Allen 利用公钥核对数字签名，方法是利用该公钥将信息进行解密处理，如解密后的信息等同原来的信息，则证明该信息是由 Jack 传送来的，因为只有 Jack 拥有可以制造该数字签名的私钥。而 Jack 亦不能否认曾传送该信息给 Allen，这就是前面提到的不可抵赖性。

假如信息或数字签名在传送过程中被修改，则 Allen 便会发觉解密后的数字签名与原来的信息不符，从而知道信息在传送过程中被修改，或者该信息并非由 Jack 发出。

9.3.4　签名消息

RSA 可以用来为消息署名。假如 Jack 想给 Allen 传递署名消息的话，那么他可以为他的消息计算一个散列值，然后用他的密钥加密这个散列值并将这个"署名"加在消息的后面。这个消息只有用他的公钥才能被解密。Allen 获得这个消息后可以用 Jack 的公钥解密这个散列值，然后将这个数据与她自己为这个消息计算的散列值相比较。假如两者相符的话，那么 Allen 就可以知道发信人持有 Jack 的密钥，以及这个消息在传播路径上没有被窜改过。

9.3.5　安全哈希算法 SHA1

安全哈希算法（secure hash algorithm，SHA1）主要适用于数字签名标准（Digital Signature Standard，DSS）中定义的数字签名算法。对于长度小于 2^{64} 位的消息，SHA1 会产生一个 160 位的消息摘要。当接收到消息的时候，这个消息摘要可以用来验证数据的完整性。在传输的过程中，数据很可能会发生变化，那么这时候就会产生不同的消息摘要。

SHA1 有如下特性：不可以从消息摘要中恢复信息，两条不同的消息不会产生同样的消息摘要。

【例 9-6】用 Python 实现 SHA1 数据签名。

数据签名的过程描述示例：

（1）Jack 要给 Allen 写一封保密的邮件，决定采用数字签名。他写完后先用哈希函数（SHA1 安全散列算法）生成信件的摘要（digest），然后使用私钥对这个摘要加密，生成数字签名（signature）。

（2）Allen 收到邮件后，取下数字签名，用 Jack 的公钥解密，得到信件的摘要。由此证明，这封信确实是 Jack 发出的。

（3）Allen 再对信件本身使用哈希函数，将得到的结果与上一步得到的摘要进行对比。如果两者一致，就证明这封信未被修改过。

以上过程用 Python 实现如下：

In[5]:	```
	import rsa
	import base64
	#生成公钥和私钥
	(pubkey,privkey)=rsa.newkeys(1024)
	#发信者用私钥生成数字签名
	signature=rsa.sign(message.encode(),privkey,'SHA-1') #SHA1 是安全散列算法
	print("生成的签名：",base64.b64encode(signature)) #输出签名数据
	#收信者用公钥对署名进行验证
	rsa.verify(message.encode(),signature,pubkey)
	``

Out[5]:	生成的签名：
	b ' KqPZgU0TrWebBk7vtxCAAKETvIK95zsshRiIF81g＋2N4lrIQpD27FrKMeObkx3xiAB3c＋　　XCkSY　　＋　　nqOJeR8tT7IrFbMslwuZ0P72y9mPqGmJc5nrr0/XWz1Dc96IMN1yIsdd3LnLEgVMnLLXEuk4wWxqxEkn0YGhV0jJGgza6/28='
	'SHA-1'

9.3.6　电子签名与认证服务

电子签名需要第三方认证,由依法设立的电子认证服务提供者提供认证服务。

使用公开密钥密码系统,其先决条件是所有用户的公钥必须正确,这个第三方的认证机构便是 PKI。PKI 即公钥基础设施,是一种遵循标准的、利用公钥加密技术为电子商务提供一套安全基础平台的技术和规范。用户可利用 PKI 平台提供的服务进行安全通信。

PKI 在公开密钥密码的基础上,主要解决密钥属于谁,即密钥认证的问题。在网络上证明公钥是谁的,就如同现实中证明谁是什么名字一样具有重要的意义。通过数字证书,PKI 很好地证明了公钥是谁的。PKI 的核心技术就围绕着数字证书的申请、颁发、使用与撤销等整个生命周期进行展开。

使用基于公钥技术系统的用户建立安全通信信任机制的基础是:网上进行的任何需要安全服务的通信都是建立在公钥的基础之上的,而与公钥成对的私钥只掌握在他们与之通信的另一方。这个信任的基础是通过公钥证书的使用来建立的。公钥证书就是一个用户的身份与他所持有的公钥的结合,在结合之前由一个可信任的权威认证机构(certification authority,CA)来证实用户的身份,然后由其对该用户身份及对应公钥相结合的证书进行数字签名,以证明其证书的有效性。

PKI 必须具有权威认证机构在公钥加密技术基础上对证书的产生、管理、存档、发放以及作废进行管理的功能,包括实现这些功能的全部硬件、软件、人力资源、相关政策和操作程序,以及为 PKI 体系中的各成员提供全部的安全服务,如实现通信中各实体的身份认证、保证数据的完整、抗否认性和信息保密。PKI 的基础技术包括加密、数字签名、数据完整性机制、数字信封、双重数字签名等。

数字标识由公钥、私钥和数字签名三部分组成。当在邮件中添加数字签名时,发信者就把数字签名和公钥加入邮件中。数字签名和公钥统称为证书。可以使用 Outlook Express 来指定他人向自己发送加密邮件时所需使用的证书。这个证书可以不同于自己的签名证书。

收件人可以使用发信人的数字签名来验证发信者的身份,并可使用公钥给发信人发送加密邮件;这些邮件必须用发信人的私钥才能阅读。要发送加密邮件,发信人的通信簿中必须包含收件人的数字标识。这样,发信人就可以使用他们的公钥来加密邮件了。当收件人收到加密邮件后,用他们的私钥对邮件进行解密后才能阅读。

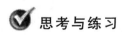 思考与练习

一、思考题

1. 信息安全的基本内涵是什么?

2. 理解信息安全、网络安全、网络空间安全三者之间的联系与区别。

3. 信息安全的基本属性包括哪些内容?

4. 我国信息安全等级保护的层次是如何划分的?

5. 试述信息安全的重要性,举出若干个你所知道的涉及信息安全的例子。

6. 总体国家安全观的基本内涵是什么?

7. 了解网络空间安全与国家安全的关系。

8. 香农提出的加密系统结构是什么?

9. 加密系统由一个五元组(P、C、K、E、D)组成,请指出各代表什么?

*10. 请简述对称密钥密码系统的工作原理。

*11. 请简述公开密钥密码系统的工作原理。

*12. 什么是电子签名?

二、计算与练习

1. 计算下列数值:105 mod 81、81 mod 105、26 mod 26。

2. 试用凯撒密码将下列明文转换成密文(设密钥 $k=3$)

　　明文:meet me after the party

*3. 设通信双方使用 RSA 加密系统,设截获 $e=5$,$n=35$ 的用户密文 $C=10$,试计算明文 M。

*4. 选择 $p=7$,$q=17$,$e=5$,试用 RSA 方法对明文 $m=19$ 进行加密、解密运算,给出签名和验证结果(给出其过程),并指出公钥和私钥各是什么。

*5. 在教师的指导或演示下,运行本章的演示程序,了解 Python 程序在数据加密中的作用。

人工智能与机器学习

未来的世界将会以实现个人价值为主要目标——它就是属于每个人的人工智能助理。

——比尔·盖茨

远在古希腊时期,发明家就梦想着创造能自主思考的机器。当人类第一次构思可编程计算机时,就已经在思考计算机能否变得智能,尽管这时距造出第一台计算机还有 100 多年。[①]

当前,人工智能(AI)已经在图像、语音等多个领域的技术上取得全面的突破。如果智能机器可以自己张开眼睛看世界,通过自主探索世界来获得智能的话,那么在可预见的未来将发生翻天覆地的变化,并深刻影响我们的生活。

仅在几年前,如果要从事人工智能和深度学习的开发应用,就需要扎实的数学基础和精通 C++ 等编程技术,因而只有少数人才能掌握,对于大多数人这都是个遥不可及的目标。如今,只要具备 Python 编程的基本技能,就可以从事高级的深度学习研究。引起这个变化的主要驱动因素之一是各种人工智能平台的开放和普及,以及 Theano、TensorFlow 和 Keras 等开放机器学习框架的支持。这极大地简化了人工智能应用的实现过程,使得深度学习变得像搭建乐高积木一样简单。

本章介绍人工智能、机器学习和深度学习的发展和基本概念,通过采用机器学习框架 Keras,快速简洁地实现手写数字识别案例,让学习者直观地体验人工智能如何借助深度学习解决实际问题的过程。

10.1　人工智能发展简史

自人工智能诞生到今天,已经走过了 60 多年的发展历程。回顾人工智能发展的历史,它就是在起起伏伏、失望与希望之间的无穷律动中,寻找着理论与实践的最佳结合点。其间自然有许多传奇的故事发生。

我们将人工智能的发展分为三个阶段,图 10-1 形象直观地描述了每个阶段的大事件。

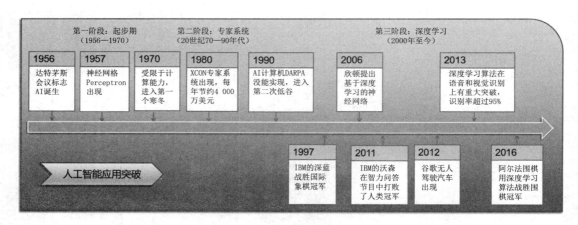

图 10-1　人工智能的发展历史

10.1.1　第一阶段:起步期(1956—1970)

1950 年,被称为"计算机之父"的阿兰·图灵提出了一个举世瞩目的想法——图灵测试。按照图灵的设想,如果一台机器能够与人类开展对话而不能被辨别出机器身份,那么这台机器

---

① 弗朗索瓦·肖莱.Python 深度学习[M].张亮,译.北京:人民邮电出版社,2019.

就具有智能。

1951 年,马文·明斯基(Marvin Minsky,后被人称为"人工智能之父")建造了世界上第一台神经网络计算机。这也被看作人工智能的一个起点。

1956 年,在达特茅斯学院(Dartmouth)举办的一次具有历史意义的会议上,信息论的创始人香农、明斯基、麦卡锡[①]提出了"人工智能"一词(图 10-2 为达特茅斯会议合影)。这次会议提出:"学习和智能的每一个方面都能被精确地描述,使得人们可以制造一台机器来模拟它。"

在那之后不久,麦卡锡和明斯基两人共同创建了世界上第一个人工智能实验室——MIT AI Lab,最早的一批人工智能学者和技术开始涌现。达特茅斯会议被广泛认为是人工智能诞生的标志,从此人工智能走上了快速发展的道路。

在人工智能的早期,那些对人类智力来说非常困难但对计算机来说相对简单的问题得到迅速解决,比如那些可以通过一系列形式化的数学规则来描述的问题。在 1956 年的这次会议之后,人工智能迎来了属于它的第一个发展高潮。在这段长达十余年的时间里,计算机广泛应用于数学和自然语言领域,以解决代数、几何和英语问题。这让很多研究学者看到了机器向人工智能发展的前景。

然而,科学的道路从来都不是一帆风顺的。20 世纪 70 年代,人工智能进入了一段痛苦而艰难的岁月。早期人工智能程序主要是解决特

图 10-2　达特茅斯会议合影

定的问题,因为特定的问题对象少,复杂性低。由于科研人员在人工智能的研究中低估了项目难度而导致一些项目失败,另外在语音识别、机器翻译等领域也迟迟没取得突破,这使得人工智能研究陷入低谷,给人工智能的前景蒙上了一层阴影。

10.1.2　第二阶段:专家系统(20 世纪 70—90 年代)

在相当长的时期内,许多专家相信,只要程序员精心编写足够多的明确规则来处理知识,就可以实现与人类水平相当的人工智能。这一方法被称为符号主义人工智能(symbolic AI),是 20 世纪 50—80 年代末人工智能的主流范式。在 20 世纪 80 年代的专家系统(expert system)热潮中,这一方法的热度达到了顶峰。

专家系统是一个智能计算机程序系统,其内部含有大量的某个领域专家水平的知识与经验,它能够利用人类专家的知识进行推理和判断,模拟人类专家的决策过程,来解决某个领域的复杂问题。这成为 20 世纪 70 年代以来人工智能研究的主要方向,而"知识处理"成了主流人工智能研究的焦点。

1981 年,日本政府拨款 8.5 亿美元支持第五代计算机项目。其目标是造出能够与人对话,翻译语言,解释图像,并且像人一样推理的机器。

20 世纪 80 年代,机器学习成为一个独立的科学领域,各种机器学习技术百花齐放。其间研究最多的是归纳学习,包括监督学习、无监督学习、半监督学习、强化学习等。

第一次让全世界感到计算机智能水平有了质的飞跃是在 1996 年——IBM 的超级计算机

---

① 　人工智能语言 LISP 的发明者,被誉为真正的"人工智能之父"。

深蓝(Deep Blue)大战人类国际象棋冠军卡斯伯罗夫(Garry Kasparov)。与围棋相比,国际象棋显然是一个比较简单的领域,因为它仅含有 64 个位置并只能以严格限制的方式移动 32 个棋子,起决定作用的是国际象棋的博弈算法,且不需要大量人类经验的学习积累和大数据的支持。

10.1.3 第三阶段:深度学习(2000 年至今)

人类进入 21 世纪以来,人工智能迎来飞速发展,在这个时期出现了一些标志性的大事件。

2006 年是深度学习元年。在这一年,欣顿(Geoffrey Hinton)等发表了一篇影响深远的论文——"A Fast Learning Algorithm for Deep Belief Nets"[①]。其主要思想是先通过自学习的方法学习训练数据的模型,然后在该模型上进行有监督训练。该方法在神经网络的深度学习领域取得标志性的突破。

2011 年,沃森(Watson)作为 IBM 公司开发的使用自然语言回答问题的人工智能程序参加美国智力问答节目,打败了两位人类冠军。沃森存储了 2 亿页数据,能够将与问题相关的关键词从看似相关的答案中抽取出来。这一人工智能程序已被 IBM 广泛应用于医疗诊断领域。

2012 年,欣顿课题组首次参加 ImageNet 图像识别比赛,采用 AlexNet 深度学习模型夺得冠军,使得深度学习算法有了重大突破。从那以后,更多的更深的神经网络模型被提出。

2016 年 3 月,阿尔法围棋(AlphaGo)与世界围棋冠军、职业九段棋手李世石进行人机大战,以 4∶1 获胜。2017 年 5 月,在中国乌镇围棋峰会上,它与排名世界第一的世界围棋冠军柯洁对战,以 3∶0 获胜。

阿尔法围棋是第一个战胜世界围棋冠军的人工智能机器人,它能够搜集大量围棋对弈数据和名人棋谱,学习并模仿人类下棋。其主要工作原理是深度学习。阿尔法围棋先是学会如何下围棋,然后与它自己下棋训练。它训练自己神经网络的方法,就是不断地与自己下棋,反复地下,永不停歇。到目前,所有棋类游戏中智能计算机都已经可以完胜任何人类。

2000 年至今是人工智能的数据挖掘时代。随着各种机器学习算法的提出和应用,特别是深度学习技术的发展,人们希望机器能够通过大量数据分析,自动学习知识并实现智能化。这一时期,随着计算机硬件水平的提升,大数据分析技术的发展,机器采集、存储、处理数据的水平有了大幅提高。特别是深度学习技术对知识的理解比之前浅层学习有了很大的进步。

10.1.4 荣誉属于熬过"AI 寒冬"的人

2019 年 3 月,国际计算机协会公布了 2018 年图灵奖获得者,他们是在深度学习领域做出杰出贡献的三位科学家:本希奥(Yoshua Bengio)、欣顿和莱坎(Yann LeCun)(图 10-3)。获奖标志着"深度学习"获得计算机科学的最高荣誉。然而,三位科学家获奖的背后是一段经历了如寒冬般的艰辛之路。

在边缘地带煎熬了数十年后,以深度学习的形式再次回到公众视野中的神经网络法不仅成功地让人工智能回暖,也第一次把人工智能真正地应用在现实世界中。三位获奖者是深度神经网络的开创者,为深度学习算法的发展和应用奠定了重要基础,被尊称为"深度学习教父"。正是三位科学家的不懈努力,使得深度神经网络从不被看好的偏门领域,变成如今几乎所有深度学习人工智能技术进步的核心技术。

---

① HINTON G E, OSINDERO S T Y-W. A fast learning algorithm for deep belief nets[J].Neural computation,2006,18(7):1527-1554.

图 10-3　2018 年图灵奖获得者

　　近年来,计算机视觉、语音识别、自然语言处理和机器人技术以及其他应用取得惊人突破,皆是因为三位科学家推动的这一场长达三十年的深度学习革命。深度学习从当年的不被看好,到近年来成为驱动人工智能领域发展的最主要力量,离不开三位科学家的坚持。是他们在计算量和数据量严重不足的情况下,发明了许多革命性的、基础性的技术,如反向传播、卷积神经网络和生成对抗式神经网络等。

　　不仅如此,欣顿最近还提出新的神经网络模型——capsule network(胶囊网络),试图找到解决深度学习缺陷的新方法。这位 71 岁的老人熬过最冷的 AI 冬天,并且认定下一个"冬天"不会到来。

10.1.5　人工智能的研究领域和应用场景

　　人工智能的研究与应用领域主要有五层,如图 10-4 所示。[①]

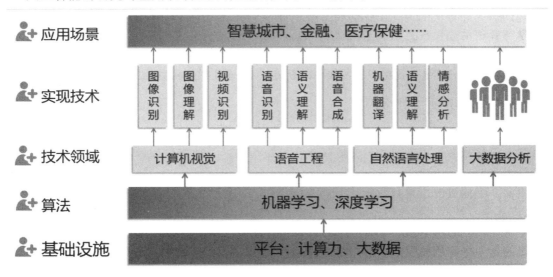

图 10-4　人工智能的研究与应用领域

---

　　① https://cloud.tencent.com/developer/article/1005143。

最底层是基础设施建设,包括数据和计算能力两部分。人工智能的真正驱动力来自计算能力的提升、深度学习训练算法的改进;大数据是深度学习的原材料,如果没有大数据的积累,更加复杂的神经网络也无法得到很好的训练。

第二层是人工智能技术的算法,比如机器学习、深度学习等算法。

第三层是主要的技术方向,如计算机视觉、语音工程、自然语言处理和大数据分析等。

第四层是实现技术,如图像识别、语音识别、机器翻译等。

最上层为人工智能的应用领域,几乎覆盖了所有的领域。

在不久的将来,深度学习将会取得更多的成功,而目前正在为深度神经网络开发的新的学习算法和架构只会加速这一进程。

10.2 机器学习

10.2.1 人工智能、机器学习与深度学习

在谈到人工智能时,就需要厘清人工智能、机器学习、深度学习相互之间的关系。图 10-5 表示了这三者之间的关系。

对于什么是人工智能,人们一直有不同的表述。在这里,我们采用一种被广泛接受的说法:人工智能是通过机器模拟人类的认知能力的技术。

因此,人工智能是一个综合性的领域,人类今天仍然在朝着这个目标进行努力探索。

机器学习是人工智能领域的一部分,是一种重在寻找数据中的模式并使用这些模式来做出预测的研究和算法的门类。任何通过数据训练的学习算法的相关研究都属于机器学习。

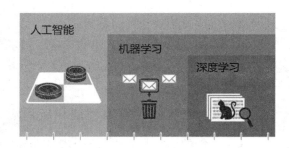

图 10-5 人工智能概念图

深度学习是机器学习的一个子集,主要利用卷积神经网络,专注于模仿人类大脑的生物学过程。深度学习主要是从数据中学习表示的新方法,从而使模型对数据的理解更加深入。

10.2.2 机器学习"学什么"?

与传统的为解决特定任务、硬编码的软件程序不同,机器学习是用大量的数据来"训练",通过各种算法从数据中学习如何完成任务。机器学习是一种新的编程模式,强调"学习"而不是程序本身[①]。

机器学习通过分析大量数据来进行学习,研究的主要内容是如何通过数据集产生模型。因此,机器学习本质上研究的是算法。而这种算法的作用是从数据集中产生模型,当面对新的数据时,模型会给人们提供一定的判断,即数据预测(不需要特定的代码)。

机器学习中使用的算法大体分为三类——监督学习、无监督学习和强化学习,如图 10-6 所示。

第一类是监督学习。监督学习的数据具备特征(feature)与预测目标(label),label 是指给

---

① 弗朗索瓦·肖莱.Python 深度学习[M].张亮,译.北京:人民邮电出版社,2018.

对象一个标签,通过算法训练并建立模型(图 10-7)。当有新数据时,我们就可以使用模型进行预测。如不需要通过编程来识别猫或人脸,而是通过使用图片来进行训练,从而归纳和识别特定的目标。

第二类是无监督学习。无监督学习是指从现有的数据我们不知道要预测的答案,所以没有 label(预测目标)。由于数据是无标签的,所以一般是从数据中自动寻找规律,并将其特征分成各种类别,有时也称聚类问题。

第三类是强化学习。强化学习是指可以用来支持人们去做决策和规划的一种学习方式,它是对人的一些动作、状态、奖励的方式,不断训练机器循序渐进,通过这个回馈机制促进学习学会执行某项任务。这个过程与人类的学习相似,所以强化学习是今后研究的重要方向之一。

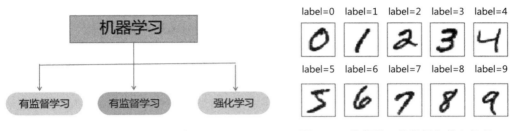

图 10-6　机器学习分类　　　　　图 10-7　监督学习的数据集带有标签

机器学习受益于满足不同需求的各种各样的算法。监督学习算法学习一个已经分类的数据集的映射函数,而无监督学习算法可基于数据中的一些隐藏特征对未标记的数据集进行分类;强化学习可以通过反复探索某个不确定的环境,学习该环境中的决策制定策略。

10.2.3　机器学习的流程

在机器学习中,数据是核心。机器学习的流程如图 10-8 中所示。

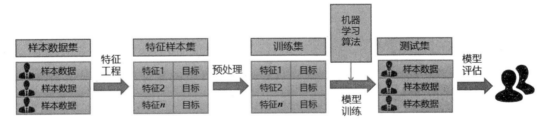

图 10-8　机器学习的流程

1. 样本数据集

在机器学习中,建立样本数据集是非常重要的一步。一般需要将样本分成独立的三部分:训练集(training set)、验证集(validation set)和测试集(test set)。一种典型的划分就是训练集占总样本的 50%,而其他各占 25%;三部分都是从样本中随机抽取的。但实际应用中,一般只将数据集分成两类,即训练集和测试集,大多数情况下并不涉及验证集。

质量高或者相关性高的样本数据集对模型的训练是非常有帮助的。使用相同机器学习算法时,不同质量的数据能训练出具有不同效果的模型。

对于学习者来说,一般使用机器学习的开放数据集,这样就不需要自己建立样本数据了。

如本章案例中的 MNIST 就是一个经典的手写数字识别数据集。

2. 特征工程

特征是数据中抽取出来的对结果预测有用的信息,可以是文本或者数据。

特征工程是将原始数据属性通过处理转换为模型的训练数据的过程。特征工程的目的是筛选出更好的特征,获取更好的训练数据。好的特征具有更大的灵活性,因而可以用于模型做训练。

在机器学习中,特征工程占有非常重要的作用。一般认为,特征工程包括特征构建、特征提取、特征选择三个部分。特征构建是指从原始数据中人工地找出一些具有物理意义的特征;特征提取是从原始特征中找出最有效的特征,目的是降低数据冗余,减少模型计算,发现更有意义的特征等;特征选择是剔除不相关或者冗余的特征,减少有效特征的个数,缩短模型训练的时间,提高模型的精确度。

一般来说,特征工程构建是一个较漫长的人工过程,依赖于领域知识、直觉及数据操作。最终的特征结果可能会受人的主观性和时间限制。

3. 数据预处理

机器学习离不开大量的数据。如果我们使用的是开放数据集,则数据都是经过预处理的,数据质量较好。然而,如果我们要开发一个机器学习的实际项目,则收集的数据往往是混乱的,不符合数据处理的要求。为了不降低机器学习模型的性能,需要对数据进行预处理。

数据预处理操作包括特征数据归一化、特征降维、缺失值处理、极端的离群值处理、特征数据类型转换、目标值转换等。

4. 模型训练

训练集用于监督学习中,通过训练集的特征向量来训练算法。模型训练的流程是这样的:在每一个轮次(epoch)的迭代过程中,先通过训练集的数据对模型进行训练,而后通过测试集对该模型进行测试,并以测试结果作为指导来调整模型的各种参数。

在进行模型训练时,要确定合适的机器学习算法,比如线性回归、决策树、随机森林、逻辑回归、梯度下降等等。选择算法时的最佳方法是测试各种不同的算法,然后通过交叉验证选择最好的一个。

5. 模型评估

一旦模型训练完毕,就要对得到的模型进行评估。在评估中,要使用之前从未使用过的测试集数据来测试模型,目的是验证模型的有效性,评估算法的性能。这种方法能够让我们知道模型在遇到未知数据时的表现情况,例如模型是否具有泛化能力。

具体来说,泛化能力是指处理未被观察过的数据(不包含在训练数据中的数据)的能力。获得泛化能力是机器学习的最终目标。比如在识别手写数字的问题中,泛化能力可以用在自动读取手写电话号码或邮政编码的应用场景中。此时,系统模型就应具备识别"任何一个人写的任意数字"的能力。

10.3　深度学习

深度学习是通过组合低层特征形成更加抽象的高层特征(或属性类别)。例如在计算机视觉领域,深度学习算法从原始图像学习得到一个低层次表达(例如边缘检测器、小波滤波器等),然后在这些低层次表达的基础上,通过线性或者非线性组合获得一个高层次的表达。深度学习让计算机通过较简单的概念构建复杂的概念。

无论如何,想在简短的篇幅内把抽象的深度学习的概念讲清楚是十分困难的,但这也许正是我们的兴趣所在。

10.3.1　向人脑学习的"深度学习"

了解深度学习的起源,首先让我们来了解一下人类的大脑是如何工作的。

人类智能最重要的部分是大脑。大脑虽然复杂,它的组成单元却是相对简单的。大脑皮层以及整个神经系统是由神经元细胞组成的。1981年的诺贝尔生理学或医学奖分发给了斯佩里(Roger W. Sperry)、休贝尔(David H. Hubel)、威塞尔(Torsten N. Wiesel),他们的主要贡献是发现了人的视觉系统对信息的分级处理。

大脑的视觉系统信息分级处理过程如图10-9所示:来自外部的信息经眼睛接收后,从视网膜(retina)出发,经过低级的 V1 区提取边缘特征,到 V2 区的基本形状或目标的局部,再到高层 V4 的整个目标(如判定为一张人脸),以及到更高层的 PFC(前额叶皮层)进行分类判断等。也就是说,高层的特征是低层特征的组合,从低层到高层的特征表达越来越抽象和概念化。

可以看到,在最底层,特征基本上是类似的,即各种边缘;越往上,越能提取出物体对象的一些特征(如眼睛、躯干等);到最上层,不同的高级特征最终组合成相应的图像,从而能够让人类准确区分不同的物体。

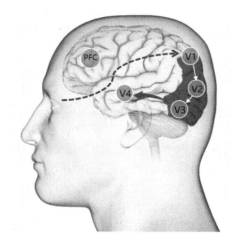

图 10-9　大脑的视觉系统信息分级处理

研究者们会很自然地想到:可以模仿人类大脑的这个特点,构造多层的神经网络,较低层的识别初级的图像特征,若干底层特征组成更上一层特征,最终通过多个层级的组合在顶层做出分类。这也是许多深度学习算法(包括卷积神经网络)的灵感来源。这种分层的学习模型模仿了历经几百万年演化的人类大脑的视觉模型。

层次化的概念让计算机构建较简单的概念来学习复杂概念。如果绘制出表示这些概念如何建立在彼此之上的图,我们将得到一张"深"(层次很多)的图。基于此,我们称这种方法为深度学习(deep learning)。

深度神经学习网络是指多层的人工神经网络和训练它的方法。一层神经网络会把大量矩阵数字作为输入,通过非线性激活方法取权重,再产生另一个数据集作为输出。这就像生物神经大脑的工作机理一样,通过合适的矩阵数量,多层组织链接一起,形成神经网络"大脑"进行精准复杂的处理。

10.3.2 感知机

感知机(perceptron)算法模型是由美国学者在 1957 年提出来的,是作为神经网络(深度学习)的起源的算法。学习感知机的构造也就是学习通向神经网络和深度学习的一种重要思想。"感知机"这个名词可能并不能很好代表这个模型,如果把感知机称为"人工神经元"就更为确切直观一些。

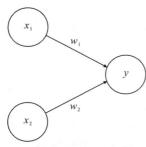

图 10-10 感知机模型

图 10-10 是一个接收两个输入信号的感知机的例子。x_1、x_2 是输入信号,y 是输出信号,w_1、w_2 是权重(weight)。感知机的多个输入信号都有各自固有的权重,这些权重发挥着控制各个信号重要性的作用。权重越大,对应该权重的信号的重要性就越高。图中的圆称为神经元或者节点。输入信号被送往神经元时,会被分别乘固定的权重($w_1 x_1$、$w_2 x_2$)。神经元会计算传送过来的信号的总和,只有当这个总和超过某个界限值时,才会输出 1。这也称为"神经元被激活"。这个界限值称为阈值,用符号 θ 表示。

根据如上描述,可以形式化地定义感知机函数如下:

给定 n 维向量 $(x_1, x_2, \cdots, x_n)$ 作为输入(通常称作输入特征或者简单特征),输出为 1(是)或 0(否)。

用数学的形式描述为:

$$f(x) = \begin{cases} 0, w_1 x_1 + w_2 x_2 \leqslant \theta \\ 1, w_1 x_1 + w_2 x_2 > \theta \end{cases}$$

如果对这个公式感到困惑,下面的例子可能会有助于理解:

如果打算出国留学,那么去国外哪所大学是十分重要的。这由两个因素决定:一是这所大学的知名程度,二是所花的学习费用。这两个因素可以对应两个输入,分别用 x_1、x_2 表示。此外,这两个因素对做决策的影响程度不一样,各自的影响程度用权重 w_1、w_2 表示。这样约定后,可以将以上问题表述如下:

x_1:学校的知名度。$x_1 = 1$,著名;$x_1 = 0$,不著名。权重 $w_1 = 5$。

x_2:留学的费用。$x_2 = 1$,费用高;$x_2 = 0$,费用低。权重 $w_2 = 3$。

这样,关于去哪所大学留学的决策模型函数便建立起来了:

$$f(x) = g(w_1 x_1 + w_2 x_2)$$

式中,g 称为激活函数。很显然,不同的输入会得到不一样的决策结果。

叠加了多层的感知机也称为多层感知机(multi-layered perceptron,MLP)。下面要介绍的神经网络和感知机有很多共同点,深度学习模型的典型例子就是采用多层感知机。

10.3.3 "深度学习"有多深

"深度学习"中的"深度"指的并不是利用这种方法获取了更深层次的理解,而是指一系列连续的表示层。数据模型中包含多少层,此即为模型的深度(depth)。现代深度学习通常包含数十层甚至上百层连续的表示层,这些表示层全都是从训练数据中自动学习的。与此不同的是,其他机器学习方法的重点往往是仅仅学习一两层的数据表示,因此有时也被称为浅层学习(shallow learning)。

深度学习由输入层、隐藏层和输出层组成(图 10-11)。隐藏层可以有很多层,为什么要这样设计呢?例如在图像识别中,第一个隐藏层学习到的是边缘的特征,第二个隐藏层学习到的是由边缘组成的形状的特征,第三个隐藏层学习到的是由形状组成的图案的特征,最后的隐藏层学习到的是由图案形成的对象的特征。

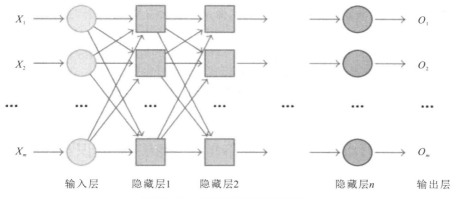

图 10-11　深度学习网络的结构

与传统的浅层学习相比,深度学习的不同之处在于:(1)强调模型结构的深度,现在的深度神经网络可达十几层,甚至更多;(2)突出特征学习的重要性,通过逐层的特征变换,将不同抽象级别的特征识别出来,最后使得分类和预测更加准确和容易。

由于深度学习的隐藏层比较多,因而对数据进行逐层处理时会采用一种反向传播法,又称BP 算法(back propagation algorithm,反向传播算法)。每一个神经元都为它的输入分配权重,这个权重与其执行的任务直接相关。最终的输出由这些权重总和来决定。

深度学习有时也称为端到端机器学习(end-to-end machine learning)。这里所说的“端到端”是指从一端到另一端,也就是从原始数据(输入)中获得目标结果(输出)。神经网络的优点是:对所有的问题都可以用同样的流程来解决。比如,不管要求解的问题是手写识别的数字,还是识别狗或猫,或是识别人脸,神经网络都是通过不断学习所提供的数据,尝试发现待求解的问题的模式。

从某种意义上来说,深度学习与待处理的问题无关,神经网络可以将数据直接作为原始数据,进行端到端的学习。

10.3.4　卷积神经网络

谈到“神经网络”(neural network),自然会联想到人类的大脑。事实上,深度学习的一些核心概念是从大脑汲取部分灵感而形成的。但是深度学习模型不是大脑模型。没有证据表明大脑的学习机制与现代深度学习模型相同。[①]

深度学习是以一定数量网络层的神经元为标志的神经网络,这些分层表示是通过叫作神经网络的模型来学习得到的。理解卷积神经网络(convolutional neural network,CNN)的工作原理,是我们认识深度学习的关键。

当一个深度神经网络以卷积层为主体时,我们就称之为卷积神经网络。卷积计算层是卷积神经网络最重要的一个层次,也是“卷积神经网络”名字的由来。

卷积神经网络在本质上是一种输入到输出的映射,它能够学习大量的输入与输出之间的映射关系,而不需要任何输入和输出之间的精确的数学表达式;只要用已知的模式对卷积网络

---

① 　弗朗索瓦·肖莱.Python 深度学习[M].张亮,译.北京:人民邮电出版社,2018.

加以训练,卷积网络就具有输入输出对之间的映射能力。

卷积神经网络是一种多层神经网络,每层由多个二维平面(特征映射)组成,而每个平面由多个独立神经元组成。卷积神经网络擅长处理图像特别是大图像的相关机器学习问题。卷积网络通过一系列方法,成功将数据量庞大的图像识别问题不断降维,最终使其能够被训练。如今的卷积神经网络架构有数十层或更多、上百万个权值以及几十亿个连接。训练如此大的网络以前需要几周的时间,而现在硬件、软件以及算法并行的进步使训练时间缩短到了几小时。

卷积神经网络很容易在芯片或者现场可编程门阵列(field-programmable gate array,FP-GA)中实现,开发成卷积神经网络芯片,以使智能机、相机、机器人以及自动驾驶汽车中的实时视觉系统成为可能。卷积神经网络的一个成功应用便是人脸识别。

10.4　神经网络的一些基本知识

本节介绍一些神经网络的入门知识。有些概念刚接触可能有些难理解,但复杂的问题都是分解成若干个简单问题,通过有限个步骤完成的,有些复杂概念通过 Python 程序的演示,可以直观地了解其实现的细节。

10.4.1　神经网络的数据表示:张量

一般来说,当前所有机器学习系统都使用张量(tensor)作为基本数据结构。张量对这个领域非常重要,重要到谷歌的 TensorFlow 都以它来命名。那么什么是张量?

张量是矩阵向任意维度的推广,神经网络无论处理什么数据(声音、图像还是文本),都必须首先将数据转换为张量,这一步叫作数据向量化(data vectorization)。

张量由以下三个关键属性来定义。

1. 轴的个数(阶)

张量的维度(dimension)通常叫作轴(axis),轴的个数也叫作阶(rank)。例如,三维张量有 3 个轴,矩阵张量有 2 个轴。在 Python 中,通常叫作张量的 ndim。

2. 形状

形状表示张量沿每个轴的维度大小(元素个数)。在 Python 中,通常叫作张量的 shape。

3. 数据类型

张量作为基本数据结构,是一个数据容器。例如,张量的类型可以是 float32、unit8、float64 等。在 Python 中,通常叫作 dtype。

为了具体说明,下面以 Keras 框架自带的手写识别数字数据集 MNIST 为例给予解释。首先加载 MNIST 数据集。

```
from keras.datasets import mnist
(train_images, train_labels), (test_images, test_labels) = mnist.load_data()
```

输出张量 train_images 轴的个数,即 ndim 属性。

In[1]:	print(train_images.ndim)
Out[1]:	3

输出张量的形状,即 shape 属性。

In[2]:	print(train_images.shape)
Out[2]:	(60000,28,28)

输出张量的数据类型,即 dtype 属性。

In[3]:	print(train_images.dtype)
Out[3]:	uint8

以上输出信息表明,数据集 train_images 是一个由 8 位整数(uint8)组成的三维张量。更确切地说,它是由 60 000 个矩阵组成的数组,每个矩阵由 28×28 个整数组成。每个这样的矩阵都是一张灰度图像,元素取值范围为 0~255。

10.4.2 卷积与卷积运算

"卷积"(convolution)这个名词听起来相当生僻。在数学上,卷积是一种积分变换方法,在许多方面得到了广泛应用。例如,卷积在数字图像处理中最常见的应用为滤波和边缘提取。

卷积运算一个重要的特点是:通过卷积运算过滤图像的各个小区域,从而得到这些小区域的特征值,以使原信号特征增强,并且降低噪声。在实际训练过程中,卷积核的值是在学习过程中学到的。

首先来认识一下什么叫卷积核(或权重)。图 10-12 是一个 3×3 的矩阵,一般称之为卷积核(或滤波器)。矩阵的值可以称为权重。卷积核的大小(3×3 矩阵)叫作接收域(也有的叫"感知野")。为简单起见,这里输入数据和卷积核的元素都用 0 或 1 表示,在实际应用中可以是其他值。需要注意的是,卷积核必须是奇数行、奇数列,这样才能有一个中心点。

图 10-12 卷积核示例

图 10-13 中网格表示 5×5 的一幅图片,用不同颜色填充的小网格表示 3×3 卷积核。假设做步长(stride)为 1 的卷积操作,表示卷积核每次向右移动一个像素(当移动到边界时回到最左端并向下移动一个单位)。在卷积核移动的过程中将图片上的像素和卷积核的对应权重相乘,最后将所有乘积相加,得到了 3×3 的卷积结果。

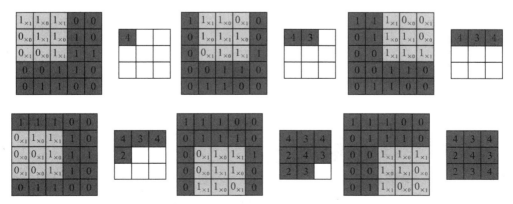

图 10-13 用 3×3 像素滤波器卷积的 5×5 像素图像(步长为 1×1 像素)

【例 10-1】用 Python 程序自定义卷积核,完成卷积运算。

所谓的卷积运算,就是用卷积核来对图像进行卷积(滤波)操作,每次滤波器都是针对某一局部的数据窗口进行卷积。这就是所谓的卷积神经网络的局部感知机制。用 Python 程序实现图 10-13 的卷积运算示例,有助于我们更加深入理解卷积操作。

下列代码定义卷积核(滤波器)矩阵和图像数据矩阵,并与图 10-12 中数据保持一致。

```
＃自定义滤波矩阵,也就是卷积核
filter = np.array([
        [1,0,1],
        [0,1,0],
        [1,0,1]
        ])
＃自定义图像矩阵
img = np.array([
      [1,1,1,0,0],
      [0,1,1,1,0],
      [0,0,1,1,1],
      [0,0,1,1,0],
      [0,1,1,0,0],
      ])
```

自定义卷积函数 convolve(img,filter),将卷积核和图像矩阵数据传入,完成卷积运算。

In[4]:	```def convolve(img,filter): ＃自定义函数 convolve,传入参数
filter_heigh = filter.shape[0]   ＃获取卷积核(滤波)的高度
filter_width = filter.shape[1]   ＃获取卷积核(滤波)的宽度
conv_heigh = img.shape[0] － filter.shape[0] ＋ 1   ＃确定卷积结果的大小
conv_width = img.shape[1] － filter.shape[1] ＋ 1
conv = np.zeros((conv_heigh,conv_width),dtype = ′uint8′)
for i in range(conv_heigh):
for j in range(conv_width):   ＃逐点相乘并求和得到每一个点
conv[i][j] = wise_element_sum(img[i:i ＋ filter_heigh,j:j ＋ filter_width],filter)
return conv```
Out[4]:	```[[4 3 4]
[2 4 3]
[2 3 4]]```

可以看出,输出结果与图 10-13 示例完全一致。

10.4.3 卷积核的权重对图像的影响

在图像处理中经常能看到的平滑、模糊、锐化、边缘提取等操作,其实都可以通过卷积操作来完成,只要改变卷积核的权重,就可以得到不同的卷积(滤波)效果。

图 10-14 示有 4 个卷积核矩阵,用 3×3 的矩阵表示。对于第 1 个,中心点为 1、其余全 0 的卷积核矩阵,其对图像进行卷积操作后不产生任何影响;其余 3 个卷积核矩阵分别是图像锐

化、边缘提取和浮雕滤波。对应的图像输出如图 10-14 所示。

特别有意思的是,图像锐化和边缘提取两个卷积核只是矩阵中心点的参数由 9 变成了 8,但卷积后的图像输出发生了根本变化。这背后的原理令人着迷。

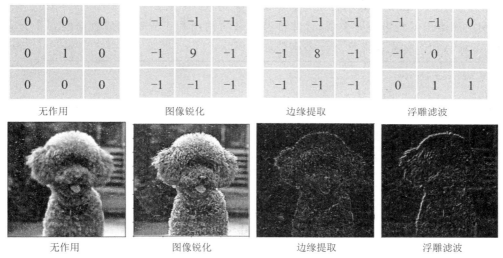

图 10-14　卷积核的权重对图像的影响

10.4.4　损失函数

在机器学习中,同一个数据集可能训练出多个模型即多个函数,那么在众多函数中该选择哪个函数呢?首选肯定是那个预测能力较好的模型。而评价标准就是使预测值和实际值之间的误差较小。

对于任一函数,我们给定一个变量 x,函数都会输出一个 $f(x)$,这个输出的 $f(x)$ 与真实值可能相同,也可能不同。我们用一个函数来度量这两者之间的相同度,这个函数称为损失函数(loss function)。损失函数是表示神经网络性能优劣程度的指标,用来反映神经网络输出与预期值之间的误差,即当前的神经网络对监督数据在多大程度上不拟合,在多大程度上不一致。然后,以这个指标为基准,寻找最优权重参数。深度学习就是利用这个误差值作为反馈信号来对权重值进行微调,以降低当前模型对应的损失值。

损失函数是一个非负实值函数。一般来说,函数值越小,就代表模型拟合得越好。损失函数可以使用任意函数,但一般用均方误差和交叉熵误差等。下面介绍比较简单的均方误差。

均方误差如下式所示:

$$E = \frac{1}{2} \sum_k (y_k - t_k)^2$$

这里,E 是函数的误差,y_k 表示神经网络的输出,t_k 表示监督数据,k 表示数据的维数。

例如,在本章要介绍的手写数字识别的案例中,y_k、t_k 分别是由 10 个参数构成的列表。

```
y = [0.1, 0.05, 0.6, 0.0, 0.05, 0.1, 0.0, 0.1, 0.0, 0.0]
t = [0, 0, 1, 0, 0, 0, 0, 0, 0, 0]
```

这里,神经网络的输出 y 是 softmax 函数的输出,softmax 函数的输出可以理解为概率;t

是监督学习的标签数据,将正确解(或称为正解,可以理解成期望得到的结果)标签设为 1,其他均设为 0。这种表示方法称为 one-hot 表示①。因此上例中,y 的第 2 个输出值(从 0 算起)的概率为 0.6,它所对应的 t 列表中的相应参数是 1,1 表示正确解标签,其他为 0。

【例 10-2】用 Python 计算均方误差表示的损失函数。

按照上面给出的均方误差公式,计算神经网络的输出和正确解监督数据的各个元素之差的平方,再求总和。首先定义均方误差函数如下所示:

```
def mean_squared_error(y, t):
    return 0.5 * np.sum((y-t) ** 2)
```

然后调用这个函数,计算均方误差。

In[5]:	import numpy as np ＃例 1:元素"2"的概率最高的情况(0.6) ＃参数 y 和 t 是 NumPy 数组 y = [0.1, 0.05, 0.6, 0.0, 0.05, 0.1, 0.0, 0.1, 0.0, 0.0] t = [0, 0, 1, 0, 0, 0, 0, 0, 0, 0] mean_squared_error(np.array(y), np.array(t)) ＃ 例 2:元素"7"的概率最高的情况(0.85) y = [0.1, 0.05, 0.1, 0.0, 0.05, 0.1, 0.0, 0.85, 0.0, 0.0] mean_squared_error(np.array(y), np.array(t))
Out[5]:	0.0975 0.7787

在第一个例子中,正确解是 t 数组中的序列 2,神经网络的输出的最大值是"2";第二个例子中,正确解是"2",神经网络输出的最大值是"7"。我们发现第一个例子损失函数的值更小,和监督数据之间的误差较小。也就是说,均方误差显示第一个例子的输出结果与监督数据更加吻合。

10.4.5　计算图:对正向传播算法与反向传播算法的理解

正向传播(forward propagation)算法是由前往后进行的一种算法。开始时在输入层输入特征向量,经过神经网络各个隐藏层的计算获得输出,并且选定一个激活函数,最终算出输出层的值。

反向传播算法是深度学习的核心算法。采用反向传播算法是由于前向传递输入信号通过神经网络在输出时产生误差,输出层发现输出和预期的输出(训练数据的输出部分)不一样,这时它就让最后一层神经元调整参数;最后一层神经元不仅自己调整参数,还会要求连接它的倒数第二层神经元调整连接权重,并且逐层回退,调整各神经网络间连接的权重。反向传播算法过程如图 10-15 所示。

要想了解神经网络的正向和反向传播算法,涉

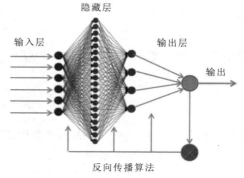

图 10-15　反向传播算法示意

---

① 　one-hot 编码是将分类变量作为二进制向量的表示,对于正解标记为 1,其他都是 0。

及许多机器学习的理论和算法,这会让大部分读者感到困惑。这里我们介绍一种基于计算图(computational graph)的描述方法,以直观地解释误差反向传播法。

计算图将计算过程用图形表示出来。这里说的图形是数据结构图,它通过多个节点和边表示(连接节点的直线称为边)。下面通过一个非常简单的计算图示例来理解。

【例10-3】正向传播算法的计算图示例

假设某消费者在商场购物,购得 A 商品 3 件,每件 200 元;购得 B 商品 5 件,每件 100 元。商家为促销给出的折扣率为 0.9。试计算该消费者购买商品的总金额。

计算图求解过程如图 10-16 所示。

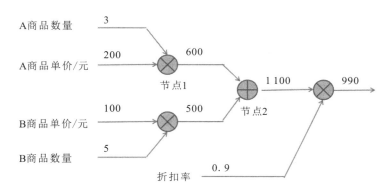

图 10-16　正向传播的计算图示例

在图 10-16 中,有乘法节点(节点 1)和加法节点(节点 2)两种节点,各节点完成指定操作,以计算商品的总金额。商品数量与折扣率作为外部变量引入,是可变参数。

构建计算图后,从左向右进行计算,中间计算结果从左向右传递。到达最右边的计算结果后,计算过程就结束了。很明显,这个问题的答案为 990 元。

这里的"从左向右进行计算"是一种正方向上的传播,简称为正向传播。正向传播是从计算图出发点到结束点的传播。

在这里,有必要引出"局部计算"的概念,即各个节点处的计算都是局部计算。抛开具体的商品价格属性,假设经过复杂的计算,输入数据在节点 2 进行求和运算,只要把两个数字相加就可以了(600＋500 → 1 100),而不必关心 500 与 600 是如何得来的。所以,局部计算是指各个节点处只须处理与自己有关的计算,而不用考虑全局的复杂性。

由此看出,无论全局的计算有多么复杂,各个步骤所要做的就是在对象节点进行局部计算。局部计算使各个节点致力于简单的计算,从而简化问题。通过传递它的计算结果,可以获得全局的复杂计算的结果。

【例10-4】反向传播算法的计算图示例

实际上,使用计算图最主要的原因之一是可以有效地计算导数。

以如图 10-17 为例,反向传播过程用箭头(实线)表示,与正方向(虚线)相反。反向传播的传递"局部导数"的值写在箭头的下方。在这个例子中,反向传播从右向左传递导数的值(1 → 0.9 → 4.5)。由这个结果可知,"支付金额关于商品 B 的价格的导数"的值是 4.5。这意味着,如果商品 B 的价格上涨 1 元,最终的支付金额会增加 4.5 元。用导数的概念来说,如果商品 B 价格增加某个微小(增量)值,则最终的支付金额将增加这个微小值的 4.5 倍。

实际上,计算图的优点是通过正向传播和反向传播过程,可以直观、有效地计算各个变量的导数值。这里只计算了关于商品 B 的价格导数,商品 A 的价格导数也可以用同样的方式算出来。另外,计算过程的导数的结果(中间传递的导数)可以被共享,从而可以高效地计算多个导数。

计算图示例中涉及的导数计算与参数传递,在下面介绍的梯度下降法中被广泛使用。

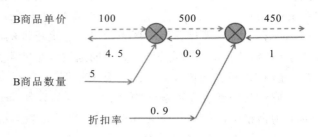

图 10-17 基于反向传播的导数传递示例

10.4.6 梯度下降法

梯度下降算法是神经网络模型训练最常用的优化算法。对于深度学习模型,基本都是采用梯度下降算法来进行优化训练的。梯度下降法的计算过程就是沿梯度下降的方向求解极小值(也可以沿梯度上升方向求解极大值)。

如果从数学的角度来描述,梯度就是表示某一函数在该点处的方向导数沿着该方向取得较大值,即函数在当前位置的导数。梯度下降法的计算过程就是沿梯度下降的方向求解极小值(也可以沿梯度上升方向求解极大值)。梯度下降法需要给定一个初始点,并求出该点的梯度向量,然后以负梯度方向为搜索方向,以一定的步长进行搜索,从而确定下一个迭代点,再计算新的梯度方向,如此重复,直到函数收敛。

理解概念的最好方式是通过实例,如要用梯度下降法在函数 $f(x,y)=x^2+y^2$ 曲面上寻找最小值。首先用 Python 绘制它的三维图形,看看这个函数长什么样(如图 10-18 所示,绘图代码参见本章课程资源)。

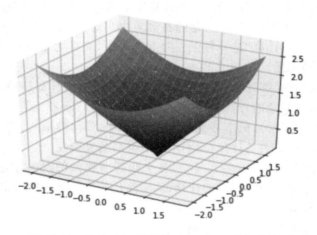

图 10-18 用 Python 绘制的 $f(x,y)=x^2+y^2$ 曲面

图 10-18 的图形呈山谷的形状,可以设想有个人站在山上的某一个位置,梯度下降的基本过程就和一个人下山的场景很类似。

首先,可微分的函数 $f(x,y)=x^2+y^2$ 就代表一座山。我们的目标就是找到这个函数的最小值,也就是山底。这个人当前位置就是起始坐标,他想走到山谷的最低处(曲面最小值)。于是从初始点沿着函数的梯度方向往下走(即梯度下降)。这时,出发点和方向(朝哪里走)就成为是否能够找到山底的关键。

在梯度下降法中,虽然梯度的方向并不一定指向最小值,但沿着它的方向能够最大限度地减小函数的值。因此,在寻找函数的最小值(或者尽可能小的值)的位置的任务中,要以梯度的信息为线索,从而决定前进的方向。

按照这种策略,函数的取值从当前位置沿着梯度方向前进一定距离,然后在新的地方重新求梯度,再沿着新梯度方向前进,如此反复,不断地沿梯度方向前进,逐渐减小函数值。梯度下降法是解决机器学习中最优化问题的常用方法,特别是在神经网络的学习中。

【例 10-5】梯度下降法的 Python 实现

梯度下降法的 Python 实现程序如下所示,其中只列出了几个主要函数名称与参数,详细实现代码参见课程资源。

| In[6]: | ```#【例 10-2】梯度下降法示例,求函数最小值
import numpy as np
# 梯度下降法,此为本程序核心算法
def gradient_descent(f, init_x, lr=0.01, step_num=100):
    return x

# 定义 f(x,y)=x² + y² 函数的表示形式,这里有两个变量
def function(x):
    return x[0] * * 2 + x[1] * * 2

# 参数 f 为函数,x 为 NumPy 数组,该函数对 x 的各个元素求数值微分,即梯度
def numerical_gradient(f, x):
    return grad
init_x = np.array([-3.0, 4.0]) # 初始位置
gradient_descent(function, init_x=init_x, lr=0.1, step_num=100) # 计算梯度``` |
|---|---|
| Out[6]: | array([-6.11110793e-10, 8.14814391e-10]) |

这里需要注意的是,自定义函数 def function 有两个变量,所以有必要区分对哪个变量求导数,即对 x_0 和 x_1 两个变量中的哪一个求导数。这里讨论的有多个变量的函数的导数称为偏导数。

从程序输出的数据可以看出,最终的结果是($-6.1e-10$,$8.1e-10$),非常接近(0,0)。实际上,函数 $f(x,y)=x^2+y^2$ 的最小值就是(0,0),所以说通过梯度法我们基本得到了正确结果。

10.4.7　过拟合

仅仅用一个数据集去学习和评价参数,虽然可以顺利地处理某个数据集,但无法处理其他数据集。只对某个数据集过度拟合的状态称为过拟合(overfitting)。避免过拟合也是机器学习的一个重要课题。

过拟合就是说模型在训练数据上的性能远远优于在测试集上的性能。参数越多,模型越复杂,而越复杂的模型越容易过拟合。此时可以考虑正则化,通过减小参数规模,达到模型简化的目的,从而使模型具有更好的泛化能力。

10.5 卷积神经网络的层结构

10.5.1 典型的卷积神经网络层

最典型的卷积神经网络层主要由卷积层、池化层、全连接层组成。其中卷积层与池化层配合，组成多个卷积组，逐层提取特征，最终通过若干个全连接层完成分类。例如，一个深度神经网络的第一个卷积层以原始图像作为输入，而之后的卷积层会以前面的层输出的特征图为输入。而池化层主要是为了降低数据维度。

LeNet-5 是第一个被提出的卷积网络架构（图 10-19），用于手写数字识别。LeNet-5 深度较浅，主要是方便读者学习理解。在本章的卷积神经网络案例中也会介绍这个卷积网络架构。

综合起来，卷积神经网络通过卷积来模拟特征区分，并且通过卷积的权值共享及池化降低网络参数的数量级，最后通过传统神经网络全连接层完成分类任务。

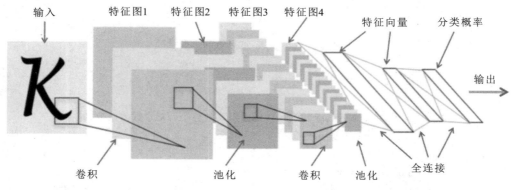

图 10-19 LeNet-5 卷积网络架构

1. 卷积层

卷积层（convolution layer）是从数据集图像中提取特征的第一层。卷积的目的是提取物体的边缘形状特征。卷积层进行的处理就是卷积运算。卷积运算相当于图像处理中的滤波器运算。

在卷积神经网络中，有时将卷积层的输入输出数据称为特征图（feature map）。其中，卷积层的输入数据称为输入特征图（input feature map），输出数据称为输出特征图（output feature map）。

2. 池化层（Pooling layer）

在构建卷积神经网络时，通常在每个卷积层之后插入一个池化层，以减小表示的空间大小，减少参数计数，从而降低计算复杂度。此外，池化层也有助于解决过拟合问题。

"池化"听起来很高深，其实可简单地理解成缩小图像。采用的方法称为下采样（subsampled）或降采样（downsampled）），其主要目的是生成对应图像的缩略图。

池化操作中，一般采用最大池化（max pooling）方法，即通过这些像素内的最大值、平均值或和值来选择池大小以减少参数的数量。如图 10-20，采用一个 2×2 的过滤器，最大池化是在每一个区域中寻找最大值，这里的步长是 2，最终在原特征图中提取主要特征得到右图。

这样,在经过若干卷积层、池化层后,在不考虑通道的情况下,特征图的分辨率就会远小于输入图像的分辨率,从而大大减少了对计算量和参数数量的需求。

3. 全连接层(Fully connected layers)

在卷积神经网络结构中,经多个卷积层和池化层后,连接着1个或1个以上的全连接层。全连接层在卷积神经网络尾部。全连接层中的每个神经元与前一层的所有神经元进行全连接。全连接层在整个卷积神经网络中起分类器的作用,可以整合卷积层或者池化层中具有类别区分性的局部信息。

如果说卷积取的是局部特征,全连接就是把以前的局部特征重新通过权值矩阵组成完整的图。因为用到了所有的局部特征,所以叫全连接。

由于卷积层和池化层大大降低了复杂度,因此可以构建一个全连接层来对图像进行分类。其中每个参数相互连接,所以全连接层的参数也是最多的。一个完全连接的层称为正则网络,如图10-21所示。

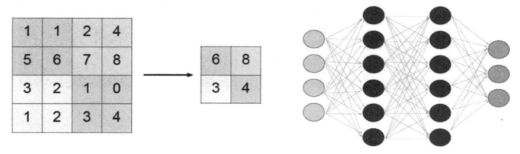

图 10-20 2×2 的最大池化   图 10-21 正则网络示意

卷积神经网络中前几层的卷积层参数量占比小,计算量占比大;而后面的全连接层正好相反。大部分卷积神经网络都具有这个特点。因此在进行计算加速优化时,重点放在卷积层;进行参数优化、权值裁剪时,重点放在全连接层。

10.5.2 卷积神经网络可视化

卷积神经网络是一种前馈神经网络,对于大型图像处理有出色表现。通过卷积、池化、激活等操作的配合,卷积神经网络能够较好地学习到空间上关联的特征。

卷积神经网络一直被人们称为"黑盒子",因为对于大多数人来说,它像披着神秘的面纱,即内部算法不可见,读者即使学习了前面介绍的概念,对于什么是卷积层,什么是池化层,可能还是一头雾水。

数据可视化是一个利器,如果能将卷积神经网络的过程进行分解,并通过可视化方法把步骤呈现出来,利用 Keras 观察卷积神经网络到底是如何理解我们送入的训练图片。下面的示例可使我们形象直观地看到输入图像(图 10-22)经过卷积层和池化层处理之后的结果,从而有助于我们理解卷积核

图 10-22 输入图像

的作用。

【例 10-6】卷积层特征可视化

宠物头像各层卷积操作的可视化输出如图 10-23 所示。

本程序参考 GitHub 资源实现，详细内容请访问 Github.com 资源：

https://github.com/fchollet/deep-learning-with-python-notebooks

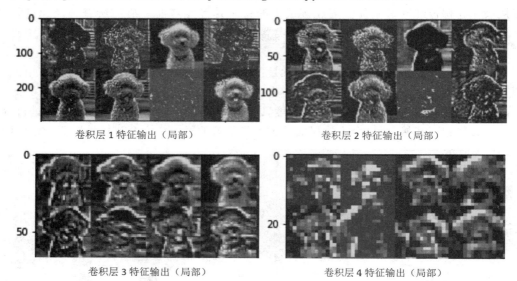

卷积层 1 特征输出（局部）   卷积层 2 特征输出（局部）

卷积层 3 特征输出（局部）   卷积层 4 特征输出（局部）

图 10-23　卷积层特征输出

从不同卷积层可视化输出的特征图大概可以总结出一点规律：

（1）浅层网络（例如第一层）具有图像边缘检测功能，可提取轮廓、形状等特征，特征数据与原始的图像数据比较接近。

（2）相对而言，层数越深，卷积核输出的内容越抽象，保留的信息也越少，图像的分辨率越小。

10.5.3　机器学习框架

机器学习，特别是深度学习，已经成为人工智能领域发展的主要技术驱动元素，但是，如果要实现较为复杂的模型，如卷积神经网络，非专业人士就会发现从头开始实现复杂模型是不切实际的。

如今，只要具有基本的 Python 程序设计技能，就可以从事高级的深度学习和人工智能研究，这要得益于深度学习框架的应运而生。深度学习促使该领域所使用的工具集出现大众化趋势。借助于深度学习框架，一般用户也能轻松实现自己的神经网络，深度学习从此变得不那么高深。

深度学习框架已被广泛应用于计算机视觉、语音识别、自然语言处理与生物信息学等领域，并获取了极好的效果。每一类框架都以不同的方式进行构建，具有不同的特点。

常见的深度学习框架有：

1. TensorFlow

TensorFlow 是机器学习和深度学习最流行的工具之一，是由谷歌公司开发的开源库。它拥有多层级结构,可部署于各类服务器、个人计算机终端和网页,并支持 GPU 和 TPU(tensor proccessing unit,张量处理单元)高性能数值计算,被广泛应用于产品开发和各领域的科学研究。

TensorFlow 功能强大,执行效率高,支持各种平台。然而,TensorFlow 属于较底层的机器学习库,学习门槛高,对于初学者不容易上手。2019 年 3 月已发布最新的 TensorFlow 2.0 版本。

官方网站:https://www.tensorflow.org/

2. Keras

Keras[①] 是一个基于 Python 的深度学习库。Keras 提供一致而简洁的 API,以减少认知困难,支持快速实验为宗旨。学习门槛低,学习者可以较容易地建立深度学习模型,利用 Keras 只要十几行代码就能写出一个简单的神经网络训练模型。Keras 是作为深度学习开发者的编程利器。

Keras 的核心数据结构是模型,模型是一种组织网络层的方式。Keras 中主要的模型是 Sequential 模型,它是一系列网络层按顺序构成的栈。

Keras 的底层库使用 Theano 或 TensorFlow,这两个库也称为 Keras 的后端(backend,指 Keras 依赖于完成底层的张量运算的软件包),可以选择其中之一使用。

对于想了解深度学习的初学者,如果想要快速入门,建议从 Keras 开始。

官方网站:https://keras.io/

3. PyTorch

PyTorch 于 2016 年 10 月发布,Facebook 人工智能研究院为 PyTorch 提供了强力支持。

PyTorch 简洁易用,设计更直观,建模过程简单透明,所思即所得,代码易于理解,可以为使用者提供更多关于深度学习实现的细节,如反向传播和其他训练过程,支持动态计算图。目前许多新发表的论文都采用 PyTorch 作为实现工具,PyTorch 成为学术研究的首选解决方案。

官方网站:https://pytorch.org/

*10.6　深度学习神经网络案例:MNIST 手写数字识别

MNIST[②] 是手写数字识别数据集,它是机器学习领域的一个经典数据集,也是学习神经网络最常用的数据集。其历史几乎和这个领域一样长,而且已被人们深入研究,被应用于从简单的实验到发表的论文研究等各种场合。实际上,在阅读图像识别或机器学习的论文时,MNIST 数据集经常作为实验用的数据出现。

MNIST 数据集包括手写数字的扫描和相关标签(描述每个图像中包含 0~9 中哪个数字)。这个简单的分类问题是深度学习研究中最简单和最广泛使用的测试之一。欣顿将 MNIST 数据集描述为"机器学习的果蝇",这意味着机器学习研究人员可以像生物学家研究果蝇一样,在受控的实验室条件下研究算法。

---

① Keras 这个名字源于希腊古典史诗《奥德赛》里的牛角之门(Gate of Horn,真实事物进出梦境和现实的地方)。

② NIST 代表国家标准及技术协会(National Institute of Standards and Technology),是最初收集这些数据的机构;M 表示"修改的"(Modified)。

10.6.1 构建一个结构简单的神经网络

通过本例,用很少的 Python 代码对手写数字进行分类,从而学习如何构建和训练一个非常简单的神经网络框架,并逐步进行改进。

完整的代码可访问课程资源。

1. 加载 MNIST 数据集

下面命令可加载 MNIST 数据集。

In[7]:	from keras.datasets import mnist (train_images, train_labels), (test_images, test_labels) = mnist.load_data()

MNIST 数据集的一般使用方法是:先用训练图像进行学习,再用学习到的模型度量能在多大程度上对测试图像进行正确的分类。可以看出,train_images 和 train_labels 组成了训练集,主要是用来训练模型的。通过匹配一些参数来建立一个分类器,模型将通过这些数据学习,建立一种分类的方式。经过训练后,在测试集(即 test_images 和 test_labels)上对模型进行测试,主要是测试训练好的模型的分辨能力(识别率等)。

2. 训练集的张量和属性

张量 train_images 的轴的个数,即 ndim 属性,train_images.shape 是属性。

In[8]:	print(train_images.ndim) print(train_images.shape)
Out[8]:	3 (60000, 28, 28)

可以看出,train_images 是由 60 000 个矩阵组成的数组,每个矩阵由 28×28 个整数组成。每个这样的矩阵都是一张灰度图像,元素取值范围为 0～255。

同样,可以查看测试集的有关信息。

In[9]:	print(test_images.ndim) print(test_images.shape)
Out[9]:	3 (60000, 28, 28)

3. 构建神经网络的层结构

用 Keras 构建一个神经网络很容易,有点像制作一个多层蛋糕。首先,建立一个蛋糕架;然后需要自己动手制作不同风味的蛋糕层,如水果层、烤肉层等;还要指定每一层蛋糕的材料标准,如水果的种类与数量;最后把蛋糕层放入蛋糕架烘焙就可以得到一个美味的蛋糕。

如上所说的蛋糕架就是 Keras 的 Sequential 模型,它是多个神经网络层的线性堆叠,蛋糕层就是 Keras 自带的各种功能模块。

本例中的网络包含 2 个 Dense 层,它们是全连接的神经层。在输入层中,每个像素都有一个神经元与其关联,因而共有 784(28×28)个神经元,每个神经元对应 MNIST 图像中的一个像素。所以,作为第一层的 Dense 层必须指定 input_shape=784。

在深度学习中,模型中可学习参数的个数通常称为模型的容量(capacity)。直观来看,参数更多的模型拥有更大的记忆容量(memorization capacity),因此能够在训练样本和目标之间获得期待的映射。

在定义网络层时,使用什么激活函数是很重要的选择。Keras 提供了大量预定义好的激活函数,方便定制各种不同的网络结构。activation 的参数用于指定激活函数。

第二层(也是最后一层)是一个 10 路 softmax 层,使用激活函数 softmax 的单个神经元,softmax 将任意 k 维实向量压缩到区间(0,1)上的 k 维实向量,返回一个由 10 个概率值(总和为 1)组成的数组。每个概率值表示当前数字图像属于 10 个数字类别中某一个的概率。

In[10]:	from keras import models from keras import layers network = models.Sequential() network.add(layers.Dense(512, activation='relu', input_shape=(28 * 28,))) network.add(layers.Dense(10, activation='softmax'))

4. 数据预处理

训练集图像数据需要变换为一个 float32 数组。对数据进行转换的目的是为支持 GPU 计算的 float32 类型,其形状为(60000,28,28)。因为像素值的最大值是 255,除以 255 是进行归一化操作,这样所有的值都在[0,1]区间。

对测试集也进行类似操作,并进行归一化。

In[11]:	train_images = train_images.reshape((60000, 28 * 28)) train_images = train_images.astype('float32') / 255 test_images = test_images.reshape((10000, 28 * 28)) test_images = test_images.astype('float32') / 255

5. 编译网络

一旦定义好模型,就要对它进行编译(compile),这样才能由 Keras 后端(TensorFlow)执行。编译步骤需要指定三个参数:

(1)优化器(optimizer):这是训练模型时用于更新权重的特定算法。

(2)损失函数(loss function):选择优化器使用的目标函数,以确定权重空间(目标函数往往被称为损失函数,优化过程也被定义为损失最小化的过程)。手写数字识别是一个多类分类问题,所以使用分类交叉熵(categorical crossentropy)。

(3)在训练和测试过程中需要监控的指标(metric):参数 accuracy 表示正确分类的图像所占的比例。

In[12]:	network.compile(optimizer='rmsprop',
	                loss='categorical_crossentropy',
	                metrics=['accuracy'])

6. 模型训练

一旦模型编译好,就可以用 fit() 函数进行训练了。该函数指定了以下参数。

(1) epochs:训练轮数,是模型基于训练集重复训练的次数。本质上,一个 epoch 是整个数据集通过神经网络前后传递一次。在每次迭代中,优化器尝试调整权重,以使目标函数最小化。

(2) batch_size:由于无法将整个数据集同时传递到神经网络,所以将 dataset 划分为多个批次或者子集传入网络。

In[13]:	model.fit(train_images, train_labels, epochs=5, batch_size=128)
Out[13]:	Epoch 5/5 60000/60000 [====] − loss:0.0731 − acc:0.9784

经过 5 次训练后,从最后一次训练输出结果可以看到网络在训练集上达到了 0.978 4% 的准确率,这已经是一个较好的结果了。

如果尝试增加训练轮数,确实会使网络的准确率有所提高,但会增加训练的时间。实验证明,当训练轮数接近某一数值后,即使花再多的时间学习,也不一定会提高网络的准确率。

7. 评估

测试集是一个没有参与模型训练过程的数据集,只是在模型训练完成后用来测试模型的准确率。

一旦模型训练好,就可以在包含全新样本的测试集上进行评估。这样,就可以通过目标函数获得最小值,并通过性能评估获得最佳值。

In[14]:	test_loss, test_acc = model.evaluate(test_images, test_labels) print("test_loss:",test_loss) print("test_accuracy:", test_acc)
Out[14]:	test_loss:0.09145 test_acc:0.9741

将测试集精度(0.974 1)和训练集精度进行比较,可以看到测试集精度比训练集精度低一些。这种差距是过拟合造成的。

特别需要说明的是,在本示例中,我们将数据集分成训练集和测试集,前者用于构建模型,后者用于评估模型对新数据的泛化能力。训练集和测试集应是严格分开的。在一个已经用于训练的样例上进行模型的性能评估是没有意义的,可留出训练集的部分数据用于验证。关键的思想是要基于这部分留出的训练集数据做性能评估。对任何机器学习任务,这都是值得采用的最佳实践方法。

10.6.2 多层卷积神经网络

在前面实现了一个简单的神经网络,训练集和测试集的精度分别达到 0.974 1,当然还可以进一步提高其识别精度,通常的改进方法是为神经网络添加更多的层。

1. 神经网络的各层结构

在本示例①中,将构建一个两层卷积层、两层激活层、一层池化层和两层全连接层的卷积神经网络,用到 keras.layers 中的 Dense、Dropout、Activation 和 Flatten 模块,以及 keras.layers 中的 Convolution2D、MaxPooling2D 模块。

在神经网络中还用到了激活函数,常用的激活函数有 sigmoid、relu 等等。一般说来,sigmoid 常用于全连接层,relu 常用于卷积层。

如上各层的结构用代码描述如下:

```
model.add(Convolution2D        (nb_filters, (kernel_size[0], kernel_size[1]),
                                padding='same',
                                input_shape=input_shape)) # 卷积层 1
model.add(Activation('relu')) # 激活函数
model.add(Convolution2D(nb_filters, (kernel_size[0], kernel_size[1]))) # 卷积层 2
model.add(Activation('relu')) # 激活函数
model.add(MaxPooling2D(pool_size=pool_size)) # 池化层
model.add(Dropout(0.25)) # 神经元随机失活
model.add(Flatten()) # 降维:将 64×12×12 降为一维(相乘起来)
model.add(Dense(128)) # 全连接层 1
model.add(Activation('relu')) # 激活函数
model.add(Dropout(0.5)) # 随机失活
model.add(Dense(nb_classes)) # 全连接层 2
model.add(Activation('softmax')) # 激活函数 softmax
```

2. 二维卷积层:Convolution2D

二维卷积层对二维输入进行滑动窗卷积,当使用该层作为第一层时,应提供 input_shape 参数。

filters:卷积核的数目;

kernel_size:卷积核的尺寸;

strides:卷积核移动的步长,分为行方向和列方向;

padding:边界模式,有 valid、same 或 full,full 需要以 theano 为后端。

3. 二维池化层:MaxPooling2D

MaxPooling2D(pool_size=(2,2), strides=None)

pool_size:池化核尺寸;

strides:池化核移动步长。

4. 激活层:Activation

激活层对一个层的输出施加激活函数。

预定义的激活函数有 softmax、softplus、softsign、relu、tanh、sigmoid、hard_sigmoid、

---

① 本例的代码主要来自 Keras 自带的 example 里的 mnist_cnn 模块。

linear 等。

可以把激活函数看作一种"分类的概率",比如激活函数的输出为 0.9 的话,便可以解释为 90% 的概率为正样本。

5. Dropout 层

为输入数据施加 Dropout。在训练过程中每次更新参数时,Dropout 将随机断开一定百分比(p)的输入神经元连接,用于防止过拟合。

6. Flatten 层

Flatten 层用来将输入"压平",即把多维的输入一维化,常用在从卷积层到全连接层的过渡。

7. 全连接层:Dense

Dense(units)参数指定输出单元的数量,即全连接层神经元的数量,作为第一层的 Dense 层必须指定 input_shape。

以下为多层卷积神经网络的输出:

X_train shape:(60000,28,28,1)

60000 train samples 10000 test samples

Train on 60000 samples,validate on 10000 samples

Epoch 1/12 60000/60000 [===] — loss:0.3007 — acc:0.9081 — val_loss:0.0671 — val_acc:0.9778

Epoch 2/12 60000/60000 [===] — loss:0.1037 — acc:0.9698 — val_loss:0.0465 — val_acc:0.9850

Epoch 3/12 60000/60000 [===] — loss:0.0778 — acc:0.9773 — val_loss:0.0424 — val_acc:0.9854

Epoch 4/12 60000/60000 [===] — loss:0.0631 — acc:0.9807 — val_loss:0.0315 — val_acc:0.9892

Epoch 5/12 60000/60000 [===] — loss:0.0570 — acc:0.9834 — val_loss:0.0301 — val_acc:0.9898

Epoch 6/12 60000/60000 [===] — loss:0.0498 — acc:0.9852 — val_loss:0.0312 — val_acc:0.9896

Epoch 7/12 60000/60000 [===] — loss:0.0458 — acc:0.9862 — val_loss:0.0276 — val_acc:0.9911

Epoch 8/12 60000/60000 [===] — loss:0.0419 — acc:0.9876 — val_loss:0.0298 — val_acc:0.9897

Epoch 9/12 60000/60000 [===] — loss:0.0387 — acc:0.9884 — val_loss:0.0289 — val_acc:0.9907

Epoch 10/12 60000/60000 [===] — loss:0.0384 — acc:0.9889 — val_loss:0.0253 — val_acc:0.9911

Epoch 11/12 60000/60000 [===] — loss:0.0362 — acc:0.9891 — val_loss:0.0268 — val_acc:0.9921

Epoch 12/12 60000/60000 [===] — loss:0.0340 — acc:0.9896 — val_loss:0.0310 — val_acc:0.9901

Test score:0.0310

Test accuracy:0.9901

8. 模型评估

程序输出显示,训练过程中显示了两个数字。一个是网络在训练数据上的损失(loss),在每一轮训练周期后,loss 值是递减的。另一个是网络在训练数据上的精度(acc)。对于这个模型来说,测试集的精度约为 0.99,也就是说,对于测试集中的手写图片,该模型预测有 99% 是正确的。根据一些数学假设,对于新的手写数字,可以认为模型预测结果有 99% 是正确的。高精度意味着模型足够可信,可以使用。

在源代码中,加入:

np.random.seed(1337)

这里利用 random_seed 参数指定了随机数生成器的种子,是为了确保多次运行同一函数能够得到相同的输出,这样函数输出就是固定不变的。

本例的完整代码可访问课程资源。

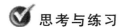 思考与练习

一、思考题

1. 人工智能的发展分为三个阶段,每个阶段的特点是什么?

2. 2018 年图灵奖是奖励计算机科学家在哪个领域的贡献?

3. 人工智能、机器学习、深度学习相互之间的关系是什么?

4. 监督学习、无监督学习和强化学习之间的区别是什么?

5. 机器学习的主要步骤有哪些?

6. 感知机函数中有哪些参数?

7. 人工智能的深度学习的主要概念是什么?

8. 深度学习的输入层、隐藏层、输出层的作用有哪些?

9. 什么是卷积神经网络?

10. 在机器学习中,张量由哪些关键属性组成?

11. 卷积运算的作用是什么?

12. 损失函数的作用是什么?

13. 正向传播算法与反向传播算法的作用是什么?

14. 梯度下降法的计算过程是怎样的?

15. 典型卷积神经网络由哪些层组成?

16. 常用的机器学习框架有哪些?

二、练习与实践

1. 指出下列感知机函数各变量的含义:

$$f(x) = \begin{cases} 0, & w_1 x_1 + w_2 x_2 \leqslant \theta \\ 1, & w_1 x_1 + w_2 x_2 > \theta \end{cases}$$

设 $\theta = 9$,当 $w_1 = 3$,$w_2 = 1$,$x_1 = 2$,$x_2 = 3$ 时,求 $f(x)$ 的值。

2. 假设某卷积层输入数据是 4×4 矩阵,滤波器为 3×3 矩阵,步长为 1,输出为 2×2 矩阵,试在下图输出矩阵中的空白处填入卷积运算的值。(符号 ⊛ 表示卷积运算)

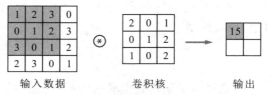

输入数据　　　　　卷积核　　　　　输出

3. 假设某卷积层输入数据是 7×7 矩阵,滤波器是 3×3 矩阵,设步长为 2,输出是 3×3 矩阵,试在输出矩阵箭头指向的空格处填入卷积运算的值。(符号✹表示卷积运算)

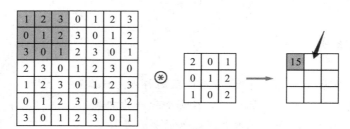

4. 试用最大池化算法求下列矩阵的结果,其中池化核的大小为 2×2,步长也为 2×2。

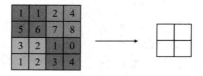